김광진의
알지오매스 첫 걸음

도형과 함수 그래프 핵심 기초편

김광진
지은이

서울대학교 전기공학부 및 동 대학원을 졸업, 현재는 ㈜셈웨어의 대표이사로 재직중이다.
서울대 대학원 시절(1997~)부터 외산 공학소프트웨어인 매트랩의 국산화 프로젝트(셈툴) 개발에 참여하였고,
수학과 컴퓨팅의 결합이라는 주제로 20년 이상 공학소프트웨어 분야에 종사하고 있다.
알지오매스의 초기(2017~)부터 개발을 총괄한 바 있고 여전히 알지오매스의 개발에 조언을 하고 있으며
현재는 수학, 과학 분야의 디지털 교육을 위해 노력하고 있다.

감사의 글

1997년 대학원 시절 우연히 맺은 인연으로 공학 소프트웨어 개발 분야에 뛰어든 지 20년이 넘게 지났다. 그 동안 주로 대학이나 연구소에서 활용되는 공학 소프트웨어의 국산화에 매진해 오면서 이 기술을 초·중·고 수학, 과학, 정보 교육에 접목하면 좋겠다는 생각을 해 왔는데, 알지오매스를 통해 이 꿈을 실현할 수 있게 되어 영광스럽게 생각한다. 앞으로 지속적인 개발이 진행되어 우리 수학, 과학, 정보 교육에 혁신적인 도구로 활용될 수 있기를 진심으로 바란다. 약 8년 전에 시작된 알지오매스 개발 프로젝트는 이제야 첫 걸음마를 뗀 상태이다. 교육부가 우리나라 수학 공교육에서 공학 소프트웨어의 활용을 결정하였고, 이를 실행하는 한국과학창의재단에서 필요한 소프트웨어의 자체개발을 결단하였다.

이후 공학 소프트웨어의 개발팀으로 저자가 대표로 있는 ㈜셈웨어가 함께 하게 된 것은 이러한 오랜 과정의 노력에 의한 필연이 아니었을까 하는 생각을 하게 된다. 혁신적인 결정을 내린 교육부, 한국과학창의재단, 그리고 각 시·도 교육청 장학사 분들의 혜안과 추진력에 제일 먼저 깊은 감사를 드린다.

실제 알지오매스의 개발 과정에서는 알지오매스의 개발 방향을 잘 이끌어 주신 여러 명의 자문단 선생님들의 노력이 돋보였다. 알지오매스의 큰 그림을 그리고, 방향을 제시하고, 교육에 필요한 최고의 소프트웨어가 될 수 있도록 헌신의 노력을 다 해주셨다. 나중에 역사가 알아줄 것이라 생각한다. 또한, 디테일한 부분에서는 섬세한 사용방법이나 세부 기능을 결정하는 과정에서 많은 일선 현장의 선생님들이 연구단으로 참여해서 알지오매스의 개발에 함께 참여해 주셨다. 이분들은 현재 알지오매스의 선도교사가 되어 각 시·도에서 교육, 연수에 앞장서고 계신다. 이분들 역시 알지오매스가 활용되는 과정에서 큰 역할을 해 주실 것으로 기대한다. 모두 진심으로 감사드린다.

막상 알지오매스를 개발하는 것은 쉬운 일은 아니었다. 이런 종류의 소프트웨어를 개발하는 것이 국내에 전례가 드물었고, 주어진 개발 기간이 너무 짧은데 비해 요구사항은 상당히 수준이 높았다. 이로 인해 부득이 개발에 참여한 인원들이 엄청난 과로에 시달릴 수 밖에 없었다. 이 자리를 빌어 개발 총 책임자로서 개발자들에게 감사와 영광을 돌린다. 알지오매스가 성공한다면 개발자들의 공이 컸다고 생각한다. 알지오매스가 꼭 성공해서 개발자들이 그 명예를 차지하기를 바란다. 그런데 안타깝지만 앞으로도 고생이 많이 남았다.

마지막으로 오랜 기간 동안 돈 안 되는 분야인 공학 소프트웨어 분야에서 사업한다고 고생만 시키고 가정에 소홀해도 잘 이해해 주는 고마운 가족들에게 감사한다. 앞으로도 부끄럽지 않은 소프트웨어를 만들기 위해 노력할 것을 약속한다.

들어가며

알지오매스는 지금 이 순간도 진화 중이다. 그렇기에 알지오매스의 사용법을 인쇄된 교재로 만드는 것은 부담스러운 일이었다. 하지만 현장에서 학생들을 교육하시는 선생님들의 입장에서 현재 개발된 상태에 대한 정확한 내용이 잘 정리되어 인쇄된 책 형태로 제공되는 것이 꼭 필요하다는 요구를 많이 받았다. 이번 교재의 출간에 이어, 향후에도 알지오매스의 지속적인 업데이트와 함께 더욱 새롭고 개선된 내용을 담아내는 책을 계속 만들어 제공할 것을 약속드린다.

알지오매스의 명명은 대수 (Algebra)의 앞 글자인 Al과 기하 (Geometry)의 앞 글자인 Geo를 딴 Algeo에서 비롯된다. 즉, 알지오매스는 대수와 기하라는 수학의 가장 중요한 기본 개념을 쉽고 정확하게 학습할 수 있도록 기획되었다. 여기에 블록코딩이라는 새로운 개념을 결합하여 전 세계 어디에도 없는 새로운 형태의 수학 교육 및 학습용 소프트웨어인 알지오매스가 탄생하게 되었다. 이로써 수학과 컴퓨팅이 하나로 융합되어 새로운 혁신적인 교육이 가능해 질 것이라 기대해 볼 수 있게 되었다.

알지오매스를 만들면서 가장 고심한 부분은, 기존 수학 교육 현장을 혁신적으로 바꾸면서도 어떻게 하면 기존 교육과의 이질감이 없이 부드럽게 전환하도록 도울 것인가 하는 점이었다. 이를 위해 기존 수학 교육 현장에서의 활동을 최대한 모사하여 "도형", "문서", "모둠"이라는 기능 모듈을 만들고, 각각 "작도하기", "문서로 만들기", "발표 및 친구들과 공유하기"라는 현장의 활동을 잘 지원할 수 있도록 노력하였다. 이를 통해 새로운 도구인 알지오매스를 사용함에 있어 불편함이 없기를 바란다.

알지오매스를 만들면서 기존에 다른 공학 소프트웨어 도구들과의 차별점을 고심하지 않을 수 없었다. 불필요한 자원을 낭비하는 것은 아닌지, 굳이 기존에 외산으로 비슷한 게 있음에도 왜 새롭게 다시 개발하는지에 대한 의심의 눈초리를 의식하지 않을 수 없었다. 알지오매스는 앞에서 언급한 블록코딩을 활용하여 단순한 수학 교육이 아닌 코딩과의 융합을 통한 수학적 사고력 증진을 획기적으로 개선할 수 있었고, 이는 다가오는 정보 혁명 시대에 큰 도움을 줄 수 있음을 확신한다.

개발 초기 단계에서부터 현직의 수학 교사들을 자문단과 연구단으로 꾸려 함께 참여함으로써, 현장의 선생님들이 진정으로 필요한 소프트웨어를 만들기 위해 노력하였다. 수학적 콘텐츠를 만들기 편리한 꾸미기 기능을 비롯하여, 이모티콘 삽입 기능이 이렇게 탄생하게 되었다.

"김광진의 알지오매스 첫 걸음" 시리즈는 최초로 알지오매스가 개발되고 출시됨에 따라, 알지오매스의 개념과 원리를 제대로 배우고 싶다는 학교 현장의 선생님, 많은 학생들의 요구에 의해 기획되고 출간되게 되었다. 알지오매스를 만들고 고민하는 개발팀이 직접 정확한 개념과 동작원리를 쉽고 편리하게 기술하기에 보다 정확하고 효과적인 교재가 될 것으로 확신하고, 더불어 다른 훌륭하신 선생님들의 더 많은 교재도 출간되기를 간절히 기대한다.

사용자들의 많은 활용을 위해 이번 교재를 편찬하게 되었다. 매뉴얼에서 표현하기 어려운 기능의 설명이나 상세한 예제 등을 통해 혁신적인 수학 교육, 학습의 새로운 경험을 함께 누리길 바란다.

김광진의
알지오매스 첫 걸음
도형과 함수 그래프 핵심 기초편

Chapter 01 알지오매스 시작하기

1.1 알지오매스 소개 — 008
1.2 알지오매스 시작하기 — 010
1.3 회원 가입 및 로그인하기 — 012
1.4 메인 페이지 활용 — 012

Chapter 02 알지오 2D

2.1 알지오 2D 실행하기 — 024
2.2 기하 도구 — 036
2.3 대수 도구 — 112
2.4 통계 도구 — 192

Chapter 03 알지오 3D

3.1 알지오 3D 실행하기 — 204
3.2 입체도형 도구 — 219

Chapter 04 알지오 문서와 모둠

4.1 알지오 문서 — 240
4.2 알지오 모둠 — 253

Chapter 01

알지오매스 시작하기

1 알지오매스 시작하기

1.1 알지오매스 소개

알지오매스(Algeomath)는 도형이나 함수의 그래프 등 수학적 콘텐츠를 쉽고, 정확하게, 그리고 빠르게 만들 수 있도록 도와주는 공학 소프트웨어이다. 이 소프트웨어는 컴퓨터와 모바일 기기가 널리 사용되는 시대 흐름에 맞춰 수학교육에서도 이러한 기술을 적극적으로 활용할 수 있도록 개발되었다. 알지오매스는 학생들의 상상력을 자극하고, 수학에 대한 흥미를 높이며, 창의적인 학습 방법을 제시하는 데 중점을 두고 있다. 이를 통해 많은 학생이 수학을 더 재미있고 효과적으로 학습할 수 있도록 지원한다.

'알지오매스'라는 이름은 수학의 두 가지 중요한 주제인 대수(Algebra)와 기하(Geometry)를 상징한다. 각각의 영문명에서 앞 글자를 따 'Al'과 'Geo'를 합성하여 만들어진 이름이다. 이처럼 알지오매스는 학교에서 학습하던 수학적 사고방식을 그대로 컴퓨터 환경으로 옮겨오려는 노력을 반영하고 있다. 이러한 목적을 위해 알지오매스는 세 가지 핵심 기능인 "알지오 도구", "문서", 그리고 "모둠"으로 구성되어 있으며, 이를 통해 사용자들이 수학적 개념을 시각화하고 분석하는 데 최적화된 환경을 제공한다.

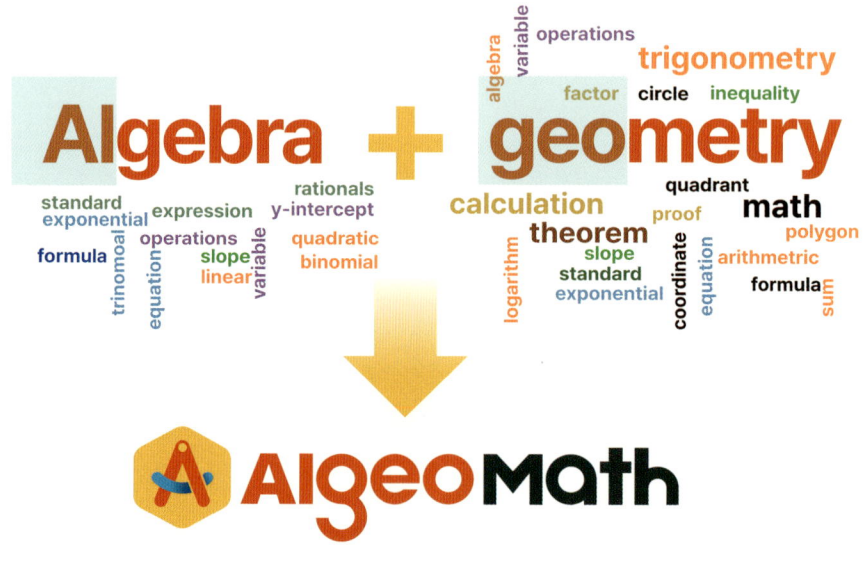

⬆ **그림 1** 알지오매스 이름 작명 원리

1.1 알지오매스 소개

 알지오 도구 :

알지오 도구는 학교 현장에서 책상에 앉아 자와 각도기, 컴퍼스를 갖고 모눈종이 위에서 도형과 함수의 그래프를 그리는 활동을 지원하는 공학 소프트웨어 도구이다. 기하, 대수, 블록 코딩 등을 2D, 3D로 활용할 수 있으며 알지오매스의 핵심 기능을 수행할 수 있는 도구이다.

 알지오 문서 :

문서는 도형으로 그린 그림(도형, 함수 그래프 등)을 도화지에 옮겨서 내 생각을 체계적으로 정리하듯이 학습 자료 형태로 만들어 주는 과정을 묘사하여 개발한 도구이다. 도형과 함께 텍스트, 이미지, 동영상을 삽입할 수 있다.

 알지오 모둠 :

알지오 모둠은 알지오 도형이나 알지오 문서로 만들어 낸 학습 자료들을 게시판에 게시하고 다른 친구들과 공유하는 활동을 지원하기 위한 도구이다.

알지오매스는 대한민국 교육부와 한국과학창의재단이 전국 17개 시도교육청과 협력하여 개발한 공학 소프트웨어로, 누구나 무료로 사용할 수 있도록 보급되고 있다. 이를 통해 사용에 제한이 없으며, 앞으로도 지속적인 개발과 지원을 통해 수학교육의 새로운 학습 도구로 자리매김할 것이다.

1.2 알지오매스 시작하기

알지오매스를 시작하기 위해서는 아래 주소로 접속하면 된다.

https://www.algeomath.kr

웹 브라우저의 주소창에 해당 주소를 입력하면 알지오매스의 공식 홈페이지로 연결되며, 아래와 같은 시작 페이지가 표시된다. 이 페이지에서 알지오매스는 초등학생용과 중·고등학생(일반)용으로 구분되어 있다. 이는 학생들의 학습 수준과 교육과정의 차이에 맞춰 최적의 학습 환경을 제공하기 위함이다. 초등학생에게는 기본적인 수학 개념을 쉽게 이해할 수 있는 간단한 기능이, 중·고등학생에게는 보다 복잡한 수학 개념을 다룰 수 있는 고급 기능이 요구되기 때문이다. '알지오매스 첫걸음'은 디지털 교과서 활용을 대비한 필독서로, 중·고등학생을 기준으로 사용 방법을 안내할 예정이다.

그림 2 알지오매스 첫 페이지

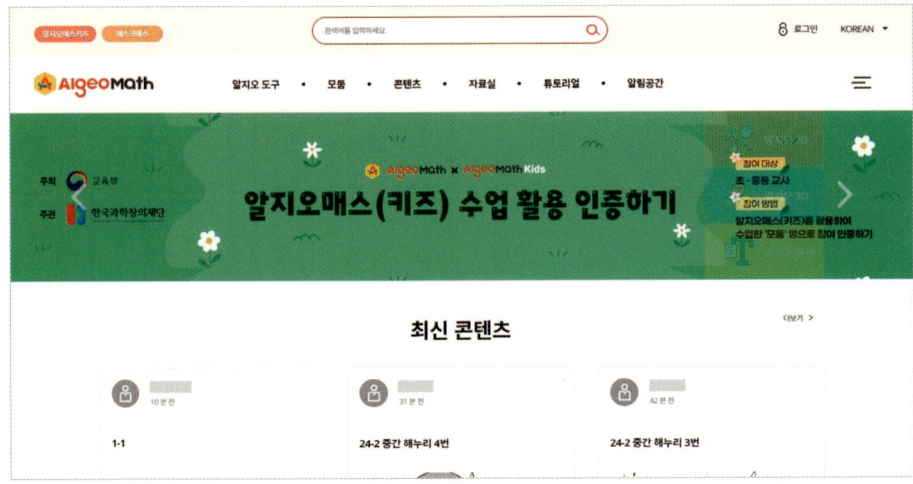

그림 3 알지오매스 중고등학생(일반) 메인페이지

알지오매스를 효과적으로 활용하려면 회원가입 후 로그인을 하는 것이 좋다. 이를 통해 만든 콘텐츠를 저장하고, 저장된 파일을 쉽게 공유할 수 있다. 로그인은 한국과학창의재단 통합 로그인을 통해 이루어지며, 아이디가 없는 경우 '한국과학창의재단 통합 로그인 바로가기' 버튼을 클릭하여 그림 4의 로그인 화면에서 회원가입 버튼을 눌러 가입하면 된다.

1.3 회원가입 및 로그인

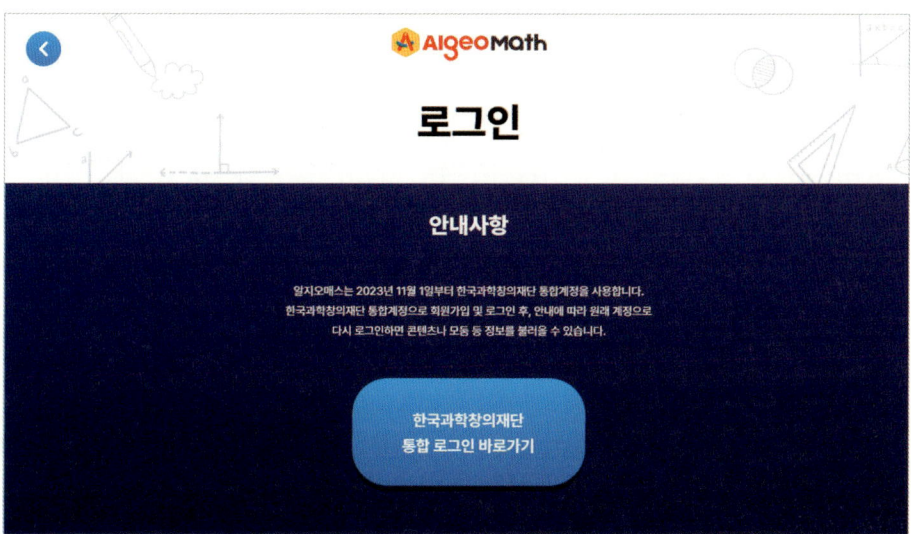

↑ **그림 4** 알지오매스 통합 로그인 바로가기

↑ **그림 5** 한국과학창의재단 통합회원 로그인 및 회원가입 화면

1.3 회원가입 및 로그인

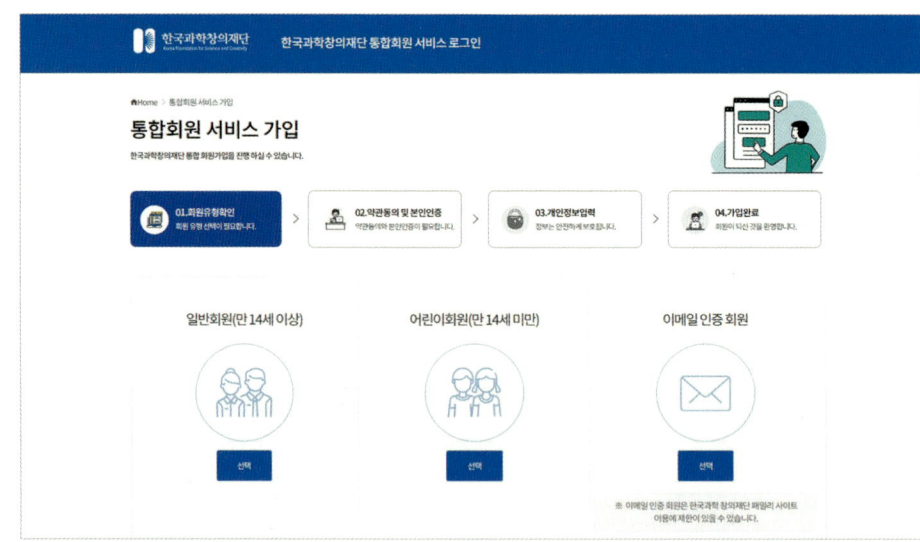

그림 6 한국과학창의재단 통합지원 서비스 회원가입 방법

회원가입이 되었으면 로그인을 하도록 하자. 회원 가입한 아이디와 비밀번호 혹은 카카오/네이버 계정으로도 로그인이 가능하다. 한국과학창의재단 통합회원 서비스 로그인 화면에서 로그인하면 이제 이용할 준비가 된 것이다.

1.4 메인페이지 활용

로그인에 성공하게 되면 메인페이지의 화면이 아래와 같이 바뀌게 된다. 상단에 알지오 도구, 모둠, 콘텐츠, 자료실, 튜토리얼, 알림 공간, 마이페이지 메뉴를 확인할 수 있으며 메인 화면에서 공지와 최신 콘텐츠 등을 바로 확인할 수 있다.

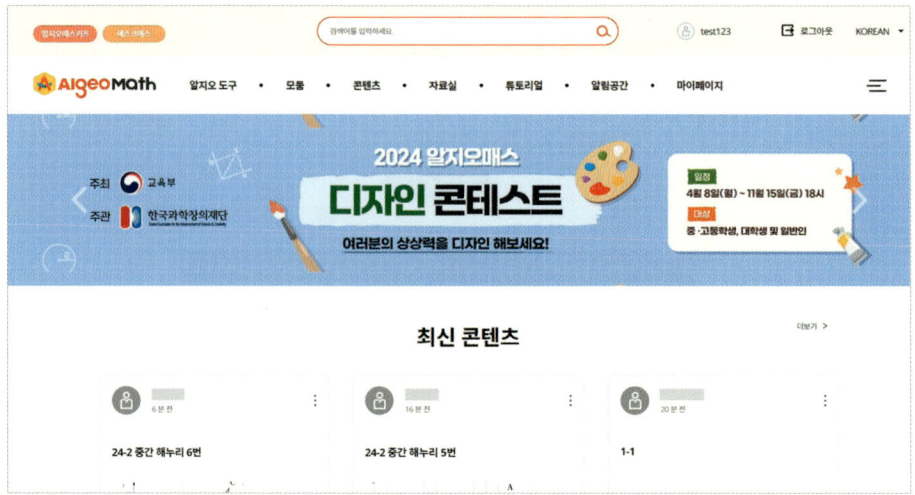

그림 7 로그인 후 메인페이지 화면

1.4.1 정보 검색하기

알지오매스를 이용하는 도중에 자료의 검색이나 모둠, 친구를 찾고 싶은 경우에는 우측에 있는 검색창에서 키워드를 검색할 수 있다.

1.4
메인페이지
활용

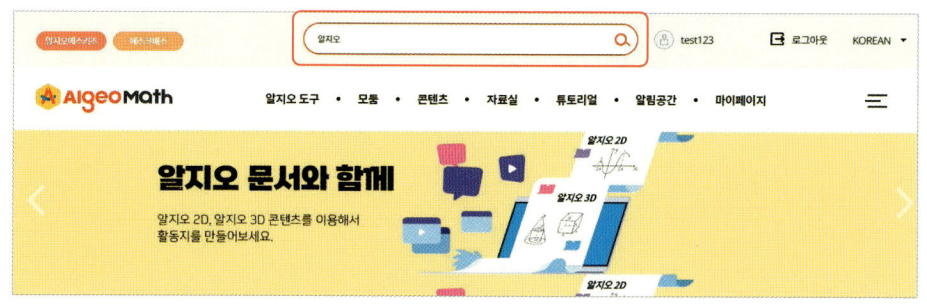

그림 8 정보 검색하기

알지오매스 이용자 닉네임, 모둠 이름, 콘텐츠 이름(도형, 문서) 등을 검색할 수 있다. 이 기능을 이용하면 친구나 모둠, 콘텐츠를 쉽게 검색할 수 있다.

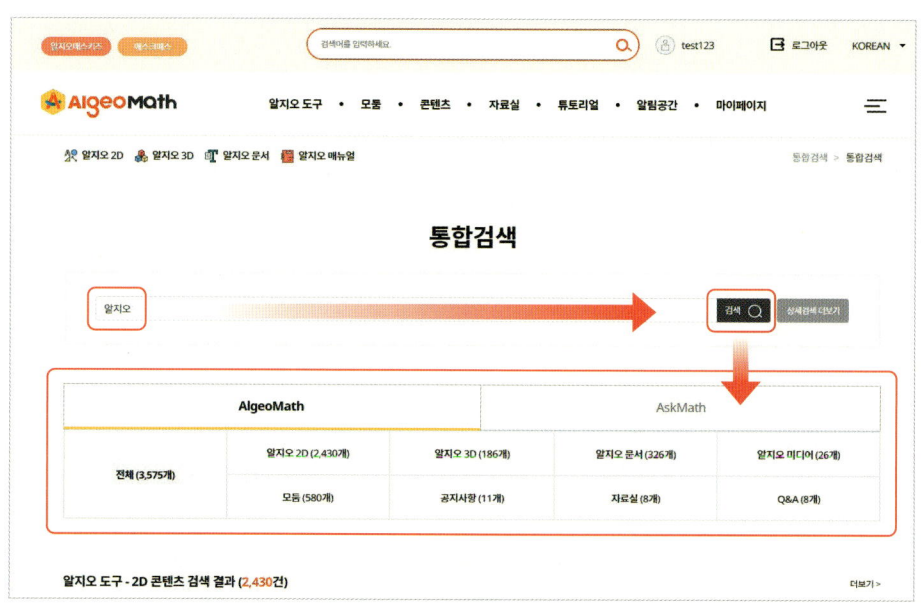

그림 9 검색창 이용하기

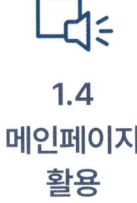

1.4 메인페이지 활용

1.4.2 공지사항 확인하기

알지오매스 메뉴 중 알림 공간에는 공지사항, Q&A, 이벤트 게시판으로 나누어지며 공지사항에서는 공모전, 이벤트, 만족도 조사 등의 알림을 확인할 수 있다. Q&A에서는 알지오매스 사용 시 궁금증을 해결할 수 있으며 이벤트 게시판에서는 다양한 이벤트 안내를 받을 수 있다.

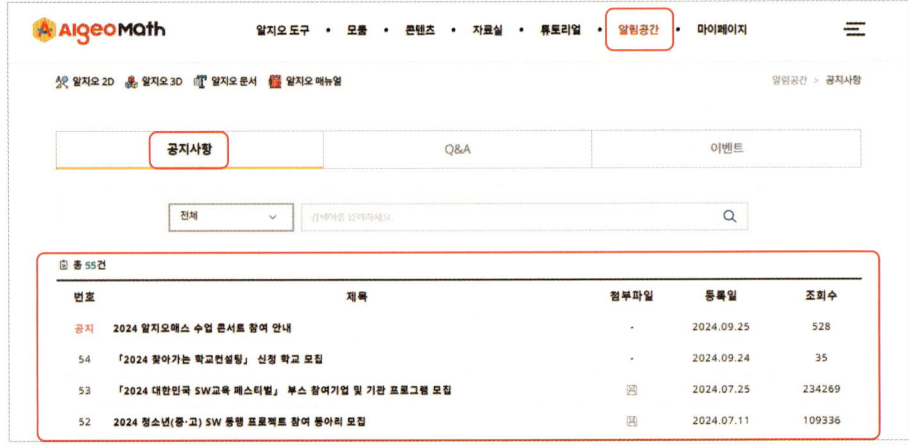

⬆ 그림 10 공지사항 페이지

1.4.3 알지오 도구(2D, 3D, 문서) 실행하기

알지오매스를 구성하는 핵심 도구는 2D, 3D, 문서이다. 이 도구를 이용하려면 맨 상단의 '알지오 도구' 버튼을 클릭하면 된다. 각각의 기능에 대한 설명은 추후에 별도로 하기로 한다.

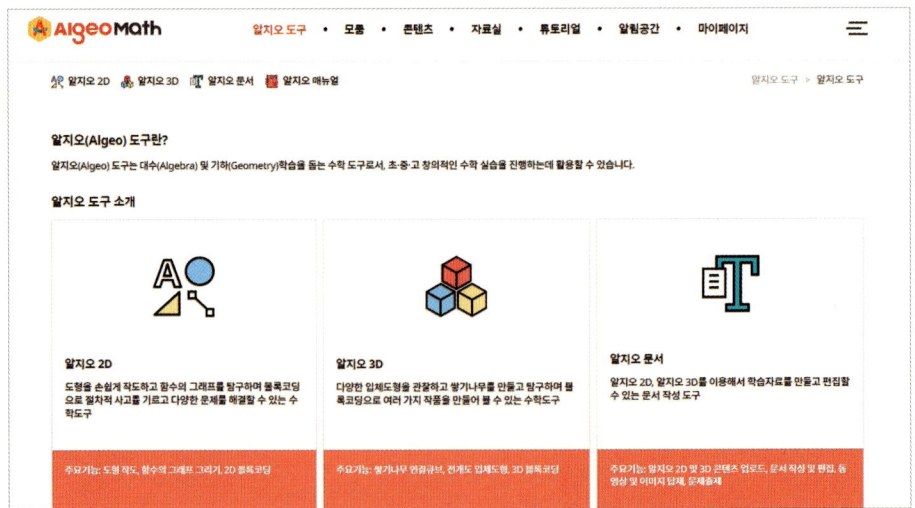

⬆ 그림 11 알지오 도구 페이지 설명

1. 4. 4 모둠 둘러보기

알지오매스의 핵심 기능 중 하나인 모둠에 대해서 전반적으로 둘러볼 수 있는 기능이다. 전체 모둠에 대한 정보, 내가 만든 모둠, 내가 가입한 모둠을 볼 수 있으며 자세한 모둠 활용법은 추후 별도로 다루기로 한다.

1.4
메인페이지
활용

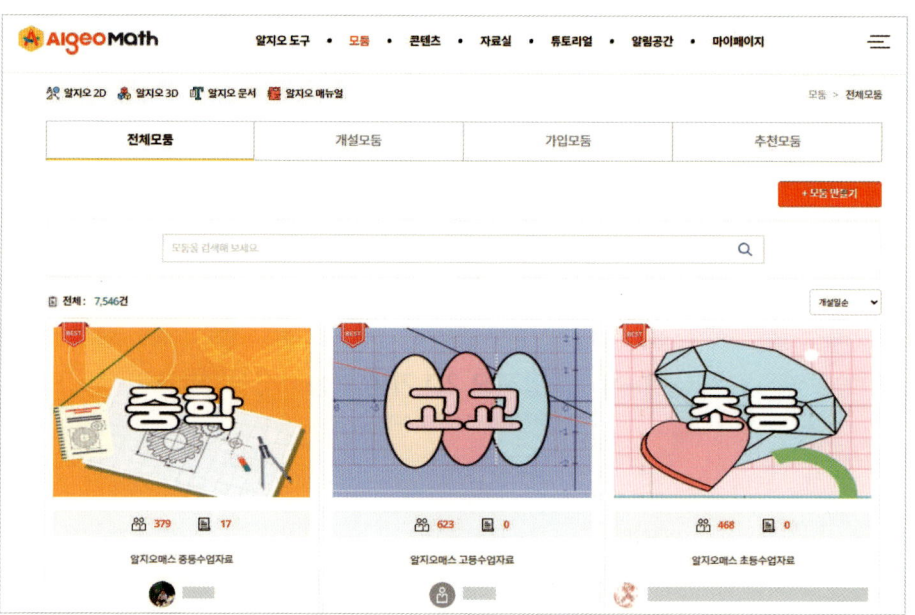

그림 12 모둠 둘러보기

1.4 메인페이지 활용

1.4.5 매뉴얼과 튜토리얼 활용하기

알지오매스의 기본 매뉴얼은 알지오 도구의 '알지오 매뉴얼'에서 확인할 수 있다. 이 매뉴얼은 원하는 정보를 목록에서 쉽게 찾아볼 수 있으며, 검색 기능을 통해 특정 기능을 빠르게 확인할 수 있다. 또한, 알지오 매뉴얼은 PDF 형식으로 전체 내용을 다운로드할 수 있으며, 목차에서 원하는 부분만 선택하여 다운로드하는 것도 가능하다.

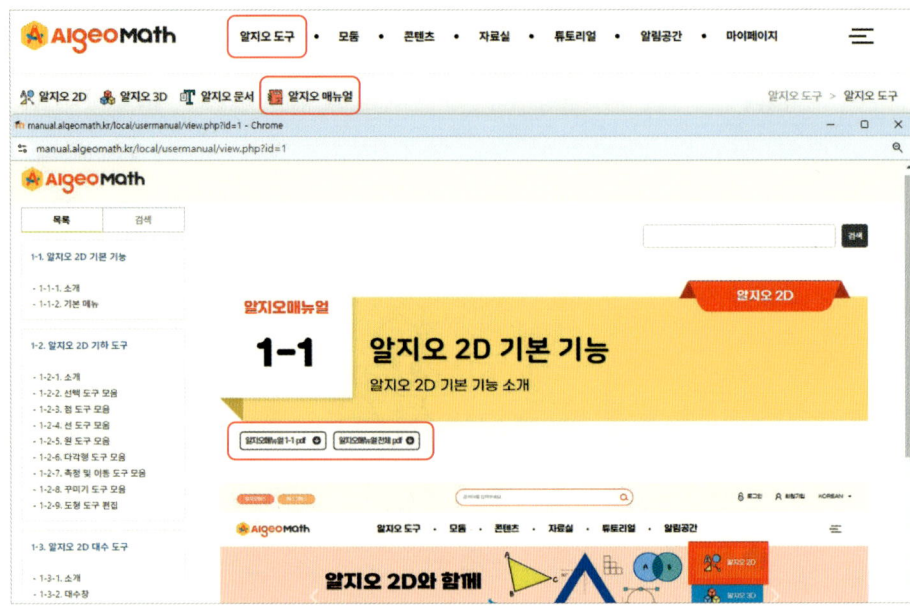

그림 13 알지오 매뉴얼 페이지

매뉴얼을 통해 알지오매스를 익힌 후, 튜토리얼을 통해 알지오 2D와 3D 기능을 학습할 수 있다. 기하, 대수, 확률 및 통계, 블록 코딩 등 다양한 파트로 나누어진 이 튜토리얼은 영상과 미션을 통해 수학을 깊이 있게 공부할 수 있도록 돕는다.

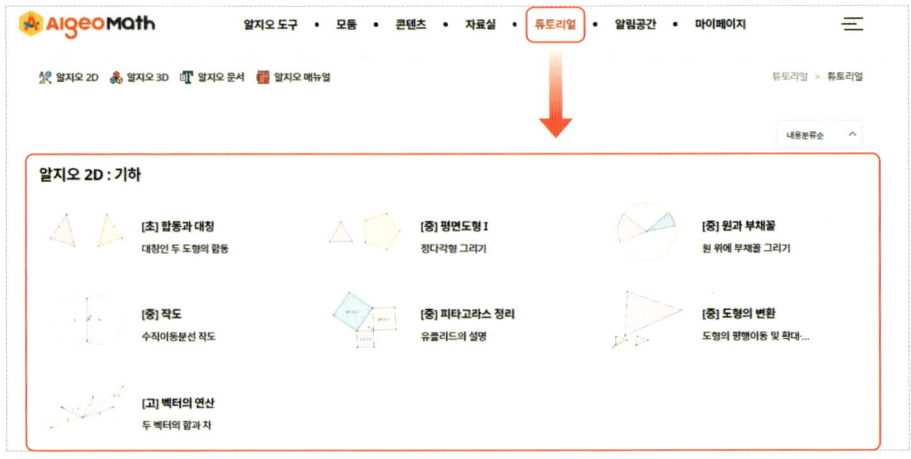

그림 14 튜토리얼 페이지

1.4.6 마이페이지

우측 상단에 보이는 5개의 메뉴는 개인별 환경 설정이나 저장된 파일 목록을 보여주는 도구이다. 알지오매스의 '나의 콘텐츠' 페이지에서는 사용자가 만든 콘텐츠를 관리하고, '나의 친구'와 '나의 모둠' 기능을 통해 학습 파트너와 그룹 활동을 쉽게 조율할 수 있다. '프로필'은 개인 정보를 확인하고, 필요시 '정보수정'을 통해 업데이트할 수 있다. 또한, '추천 콘텐츠'를 통해 학습에 도움이 될 만한 자료를 발견할 수 있다.

**1.4
메인페이지
활용**

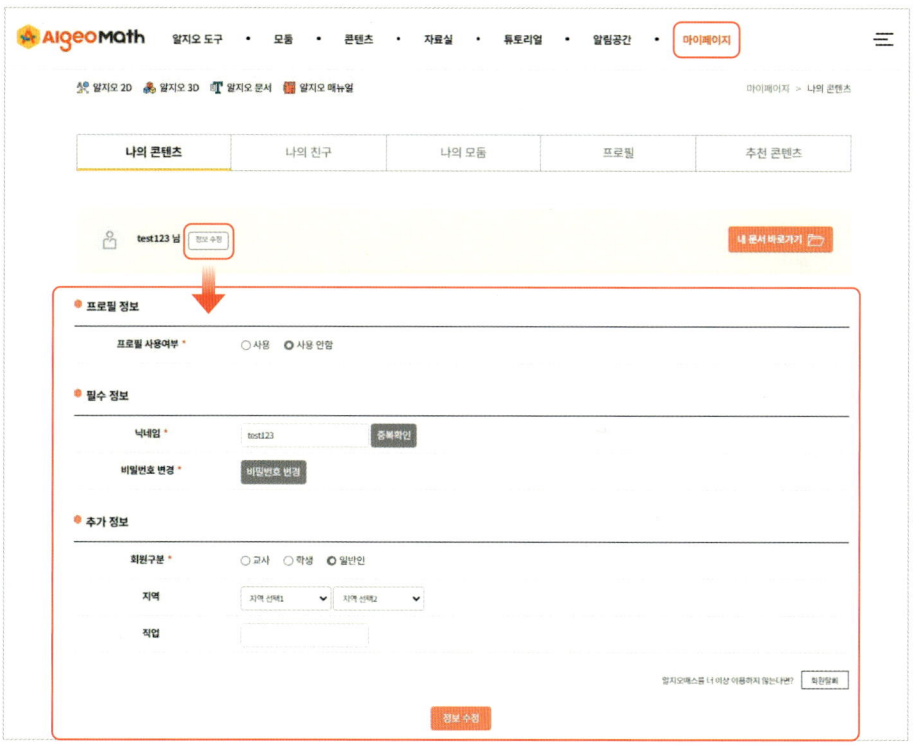

⬆ **그림 15** 마이페이지 첫 화면 및 정보수정

1.4 메인페이지 활용

'내 문서 바로가기' 기능을 이용해 자신이 저장한 문서를 한눈에 볼 수 있으며, 폴더를 오른쪽 마우스 버튼으로 클릭하면 폴더를 새 창에서 열기, 이름 변경, 이동, 삭제할 수 있는 기능이 제공된다.

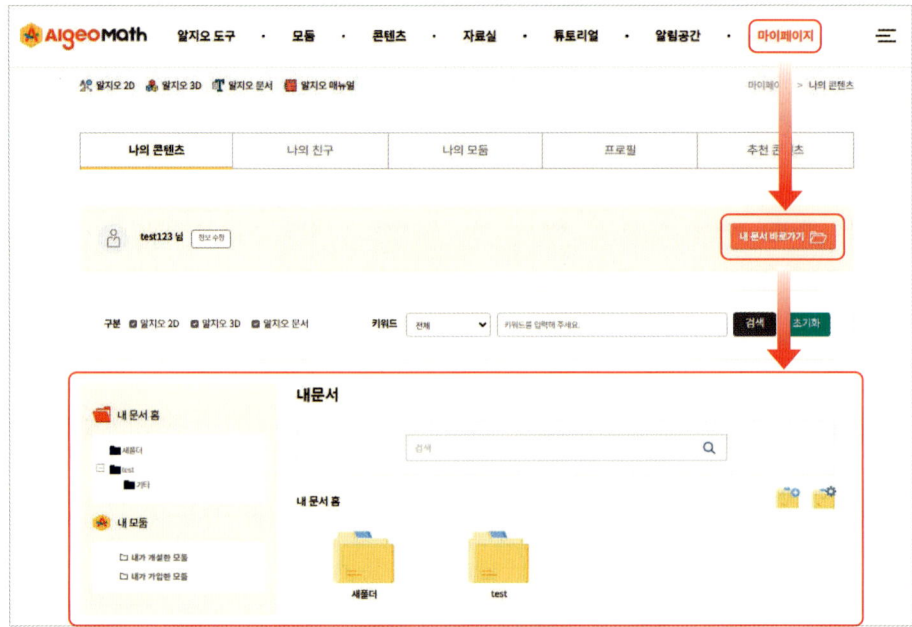

그림 16 내 문서

폴더의 이름을 바꾸기 위해서는 폴더이름 변경을 누르면 폴더이름 변경을 위한 창이 뜨고, 여기서 이름을 바꾸면 된다.

그림 17 폴더 이름 바꾸기

폴더와 마찬가지로 개별 파일들도 여러 가지 관리를 할 수 있다. 파일을 마우스 오른쪽 버튼으로 클릭하면 다음과 같은 설정 메뉴를 확인할 수 있다.

⬆ **그림 18** 마우스 우클릭을 이용한 파일 관리 기능

모둠 게시는 만들어진 파일들을 내가 가입하거나 개설한 모둠에 게시하는 기능이다. 모둠 게시를 누르면 내가 게시할 수 있는 모둠의 목록이 뜨는데 선택하면 해당 모둠에 파일이 공유된다.

이름 변경하기는 모둠의 이름 변경하기와 마찬가지로 파일의 이름을 변경할 수 있도록 한다.

⬆ **그림 19** 파일의 이름 변경하기

폴더 이동은 파일의 위치를 이동시켜 주는 기능이다. 이동을 원하는 파일을 우클릭하고 폴더 이동을 누르면 폴더를 선택하는 창이 뜬다. 마지막으로 상세 정보는 도형이나 문서 파일의 상세 정보를 요약하여 보여준다.

1.4 메인페이지 활용

1.4 메인페이지 활용

1.4.9 콘텐츠 피드

도형이나 문서 도구를 이용해 콘텐츠를 만들고, 이를 공개로 저장하면 다른 모든 사용자에게 해당 콘텐츠가 공개된다. 이러한 기능은 강력한 콘텐츠 공유의 장점을 제공한다. 사용자는 자신이 잘 만든 콘텐츠를 자랑할 수 있고, 다른 사람이 재미있게 만든 콘텐츠를 저장하여 다시 볼 수 있다. 이 과정에서 콘텐츠가 폭넓게 확산된다. 또한, 공유 과정을 통해 학생들이 자발적으로 참여하는 학습 환경이 조성된다.

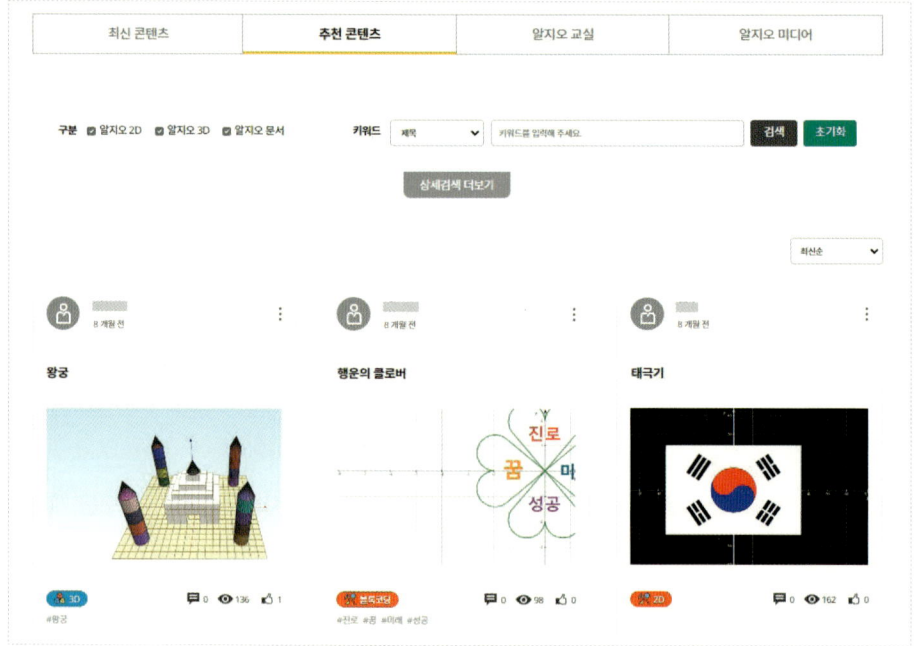

⬆ **그림 20** 콘텐츠 피드

공유하기 기능을 통해 사용자는 자신이 만든 콘텐츠를 소셜미디어(SNS)에 손쉽게 공유할 수 있다. 이에 따라 더 많은 사람이 콘텐츠를 접하게 되고, 그만큼 널리 확산할 수 있다. 소셜미디어를 통한 공유는 학습 커뮤니티를 활성화하고, 다양한 사용자들 간의 소통을 촉진하는 데 기여한다.

⬆ **그림 21** SNS 공유하기

1.4.10 콘텐츠 카테고리 필터 설정

알지오매스는 기본적으로 수학교육, 특히 우리나라 수학 교육과정에 맞추어 활용될 수 있도록 설계가 되었다. 이 과정에서 콘텐츠를 만들 때 학년별, 영역별로 태깅을 설정할 수 있으며(현재는 알지오매스 개발에 직접 참여 중인 연구단 선생님들만 태깅을 달 수 있게 되어 있으며 향후 확대될 예정이다), 이를 이용해서 콘텐츠를 분류해 볼 수 있도록 해 주는 기능이다. 예를 들어서 중학교 1학년에 관련된 콘텐츠를 보고 싶으면 "중1" 버튼을 눌러주면 중1에게 연관된 콘텐츠만 필터링되어 보여주게 되는 것이다. 영역 별로도 마찬가지 원리로 필터를 걸 수 있다.

⬆ **그림 22** 콘텐츠 카테고리 필터 설정

실례로 기하에서 기본 도형에 관한 콘텐츠를 보고 싶은 경우에 아래 그림과 같이 선택하면 해당 콘텐츠들이 필터링되어 콘텐츠 피드 영역에 표시가 된다. 이와 같은 필터의 구분은 우리나라 교육과정에 맞추어 자문 교사단의 조언을 받아 구성되었다.

⬆ **그림 23** 콘텐츠 카테고리 필터에 기하 > 기본도형을 눌렀을 경우

1.4 메인페이지 활용

Chapter 02

알지오 도구 : 2D

2 알지오 도구 : 2D

2.1 알지오 2D 실행하기

알지오매스의 2D 도구는 화면 상단의 '알지오 도구' 메뉴에서 '알지오 2D'를 선택하여 실행한다. '알지오 2D'는 사용자에게 기하 도형을 생성하고, 대수적 표현을 그래프로 시각화할 수 있는 창을 제공한다. 이 도구를 통해 다양한 평면 도형과 함수 그래프를 그릴 수 있으며, 데이터 분석 도구도 포함하여 수학적 개념을 직관적으로 이해하는 데 도움이 된다.

기하 도구를 사용하면 선, 점, 도형 등 다양한 도형을 클릭과 드래그로 쉽게 생성할 수 있고, 대수 도구를 통해 방정식과 함수의 그래프를 그릴 수 있다. 통계 도구에서는 데이터를 시각화하고 분석할 수 있어 복잡한 수학적 개념도 명확하게 파악할 수 있다.

또한, 알지오 2D는 블록 코딩 기능을 지원하여 사용자들이 절차적인 사고를 기를 수 있도록 돕는다. 블록 코딩을 활용해 반복문을 사용하거나 변수를 조작하여 도형의 움직임을 제어하는 등 다양한 문제 해결 활동을 할 수 있다.

그림 1 알지오 도구 2D 선택하기

2.1.1 헤더 영역

그림 2에서 빨간색 표시된 영역을 각각 클릭하면 다음과 같이 실행된다.

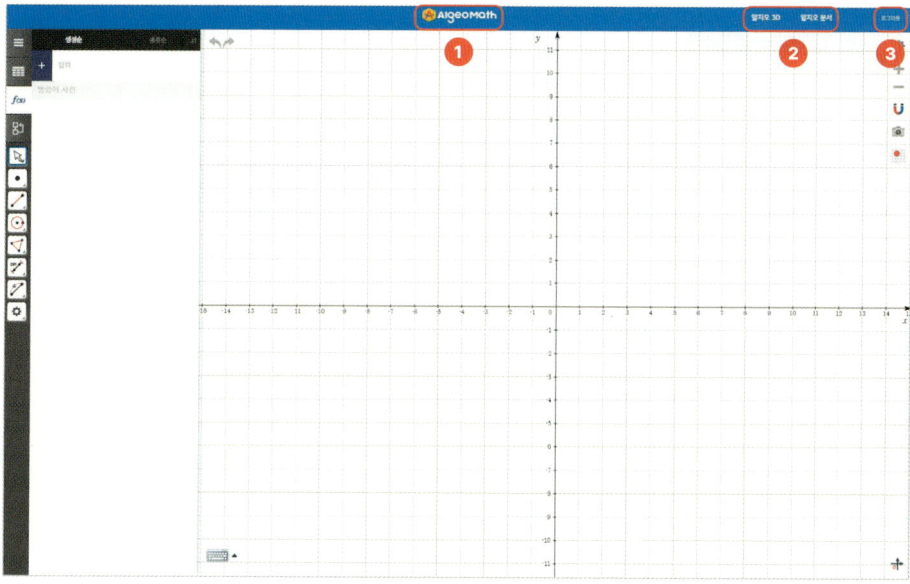

그림 2 헤더 영역

① **알지오매스 로고** 메인 페이지로 돌아간다.
② **알지오 3D/문서** 3D 만들기 페이지 또는 문서 만들기 페이지로 이동한다.
③ **로그인/로그아웃** 로그인 또는 로그아웃을 할 수 있다.

2.1
알지오 2D
실행하기

2.1 알지오 2D 실행하기

2.1.2 툴바 영역

그림3에서 빨간색 표시된 영역을 툴바 영역이라고 한다.

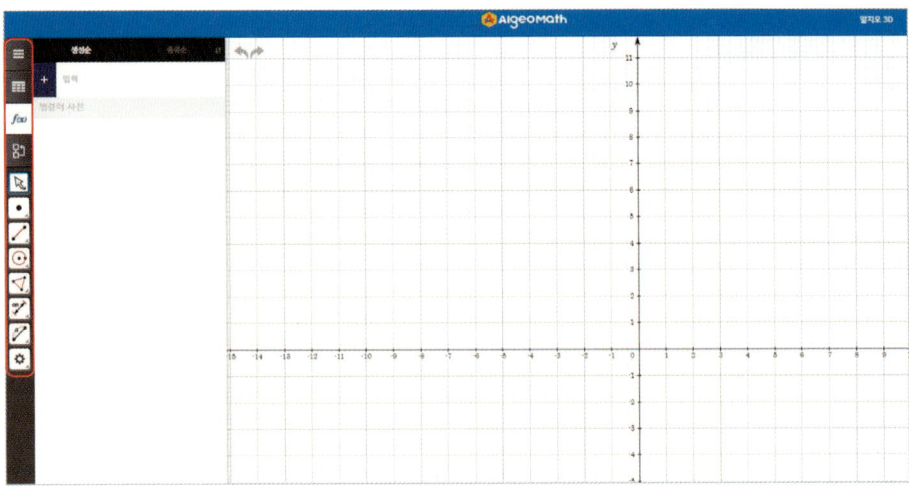

⬆ **그림 3** 툴바 영역

각 기능은 그림4에 소개되어 있고, 필요할 때 사용할 수 있다.

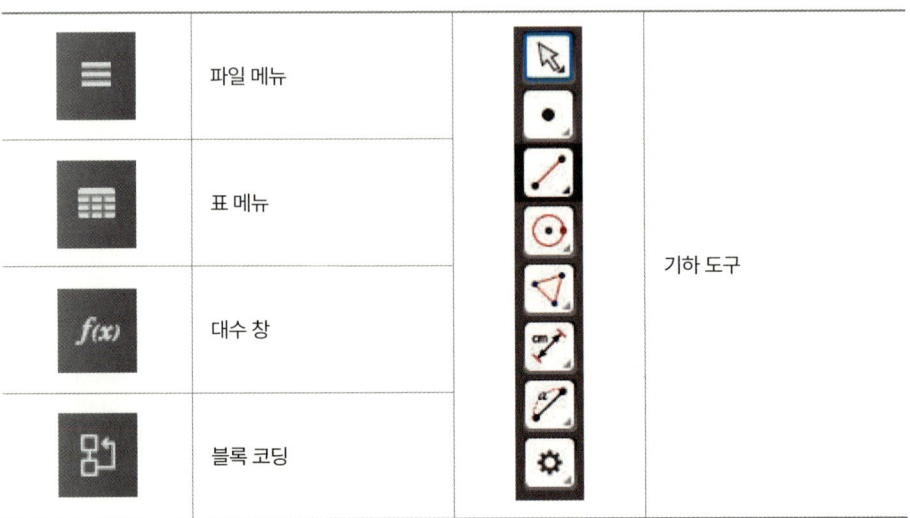

⬆ **그림 4** 툴바 영역의 기능

먼저, 파일 메뉴를 클릭하면 그림5와 같이 5개의 기능이 존재한다.

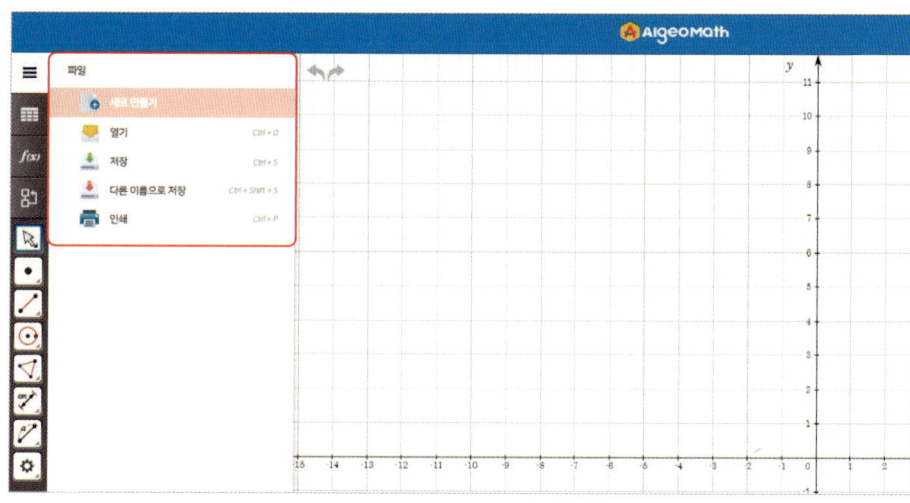

⬆ **그림 5** 파일 메뉴

2.1 알지오 2D 실행하기

각 기능에 대한 설명은 그림6과 같고, 익숙해지면 단축키를 사용할 수도 있다.

아이콘	기능	설명
➕	새로 만들기	도형 만들기를 새로 시작할 수 있다.
✉	열기	기존에 작성 후 저장한 파일을 불러올 수 있다.
		단축키 : Ctrl + O
⬇	저장	작성 중인 도형을 저장할 수 있다.
		단축키 : Ctrl + S
⬇	다른 이름으로 저장	작성 중인 도형을 다른 이름으로 저장할 수 있다.
		단축키 : Ctrl + Shift + S
🖨	인쇄	작성 중인 도형을 인쇄할 수 있다.
		단축키 : Ctrl + P

⬆ **그림 6** 파일 메뉴 기능 설명

2.1 알지오 2D 실행하기

다음으로 표 메뉴를 클릭하면 그림7과 같이 5개의 기능이 존재한다.

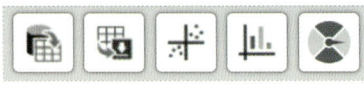

⬆ **그림 7** 표 메뉴 기능

각 기능에 대한 설명은 그림8과 같다.

⬆ **그림 8** 표 메뉴 기능 설명

잠시 산점도 그래프 그리기와 차트 그리기 기능을 살펴보자.

먼저, 산점도 그래프 그리기 기능을 클릭하면 그림9와 같이 표가 생성된다. 반드시 이 표가 있어야 산점도를 생성할 수 있으므로 이 표가 있는지 확인 후 그림10의 새 산점도 기능을 클릭한다.

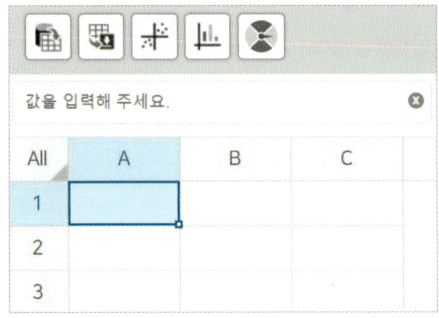

⬆ **그림 9** 산점도 그래프 그리기

⬆ **그림 10** 새 산점도를 생성한다.

2.1
알지오 2D
실행하기

그러면 그림11과 같은 창이 생성되고, 데이터를 입력할 수 있다.

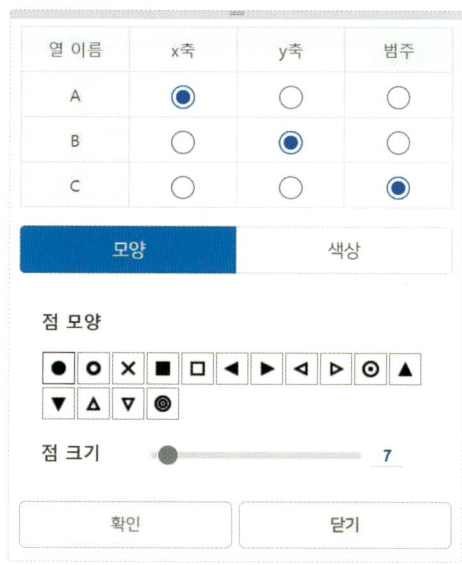

⬆ **그림 11** 산점도 점의 모양 및 색상 설정

다음으로 차트 그리기 기능을 클릭하면 그림12와 같이 데이터가 없는 창이 뜨는데, 이때 빨간색 표시한 설정 단추를 클릭하면 그림13과 같이 차트의 설정을 바꿀 수 있는 창이 뜬다.

⬆ **그림 12** 빨간색 표시된 버튼을 눌러 설정을 바꿀 수 있다.

⬆ **그림 13** 차트 설정

그림13의 윗줄 왼쪽부터 색상, 그래프 형태, 숨기기, 삭제, 닫기이며, 이 중 그래프 형태를 막대그래프, 꺾은선그래프, 원그래프, 레이더 그래프, 도넛 그래프의 5가지 형태 중 하나로 변경할 수 있다.

29

2.1 알지오 2D 실행하기

다음으로 대수 창 열기/닫기를 클릭하면 그림14와 같이 대수 창이 생성된다.

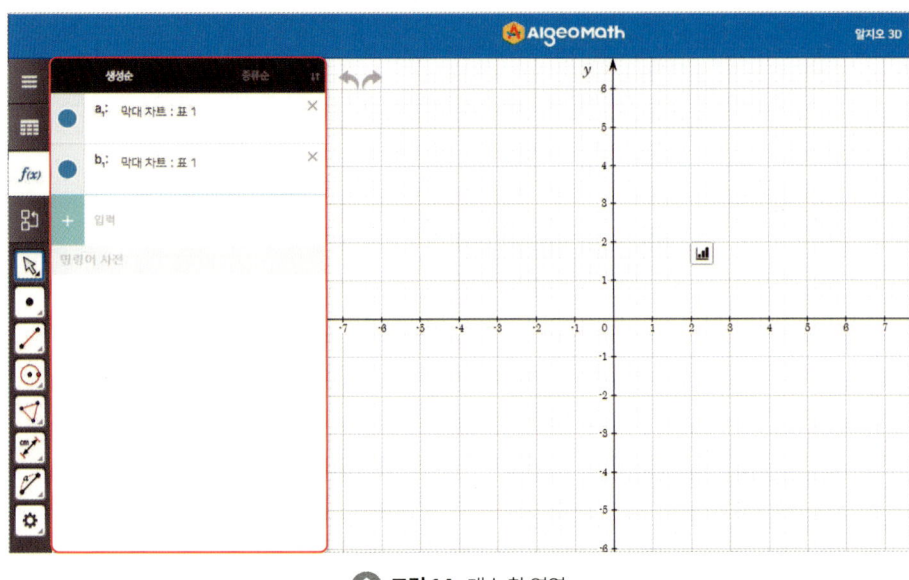

⬆ **그림 14** 대수 창 영역

각 기능에 대한 설명은 그림15와 같다.

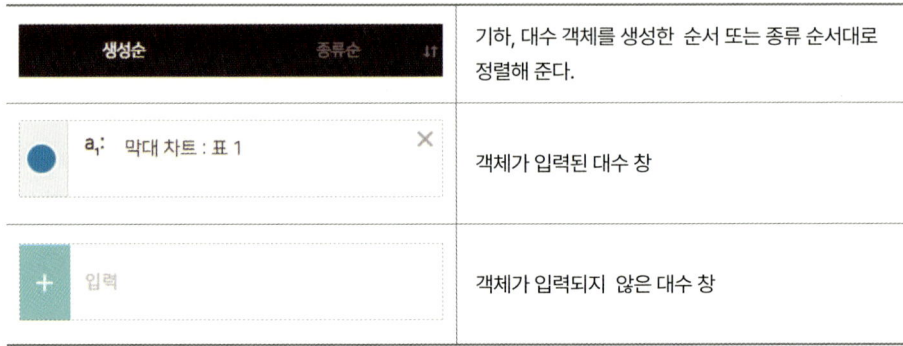

⬆ **그림 15** 대수 창 기능 설명

그림15에 제시된 기능을 지금부터 자세히 설명하겠다.

2.1
알지오 2D
실행하기

↑ **그림 16** 생성순　　　　↑ **그림 17** 종류순

기하 도구는 모두 8개의 카테고리로 분류되어 있는데, 그림3의 툴바 영역 맨 위부터 '선택 그룹', '점 그룹', '선 그룹', '원 그룹', '다각형 그룹', '측정/이동 그룹', '꾸미기 그룹', '도구 설정'으로 분류되어 있다.

2.1 알지오 2D 실행하기

2.1.3 기하 창 영역

그림18에서 빨간색 표시된 영역을 기하 창 영역이라고 한다. 기하 창은 도형 또는 함수의 그래프를 그리는 모눈종이의 역할을 하고, 도형 만들기에서 가장 넓은 영역을 차지하고 있다. 이 공간에서 도형이나 함수의 그래프를 그릴 수 있을 뿐만 아니라, 자유롭게 그림도 그리고 글씨까지 적을 수 있다.

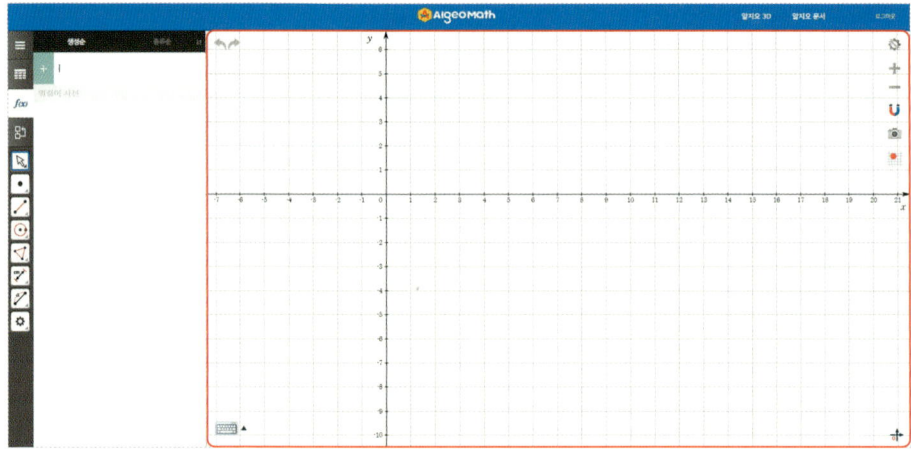

⬆ **그림 18** 기하 창 영역

기하 창 영역에는 그리는 공간 이외에도 편리하게 사용할 수 있는 몇 가지 도구들이 버튼 형태로 존재하는데, 이 모양은 좌측 상단부터 시계 반대 방향으로 소개하고, 각 기능은 그림19와 같다.

아이콘	이름	설명
↶ ↷	되돌리기 / 다시 실행	상태를 이전/다음으로 되돌릴 수 있다. (단축키 : Ctrl + Z / Ctrl + Shift + Z)
⌨▲	수식 편집기	키보드 형태로 올라와 더욱 쉽게 수식을 입력할 수 있다.
⊕	원점 복귀	원점의 위치와 초기 배율로 한 번에 이동할 수 있다.
📷	스크린샷	화면을 캡처할 수 있다.
U	스냅 설정	도형을 생성 또는 이동할 때 격자 단위로 제한하여 정확하게 생성할 수 있다. 자유롭게 사용하려면 스냅 끄기를 선택한다.
+ −	확대 / 축소	기하 창을 확대하거나 축소할 수 있다.
⚙	환경설정	기본 옵션을 설정할 수 있다.

⬆ **그림 19** 기하 창 영역에서 편리하게 사용할 수 있는 도구 및 설명

수식 편집기, 스크린샷에 대해서는 여기서 조금 더 자세히 다루겠다.

먼저, 수식 편집기는 대수 창에서 수식을 입력하는 것이 익숙지 않거나 불편할 때 유용하다. 수식 편집기를 클릭하면 그림20과 같이 수식 편집기가 실행된다. 각 기능은 그림21에서 알 수 있다.

2.1
알지오 2D 실행하기

↑ **그림 20** 수식 편집기의 위치

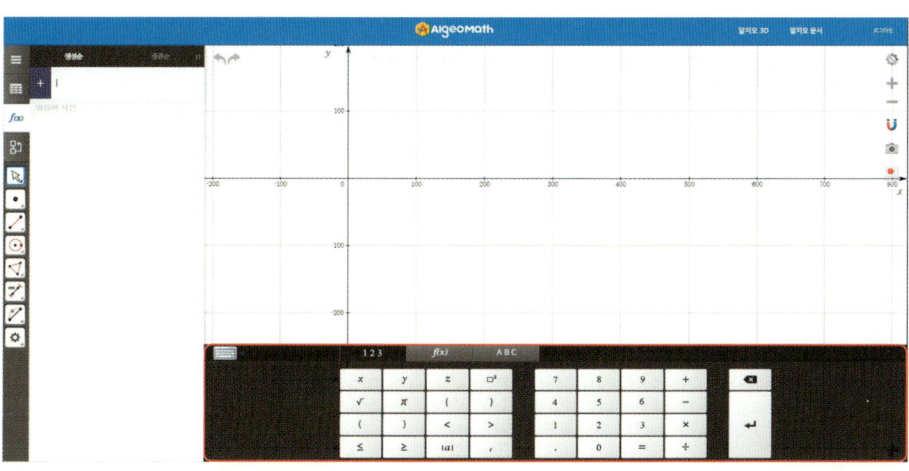

↑ **그림 21** 수식 편집기의 여러 가지 기능

2.1 알지오 2D 실행하기

다음으로 스크린샷 버튼을 누르면 그림22와 같은 창이 생성된다. 캡처 설정에서 전체 캡처와 영역 캡처를, 캡처 영역 설정에서는 격자단위와 자유단위를 선택할 수 있다. 캡처 영역을 선택할 때, 격자단위를 선택하면 격자단위로 캡처할 수 있으며, 격자와 상관없이 자유롭게 캡처하고 싶다면 자유단위를 선택한다.

⬆ **그림 22** 캡처하기 실행 창

영역 캡처를 실행하면 그림23과 같은 화면을 확인할 수 있다.

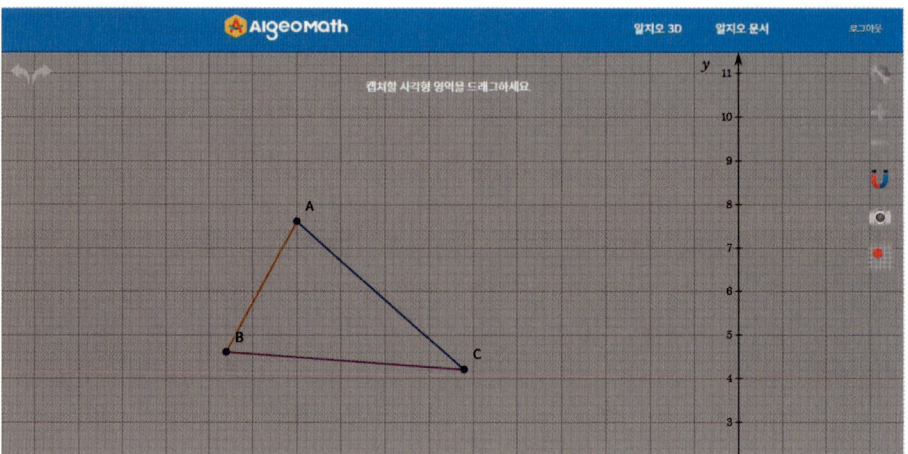

⬆ **그림 23** 영역 캡처 실행 시 화면

마우스로 캡처할 영역을 드래그하면 그림24와 같이 캡처될 이미지가 보인다. 이때, 캡처할 영역을 잘못 선택했다면 다시 마우스를 움직여 바르게 선택한다.

2.1 알지오 2D 실행하기

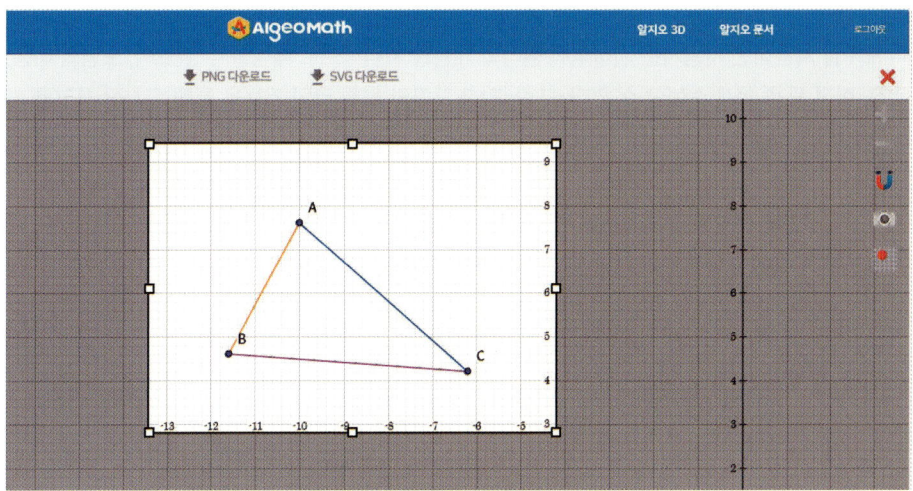

⬆ **그림 24** 캡처할 영역 선택하기

캡처한 이미지 파일을 저장하는 방법은 PNG 다운로드와 SVG 다운로드가 있는데 다운로드 받을 수 있는 이미지의 특성은 각각 다음과 같다.

- **PNG 다운로드** : 대부분의 프로그램에서 사용 가능한 일반적인 이미지 파일 포맷으로, 사진이나 스크린샷 등에 적합하며, 투명 배경도 지원한다.
- **SVG 다운로드** : 확대해도 깨지지 않는 벡터 기반 이미지 포맷으로, 주로 아이콘이나 로고에 사용된다. 이 포맷을 지원하는 프로그램에서만 활용 가능하다.

2.2 기하 도구

알지오매스의 기하 도구는 사용자가 직관적으로 다양한 도형과 기하적 개념을 이해하고 학습할 수 있도록 돕는다. 기하 도구에는 선택 도구, 점 도구, 선 도구, 원 도구, 도형 도구, 측정 및 이동 도구 등 다양한 기능이 포함되어 있어, 평면 위에서의 생성 및 수학적 탐구 활동을 지원한다.

이 도구를 사용하면 사용자는 기하학적 원리와 개념을 시각적으로 체험할 수 있으며, 도형의 이동, 대칭, 회전 등을 쉽게 수행할 수 있다. 또한, 기하 도구의 블록 코딩 기능을 통해 절차적 사고를 기르고, 수학적 문제 해결 능력을 배양할 수 있는 기회를 제공한다.

이러한 도구들을 활용함으로써 사용자들은 더욱 생생하고 효율적인 학습 경험을 할 수 있으며, 다양한 문제 상황에서 창의적인 해결 방안을 모색할 수 있다.

2.2.1 선택 도구 소개

기하 도구에서 선택 도구는 기본적으로 도형, 함수의 그래프, 텍스트 등 기하 창 내의 모든 대상을 선택하고 이동하거나 속성을 편집할 때 사용한다. 선택 도구는 가장 기본적인 상태로, 하나의 도형을 생성한 후 이동하거나 다른 도형을 만들 때도 반드시 이 기능을 사용해야 하며, 단축키는 굵은 글씨로 참조하면 된다.

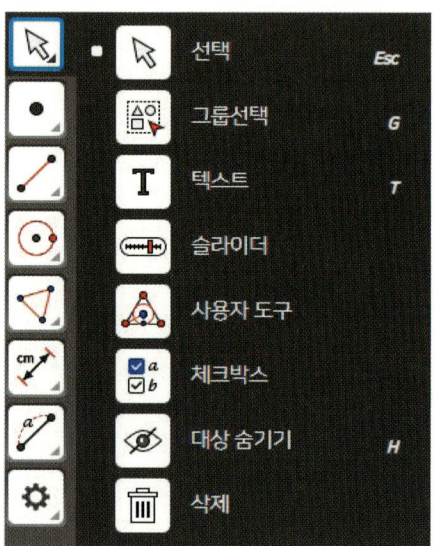

그림 25 선택 도구

2.2
기하 도구

1) 선택 **(단축키 Esc)**

선택 도구는 기하 창 내에 있는 도형, 함수의 그래프, 텍스트 등 모든 대상을 **선택하고 이동하거나 속성을 편집할 때 사용하는 기능**이다. 또한 가장 기본이 되는 상태이므로 한 도형을 생성한 후 이동하거나 다른 도형을 만들 때와 같은 활동을 할 때 반드시 이 기능으로 만든 상태에서 사용해야 한다. 선택된 상태에서 각 도형의 속성(색상, 모양, 이름 등)을 쉽게 변경할 수 있으며, 도형의 위치를 고정하거나 숨기기, 삭제 기능도 제공한다. 숨겨진 도형은 대수 창에서 다시 나타나게 할 수 있다.

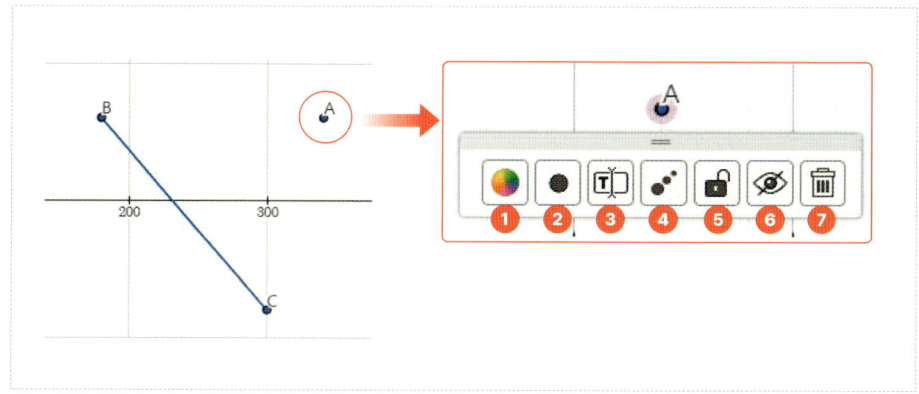

⬆ 그림 26 객체 선택과 팝업창

①	색상	도형의 색을 바꿀 수 있다.
②	모양	점의 모양을 바꿀 수 있다.
③	이름	점의 이름을 바꿀 수 있다.
④	자취	자취 기능을 켜거나 끌 수 있다.
⑤	고정	도형의 위치를 고정할 수 있다.
⑥	숨기기	도형을 숨길 수 있다. ※ 숨긴 도형은 대수 창에서 다시 보이게 할 수 있다.
⑦	삭제	도형을 지울 수 있다. ※ 지운 도형을 되돌리려면 되돌리기 버튼을 클릭한다.

⬆ 그림 27 선택 팝업창

2.2 기하 도구

2) 그룹 선택 (단축키 G)

그룹 선택 도구는 **여러 개의 대상을 동시에 선택하여 이동하거나 삭제할 수 있는 기능**을 제공한다. 그룹으로 선택된 상태에서 드래그하여 이동하거나 Delete 키를 눌러 한꺼번에 삭제할 수 있어, 여러 도형을 관리하고 조작하는 데 효율적이다.

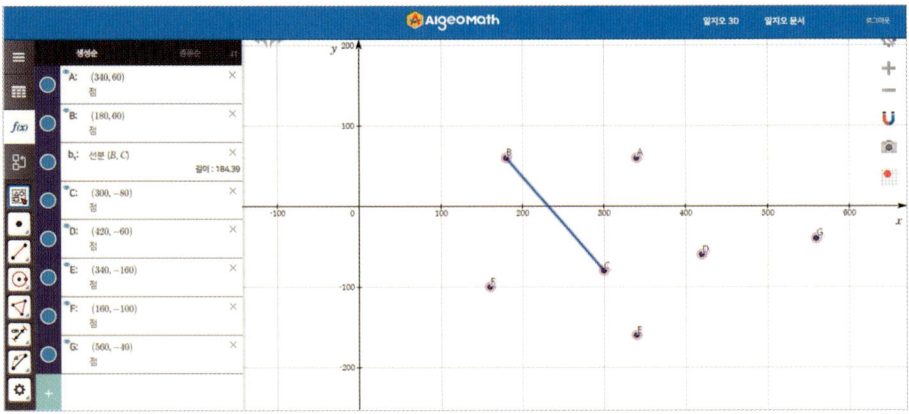

⬆ **그림 28** 여러 개의 도형이 동시에 선택된 모습

3) 텍스트 (단축키 T)

텍스트 도구는 **기하 창에 글을 작성할 때 사용하는 기능**으로, **도형에 대한 설명이나 함수의 식을 입력**할 때 유용하다. 텍스트 도구를 선택한 후 원하는 위치를 클릭하면 텍스트 편집 창이 열리고, **일반 텍스트**와 수식을 입력할 수 있는 **LaTeX 문법을 지원**한다. 텍스트 속성 편집 도구를 통해 폰트 스타일, 색상, 크기 등을 쉽게 조정할 수 있다.

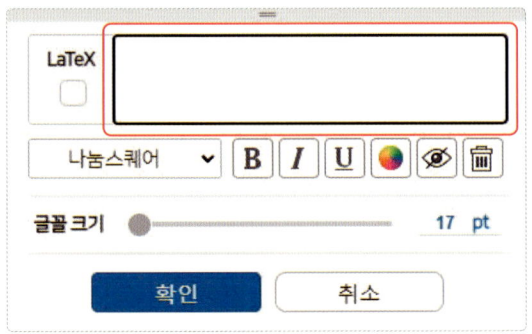

⬆ **그림 29** 텍스트 편집 창. 빨간색 표시한 곳에 글씨를 입력한다.

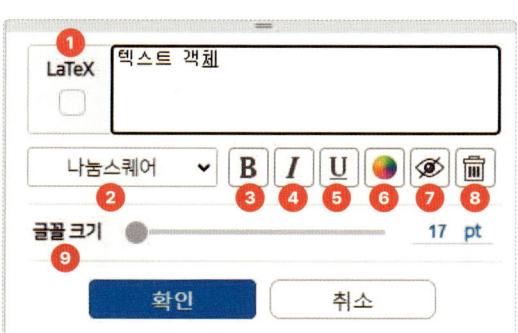

⬆ **그림 30** 텍스트 속성 편집 도구

2.2
기하 도구

수학적 기호나 수식을 작성할 때는 **LaTeX 기능**을 사용하면 된다.

❶	내용 편집	텍스트의 내용을 편집할 수 있다.
❷	글꼴	텍스트의 글꼴을 바꿀 수 있다.
❸	굵게	텍스트를 굵게 할 수 있다.
❹	기울게	텍스트를 기울일 수 있다.
❺	밑줄	텍스트에 밑줄을 그을 수 있다.
❻	색 변경	텍스트의 색을 바꿀 수 있다.
❼	숨기기	텍스트를 숨길 수 있다. ※ 숨긴 텍스트는 대수 창에서 다시 보이게 할 수 있다.
❽	삭제	텍스트를 지울 수 있다. ※ 지운 텍스트를 되돌리려면 [되돌리기] 버튼을 클릭한다.
❾	크기	슬라이드 바를 움직이거나 숫자를 직접 입력하여 텍스트의 크기를 조절할 수 있다.

2.2 기하 도구

LaTeX 문법을 활용하려면 **LaTeX 체크박스만 클릭**하면 된다.

이때, 일반 텍스트와 다른 점은 **미리보기가 가능**하다는 것이다. 또한 가장 많이 사용되는 문법이 예제로 제공되므로 필요한 것을 클릭하여 사용하면 된다.

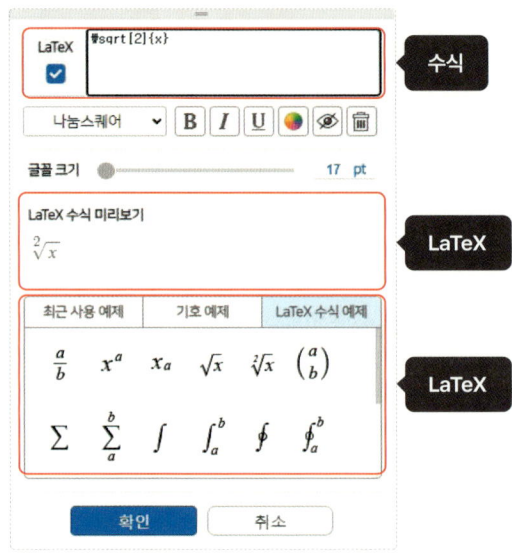

🔼 **그림 31** LaTeX 기능 활용하기

또한 텍스트 기능을 사용하면, 측정된 값만 간단히 텍스트로 표시할 수 있다. 예를 들어, 도형의 길이를 측정하면 보통 '길이 : 4.51'과 같이 결과가 표시되지만, 불필요한 '길이'라는 문구를 빼고 숫자 값 '4.51'만 표시하고 싶을 때 이 기능을 사용한다. 이를 위해 텍스트에서 측정값의 변수명을 중괄호로 감싸서 {{b_1}} 와 같이 입력하면, 해당 위치에 측정값만 깔끔하게 표시된다.

* {{b_1}} 과 같은 입력값은 측정값의 변수에 따라 달라질 수 있으므로 대수창에서 변수명을 확인하세요.

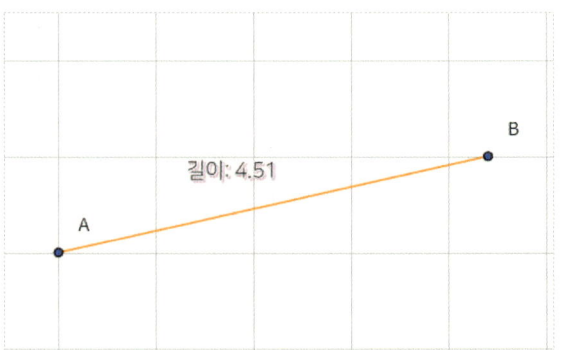

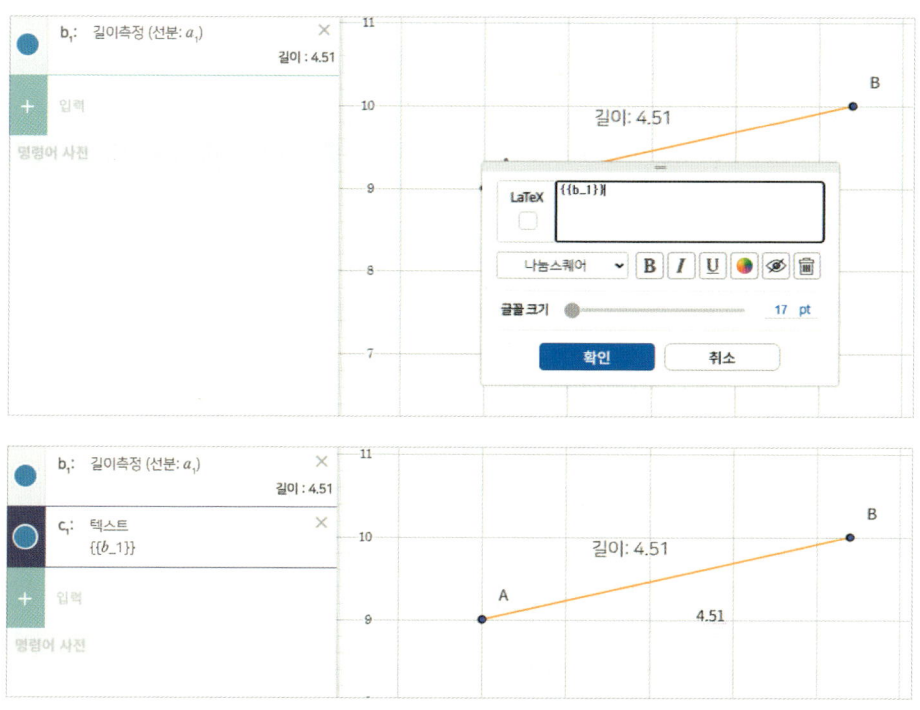

또한, 이 기능을 활용하면 텍스트 중간에 측정값을 넣어 문장을 만들 수 있으며, 기본적인 계산도 수행할 수 있다. 예를 들어, {{d_1 + e_1 + f_1}}와 같이 입력하면 세 변의 길이를 더한 결과가 텍스트에 표시된다.

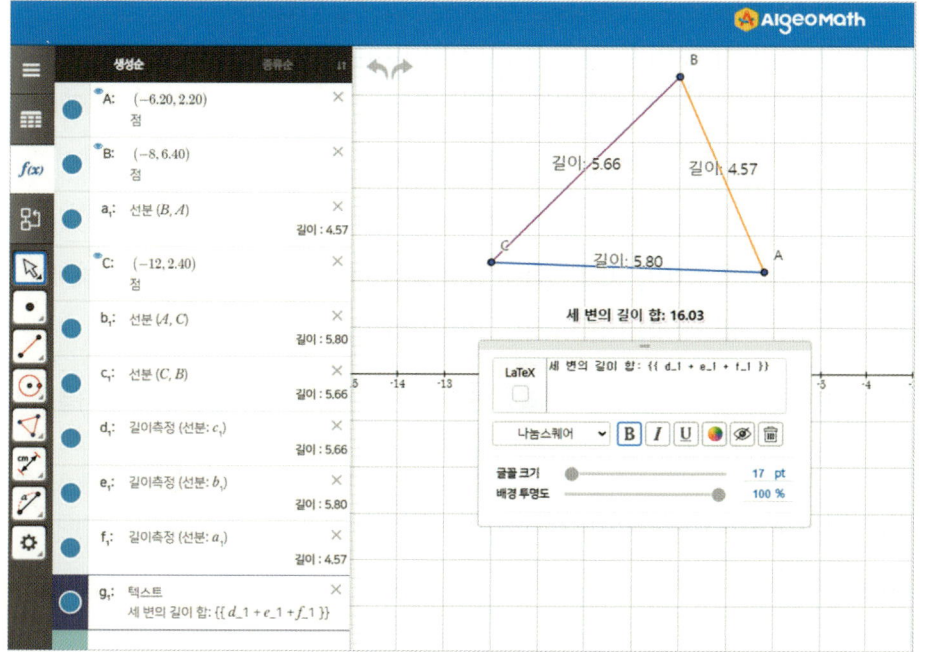

2.2 기하 도구

4) 슬라이더

슬라이더 도구는 사용자가 값을 직접 입력하지 않고도 변숫값을 쉽게 조절할 수 있도록 해 주는 기능을 제공한다. 슬라이더를 드래그하여 값을 변경하면 그 값을 사용한 도형의 길이, 각도, 함수의 그래프 등의 결과가 실시간으로 변화하는 것을 동적으로 확인할 수 있다. 이는 수학적 개념이나 기하학적 원리의 시각적 이해를 돕는 데 매우 유용하다.

슬라이더 도구는 특히 스크립트, 매개변수, 블록 코딩과 같은 고급 기능과 결합할 때 더욱 강력해진다. 이러한 결합을 통해 더 동적이고 창의적인 학습 콘텐츠를 만들 수 있으며, 이를 통해 복잡한 문제를 해결하거나 다양한 수학적 실험을 시도해 볼 수 있다.

슬라이더를 생성하려면 슬라이더 도구를 선택한 상태에서 슬라이더를 위치하려는 곳에 마우스를 클릭한다. 슬라이더 생성 시 이름은 기본값인 알파벳 소문자 a로 생성되고, a=1로 설정된다.

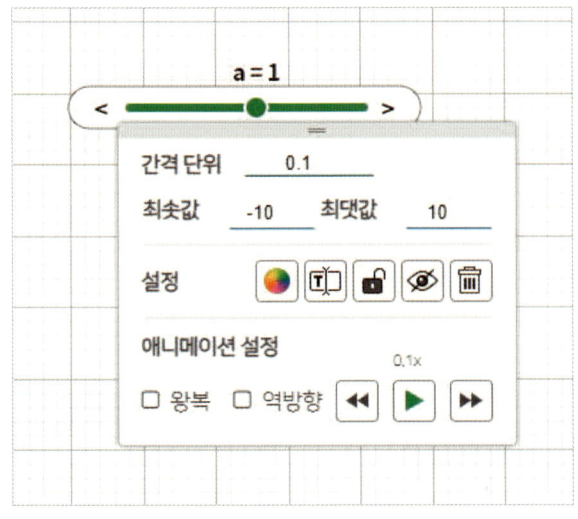

↑ 그림 32 슬라이더

슬라이더의 속성인 **간격 단위, 최댓값/최솟값, 설정(색상, 이름, 고정, 숨기기, 삭제), 애니메이션**을 하나하나 자세하게 살펴보자.

먼저, **간격 단위**를 사용하여 슬라이더의 값이 변할 수 있는 간격 단위를 조정할 수 있다. 처음 슬라이더를 생성하면 그림32와 같이 간격 단위가 0.1로 설정되어 있다. 그림33에서 빨간색으로 표시된 화살표를 사용하여 간격 단위를 조정할 수도 있고, 직접 단위를 입력하여 간격 단위를 조정할 수도 있다. 예를 들어, 간격 단위가 1.0이라면 슬라이더를 1.0의 단위로 조작할 수 있는 것이다.

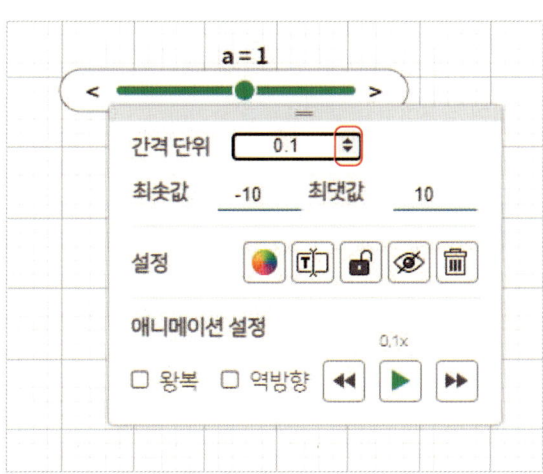

⬆ **그림 33** 슬라이더 간격 단위 설정

다음으로 **최댓값/최솟값**은 그림34와 같이 처음 슬라이더를 만들 때, 최솟값이 -10, 최댓값이 10으로 지정되어 있다. 이때, 빨간색 표시된 화살표를 사용하거나 값을 직접 입력하여 조정할 수 있다.

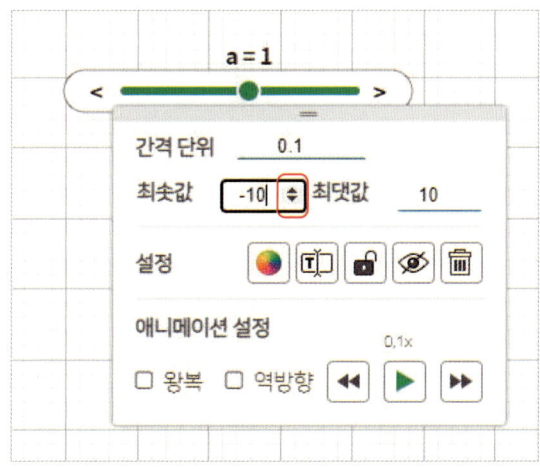

⬆ **그림 34** 슬라이더의 최댓값/최솟값 설정하기

다음으로 **설정**에서는 **색상, 이름, 고정, 숨기기, 삭제 기능**을 제공하는데, 특히 **색상**은 슬라이더가 이동하는 **슬라이드 바 영역의 색상**을 의미한다. 색상을 바꿀 때, 대표 색상 10가지 중에서 선택할 수도 있고, 더욱 세밀하게 설정하려면 하단의 6자리 숫자가 적힌 색상 코드를 클릭하여 바꿀 수도 있다. 알지오매스에서는 2^{24}가지의 RGB 색상을 지원하며, 팔레트를 통하여 원하는 색상을 선택하거나 직접 특성 색상 코드를 입력하여 색상을 바꿀 수 있다.

43

2.2 기하 도구

마지막으로 **애니메이션 설정**은 슬라이더의 중요한 특징 중 하나이다.
슬라이더를 사용자가 수동으로 조작할 수도 있지만 수학에서의 여러 가지 성질을 보여주어야 할 때, 애니메이션을 사용하면 힘들이지 않고 자동으로 슬라이더가 변화함에 따라 성질이 변하는 것을 보여줄 수 있다.

애니메이션은 그림35에 표시된 **왕복 설정**과 **역방향 설정**이 가능하다. 두 설정 모두 처음 슬라이드를 만들 때는 비활성화 되어 있다. 이 상태로 애니메이션을 실행하면 애니메이션은 한쪽으로만 계속 반복된다. 그러나 왕복 설정을 활성화하면 슬라이더의 값이 좌우로 왕복하여 변화한다.

예를 들어, 그림35에서 왕복을 클릭하면 최댓값의 방향으로 동작하는 상태에서 최댓값인 10에 도달한 후 다시 최솟값인 -10의 방향으로 이동하고, 역방향을 클릭하면 슬라이더 값이 기본 방향과 반대 방향으로 애니메이션이 진행된다.

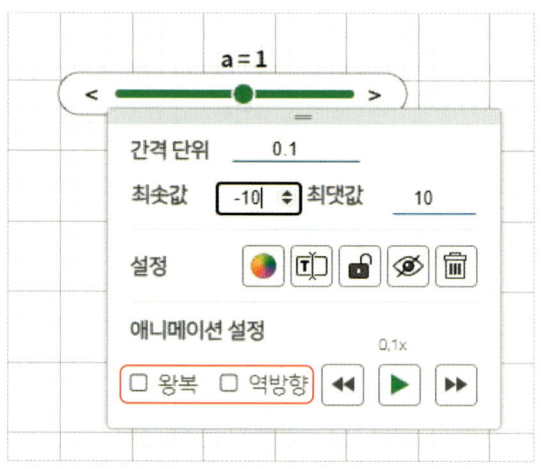

⬆ **그림 35** 왕복 및 역방향 설정

우측의 **실행 버튼**을 눌러 애니메이션을 재생 또는 정지할 수 있다. 여기에는 **느리게, 실행/정지, 빠르게 기능**이 있다. 실행 버튼을 클릭하여 애니메이션을 재생할 수 있고, 애니메이션 실행 중에는 실행 버튼이 정지 버튼으로 바뀌므로 정지를 원하면 정지 버튼을 누르면 된다.
또한, 슬라이더를 처음 만들 때 재생 속도의 기본값은 0.1배속이며, 배속의 단계는 0.1배속, 0.5배속, 1배속, 1.5배속, 2배속, 3배속, 4배속, 5배속, 10배속, 15배속, 20배속의 11단계로 이루어져 있다.

기본 배속보다 빠르게 이동시키려면 빠르게 버튼을, 느리게 이동시키려면 느리게 버튼을 클릭하면 된다. 참고로 **애니메이션이 작동 중이어도 재생 속도를 제어할 수 있다.**

5) 체크박스

체크박스 도구는 **도형 객체를 그룹 단위로 보이거나 숨길 수 있는 기능**이다. 기하 창에 만들어진 도형 객체들을 체크박스에 등록한 후 체크박스를 해제하면 그 체크박스에 등록된 객체를 숨길 수 있다. 이 기능을 활용하면 순서대로 보이는 학습 콘텐츠를 만들 수 있다.

예를 들어, 3개의 선분을 생성해 놓은 후 체크박스 도구를 선택하여 기하 창에서 체크박스를 생성하고자 하는 위치에 마우스를 클릭하면 그림36과 같이 체크박스 편집 상자가 생성된다.

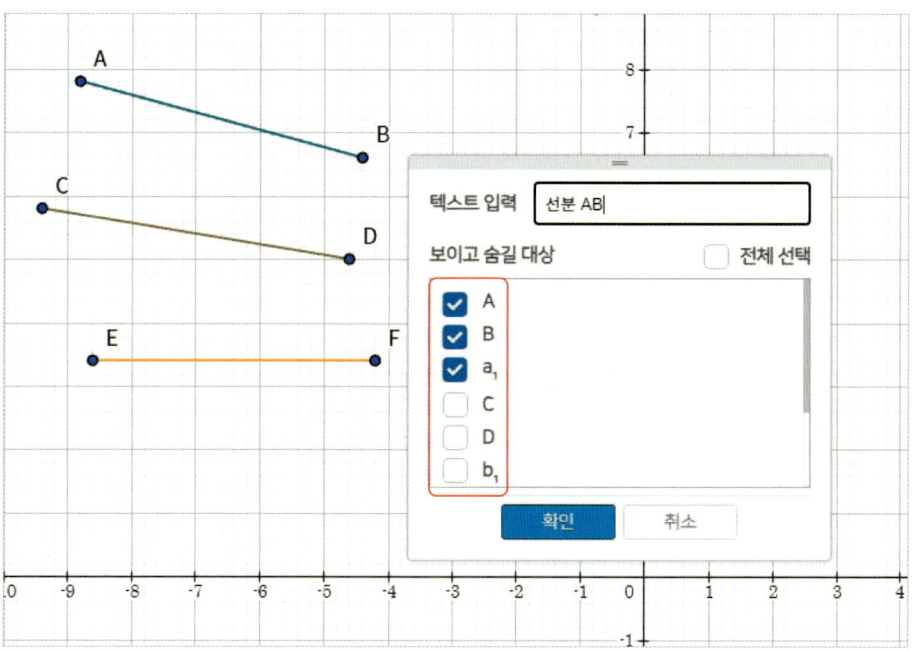

그림 36 체크박스 편집 상자

텍스트 입력을 이용하여 체크박스의 이름에 해당하는 텍스트를 입력하고, 하단에 있는 보이고 숨길 대상으로 체크박스를 통하여 제어하려고 하는 대상을 선택할 수 있다.

2.2
기하 도구

2.2 기하 도구

예를 들어, 그림36의 빨간색으로 표시된 보이거나 숨길 수 있는 대상 중 **선분 AB의 이름인 a_1과 점 A,B를 선택한 뒤 확인을 누르면**, 그림37과 같이 선분 AB에 대한 체크박스가 생성된다.

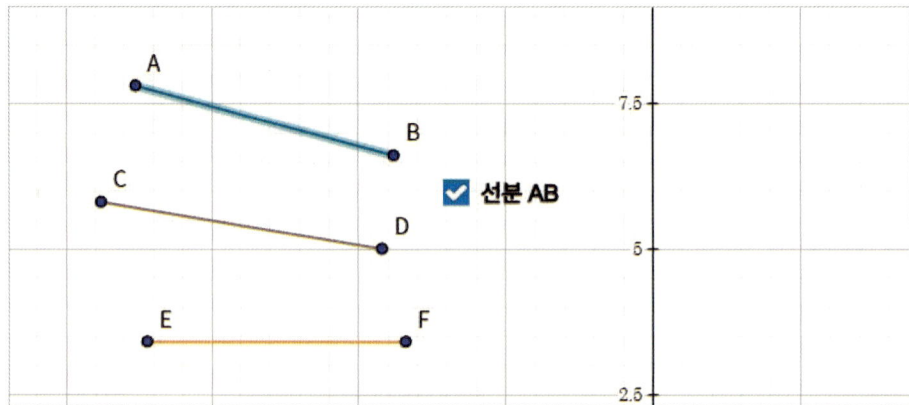

⬆ **그림 37** 선분 AB의 체크박스

그림37과 같은 상태에서 선분 AB의 체크박스를 해제하면(선택하지 않으면) 그림38과 같이 선분 AB가 숨겨진다.

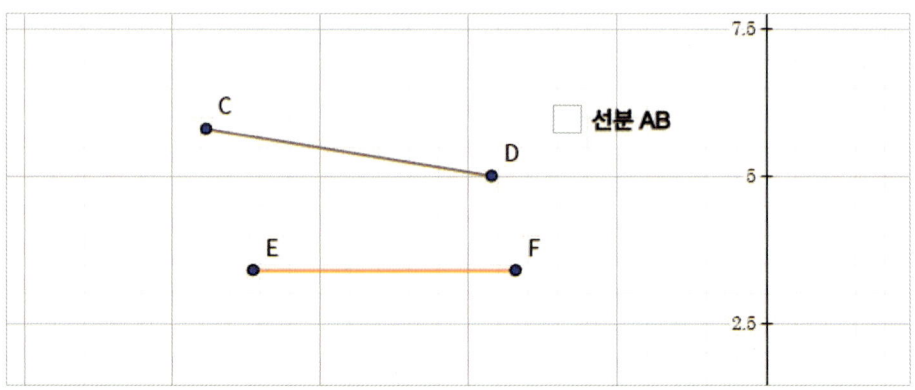

⬆ **그림 38** 선분 AB의 체크박스 해제

2.2
기하 도구

6) 대상 숨기기 **(단축키 H)**

대상 숨기기 도구는 기하 창에서 **객체를 눈에 보이지 않게 하는 기능**으로 객체를 삭제하는 것과는 다르다. 도형을 생성한 후 생성 과정에서 생성된 보조선을 숨기고 싶을 때 유용하게 사용할 수 있다. 숨겨진 객체는 대수 창에서 다시 보이도록 설정할 수 있다.

⬆ **그림 39** 대상 숨기기

대수 창에서 하늘색 동그라미를 클릭해도 해당 객체를 숨길 수 있다. 숨김 처리를 하면 동그라미가 회색으로 바뀐다. 한 번 더 클릭하면 해당 객체가 다시 나타나고, 동그라미가 하늘색으로 돌아온다.

점을 클릭하면 나오는 팝업창에서 숨기기 버튼(👁)을 클릭해도 해당 객체를 숨길 수 있다.
여러 개의 대상을 한꺼번에 숨기고 싶을 때는 그룹 선택 후 숨기기 버튼을 클릭한다.
여러 개의 대상을 반복적으로 숨기거나 나타나게 할 때에는 [체크박스] 기능을 이용한다.

예를 들어, 그림40과 같은 상태에서 점들만 숨기면 그림41과 같다.

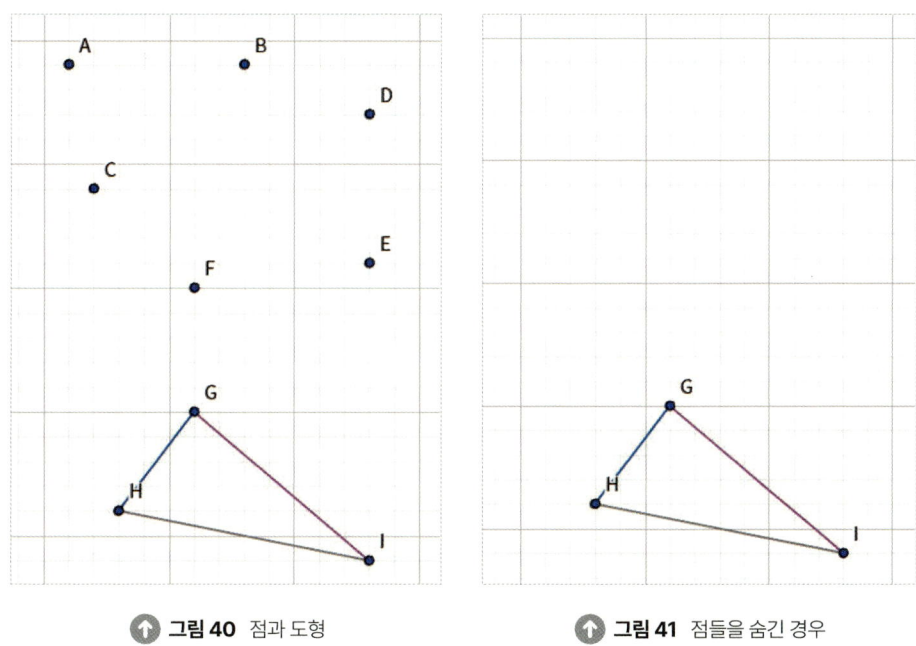

⬆ **그림 40** 점과 도형 　　　　　　　　 ⬆ **그림 41** 점들을 숨긴 경우

앞서 언급한 체크박스 기능과 이 기능을 잘 활용하면 더욱 효율적으로 좋은 수학 교육 콘텐츠를 만들 수 있다.

2.2 기하 도구

7) 삭제

삭제 도구는 **선택한 객체를 삭제하는 기능**이다. 삭제 도구를 클릭한 후 삭제하려고 하는 객체를 선택하거나 선택 도구 상태에서 **Delete**를 눌러도 된다. 만약 실수로 삭제했다면 **Ctrl+Z** 또는 기하창에서 되돌리기 버튼을 눌러 되돌린다.

대수창에서 해당 객체를 나타내는 칸의 X표시(×)를 클릭해도 해당 객체를 삭제할 수 있다.

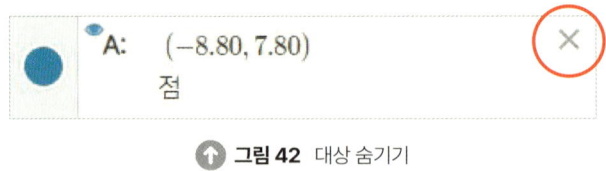

⬆ 그림 42 대상 숨기기

2.2.2 점 도구 소개

알지오매스의 '점 도구'는 평면 기하학의 기본 요소인 점을 다양한 방식으로 생성하고 활용할 수 있도록 지원한다. '점 도구'를 사용하면 평면 위에 자유롭게 점을 생성하거나, 두 객체의 '교점', 선분이나 도형 위의 점, 또는 두 점 사이의 '중점'을 지정할 수 있다. 이러한 기능을 통해 사용자들은 기하학적 개념을 시각적으로 이해하고, 복잡한 기하학적 구조를 쉽게 탐구할 수 있다.

또한, '라인 트레이서' 기능을 활용하여 점이 대수적 객체를 따라 움직이는 과정을 시각적으로 표현할 수 있으며, 이를 통해 점의 이동 경로를 추적하거나 동적 변화 과정을 이해할 수 있다. '그림 넣기' 기능을 사용하면 기하 창에 이미지 파일을 삽입하여 시각적 자료를 더하고, '동영상 넣기' 기능을 통해 학습 자료나 참고 영상을 추가하여 보다 풍부한 학습 환경을 조성할 수 있다. '표' 기능을 활용하면 여러 데이터의 좌표를 한 번에 입력하여 시각적으로 점의 위치를 표시하거나, 복잡한 데이터 분석을 수행할 수 있다.

이와 같은 다양한 기능들은 사용자가 기하학적 원리와 수학적 개념을 보다 깊이 탐구할 수 있도록 도와주며, 수학적 사고력을 키우고 창의적인 문제 해결 능력을 배양할 수 있는 강력한 도구가 된다.

2.2 기하 도구

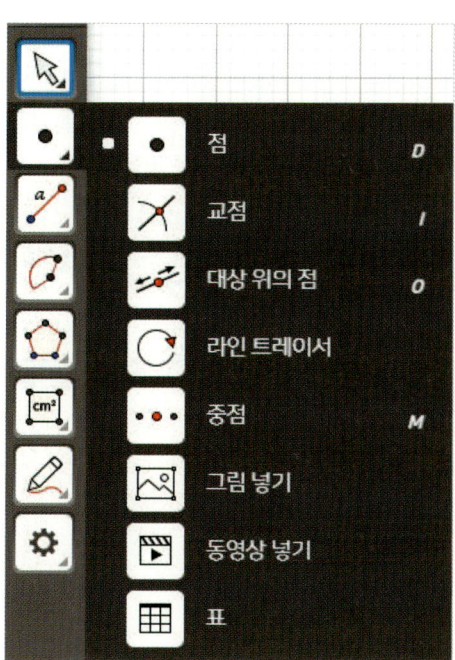

⬆ **그림 43** 점 도구

●	점	평면 위에 점을 나타낼 수 있다.
✕	교점	두 대상의 교점을 나타낼 수 있다.
✍	대상 위의 점	대상 위에 점을 나타낼 수 있다.
◯	라인 트레이서	대수 객체의 선을 따라 움직이는 객체를 만들 수 있다.
•••	중점	선분의 중점 또는 두 점 사이의 중점을 나타낼 수 있다.
🖼	그림 넣기	기하 창에 사진이나 그림을 넣을 수 있다.
▶	동영상 넣기	기하 창에 동영상을 넣을 수 있다.
▦	표	표에 순서쌍을 입력하여 좌표평면에 나타낼 수 있다.

2.2 기하 도구

1) 점 **(단축키 D)**

점은 기하학적으로 **도형을 이루는 가장 기본적인 요소**이고, 알지오매스에서는 (x, y) 좌표를 속성으로 **객체로서 좌표평면에서 위치를 결정**한다. 점 도구를 선택한 후 기하 창에서 선택한 위치를 클릭하면 해당 위치에 점이 생성되며, 이를 이용하여 다른 도형까지 만들 수 있다.

점을 생성하며 대수 창에 점의 이름이 자동으로 부여되고, 점의 좌표가 기하 창에 표시된다. 또한 점을 이동하여 좌표가 변경되면 대수 창에서도 즉시 반영된다.

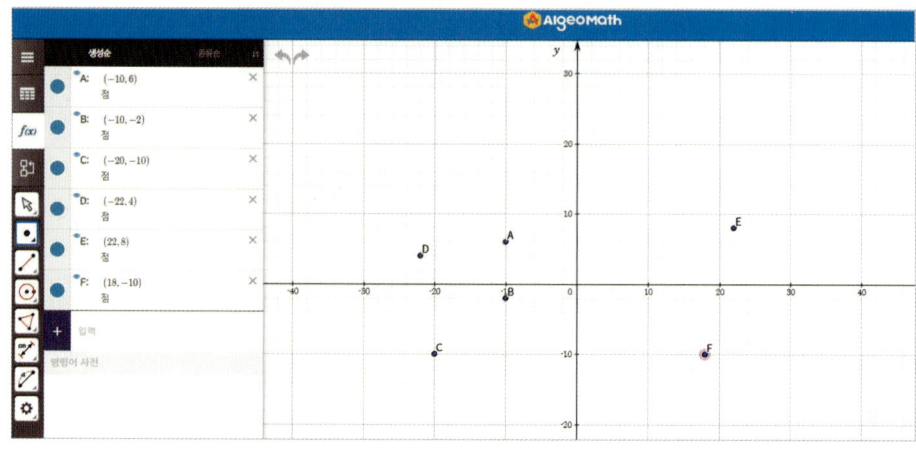

⬆ **그림 44** 점 도구로 6개의 점을 생성하였다.

이제 **점의 속성**을 변경해 보자. 수학적으로는 점이 좌표 외에 다른 속성을 가지지 않지만, 알지오매스에서는 점의 색상, 모양, 크기, 이름 등을 변경할 수 있다. 또한, 점의 자취를 그리거나, 위치를 고정하는 기능, **숨기기** 기능과 **삭제** 기능도 존재한다.

먼저, 생성한 점을 클릭하면 그림45와 같이 속성 편집 창이 뜬다. 이때, 점의 색상은 점의 테두리를 제외한 내부 색상만 바뀐다. 색을 바꾸는 방법은 슬라이더에서 설명했으므로 생략하며, 그림45를 참조하면 된다.

다음으로 **점의 모양**과 크기를 바꾸기 위해 모양을 클릭하면 그림46과 같이 다양한 종류의 점 모양과 이모티콘이 제공되고, 점의 모양과 크기를 변경할 수 있다.

2.2 기하 도구

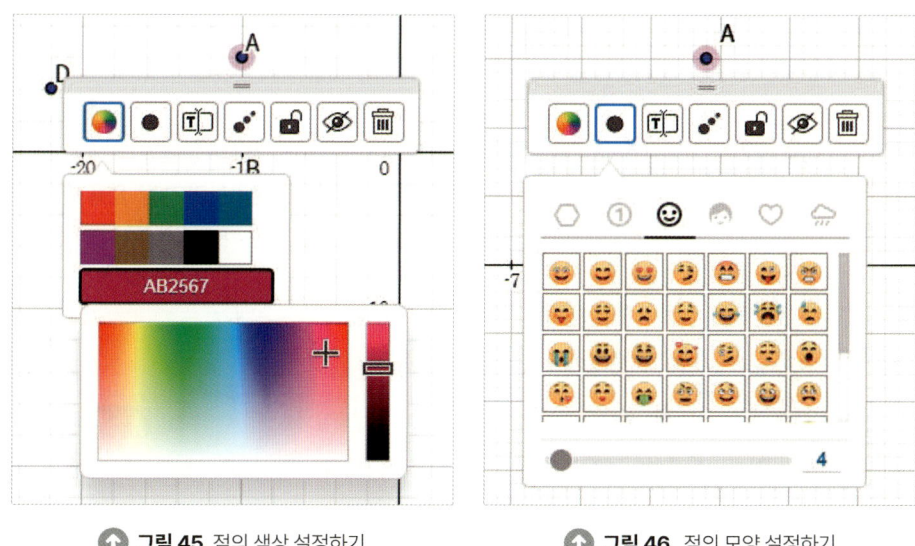

▲ 그림 45 점의 색상 설정하기   ▲ 그림 46 점의 모양 설정하기

점의 이름은 점을 구별하는 유일한 식별자로, **블록코딩** 또는 **스크립트** 등에서 점을 제어하는 경우에 사용이 가능하다. 여기서 한 가지 특징을 더 밝히면 알지오매스에서는 점 이름을 중복으로 사용할 수 있다. 즉, **서로 다른 점이 같은 이름을 갖는 것을 허용한다.** 이것을 잘 활용하면 여러 개의 점을 동시에 제어할 수 있고, 이것은 특별한 콘텐츠를 만드는 데 유용하다.

다음으로 **점의 자취**는 점이 움직인 흔적이다. 자취 기능으로 점이 이동함에 따라 점의 자취를 남기도록 설정할 수 있다. 자취를 설정하면 그 순간부터 그 점은 이동 경로를 현재 설정된 점의 모습 그대로 자취 형태로 남기게 된다. 이 기능을 사용할 때 **스냅 설정**을 확인해 보자. 점의 자취는 스냅에 따라 움직이므로 스냅을 소격자로 설정하면 그림48과 같이 격자 단위로만 자취가 남고, 자취를 이용하여 콘텐츠를 만들려면 **스냅 끄기**로 설정해야 한다.

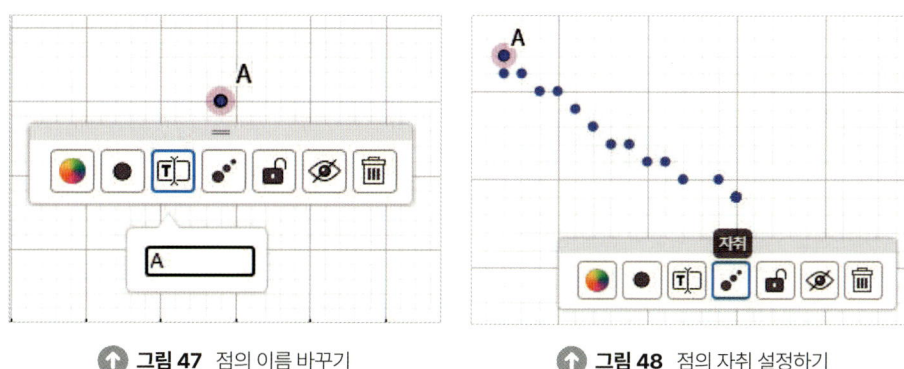

▲ 그림 47 점의 이름 바꾸기   ▲ 그림 48 점의 자취 설정하기

2.2 기하 도구

점의 위치를 고정시켜 보자. 그림49와 같이 자물쇠 모양의 버튼을 클릭하면 해당 점의 위치는 고정되어 이동하지 않는다. 이 버튼을 다시 한 번 클릭하면 해당 점을 다시 움직일 수 있다.

다음으로 **점을 숨기는 기능**은 텍스트를 숨기는 기능과 완전히 같다. 학습용 콘텐츠 제작 시 점이 없는 다각형 또는 선분 등을 만들 때 유용하다. 이 버튼을 다시 한 번 클릭하면 해당 점을 다시 볼 수 있다.

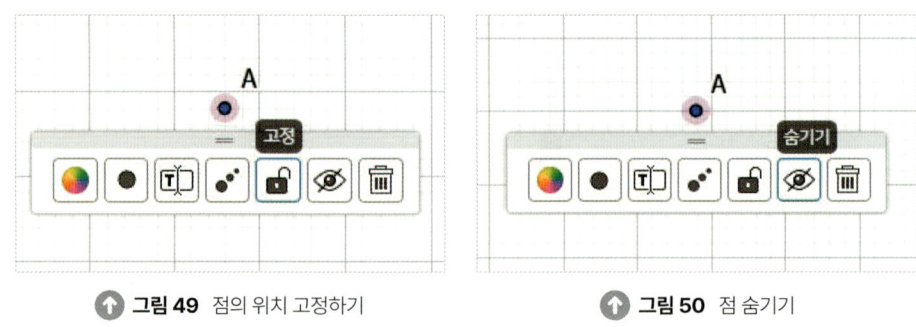

↑ 그림 49 점의 위치 고정하기   ↑ 그림 50 점 숨기기

마지막으로 **점을 삭제하는 방법**은 다음과 같이 2가지이다.
   (1) 점을 선택한 후 그림51의 창에서 **삭제를 클릭**한다.
   (2) 점을 선택한 후 **Delete**를 누른다.

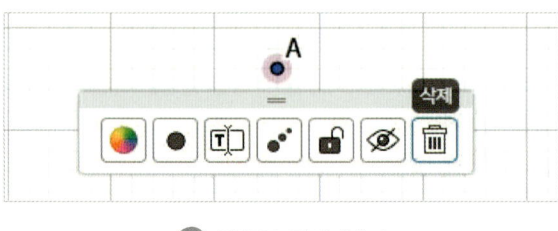

↑ 그림 51 점 삭제하기

2) 교점 **(단축키 I)**
수학에서는 다음과 같은 3가지의 경우 교점이 생긴다.

   (1) 한 평면 위에서 두 직선이 만날 경우
   (2) 공간에서 두 직선이 만날 경우
   (3) 공간에서 한 평면과 한 직선이 만날 경우

알지오매스에서는 이 중 (1)의 성질에 따라 교점을 생성할 수 있다. 주로 선, 도형, 원과 같이 선으로 구성되는 객체들 사이에서 교점을 찾을 때 사용하며, 함수의 그래프와 도형의 교점도 찾을 수 있다.

교점 도구가 선택된 상태에서 그림52의 두 선분을 차례로 클릭하면 그림53과 같이 교점이 생성되면서 그 이름이 부여된다.

2.2 기하 도구

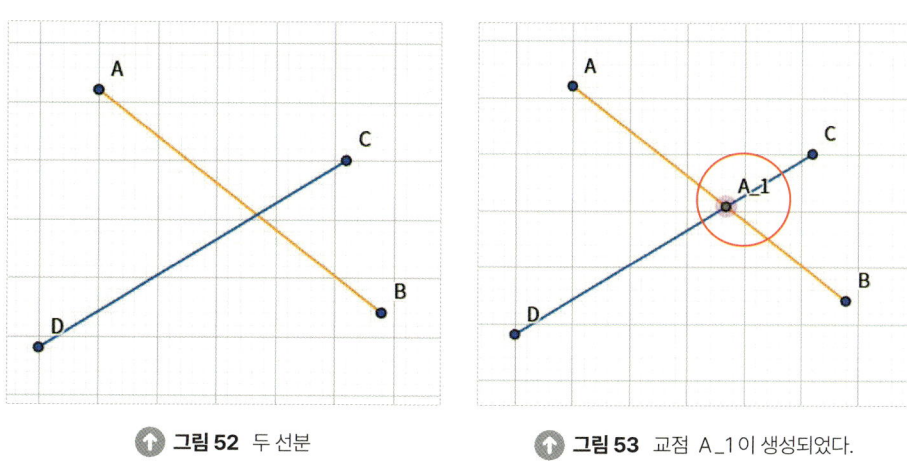

⬆ **그림 52** 두 선분   ⬆ **그림 53** 교점 A_1이 생성되었다.

교점이 만들어진 상태에서 점 또는 선분을 이동하면 교점의 위치도 선분의 상태에 따라 이동하는데, 그림53과 그림54를 비교하면 쉽게 알 수 있다.

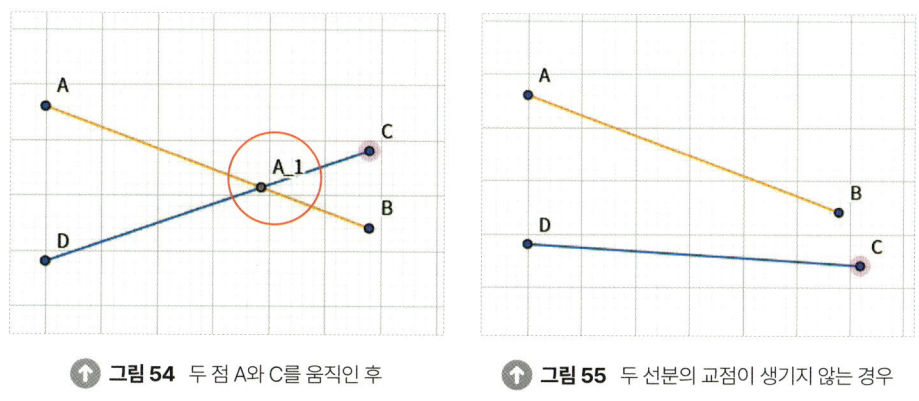

⬆ **그림 54** 두 점 A와 C를 움직인 후   ⬆ **그림 55** 두 선분의 교점이 생기지 않는 경우

점 또는 선분을 움직였을 때, 그림55와 같이 교점이 생기지 않을 수도 있다.

두 객체 모두 직선일 때는 항상 교점이 생기지만, 적어도 하나가 선분이라면 선분이나 직선을 이동할 때 이런 일이 발생할 수 있다.

참고로 **교점도 점이므로 점처럼 사용이 가능하다.** 즉, 선분이나 다각형 등의 도형을 구성하는 점으로 교점을 활용하거나, 교점의 이름 변경, 모양 변경, 크기 변경, 자취 설정 [1) 점]에서 다룬 기능들을 대부분 사용할 수 있다.

2.2 기하 도구

3) 대상 위의 점 **(단축키 O)**

대상 위의 점 만들기 기능은 특정 객체 위에 점을 생성하여, 점의 위치를 선택한 객체 위로 제한하는 기능이다. 이 기능은 선, 원, 도형, 함수의 그래프 등 다양한 객체에 사용할 수 있다. 대상 위의 점 도구를 선택한 상태에서 원하는 객체를 클릭하면 점이 생성되며, 이 점은 마우스로 이동하더라도 해당 객체 위에서만 움직인다. 특정 객체를 벗어나지 않는 점을 만들고자 할 때 유용하다.

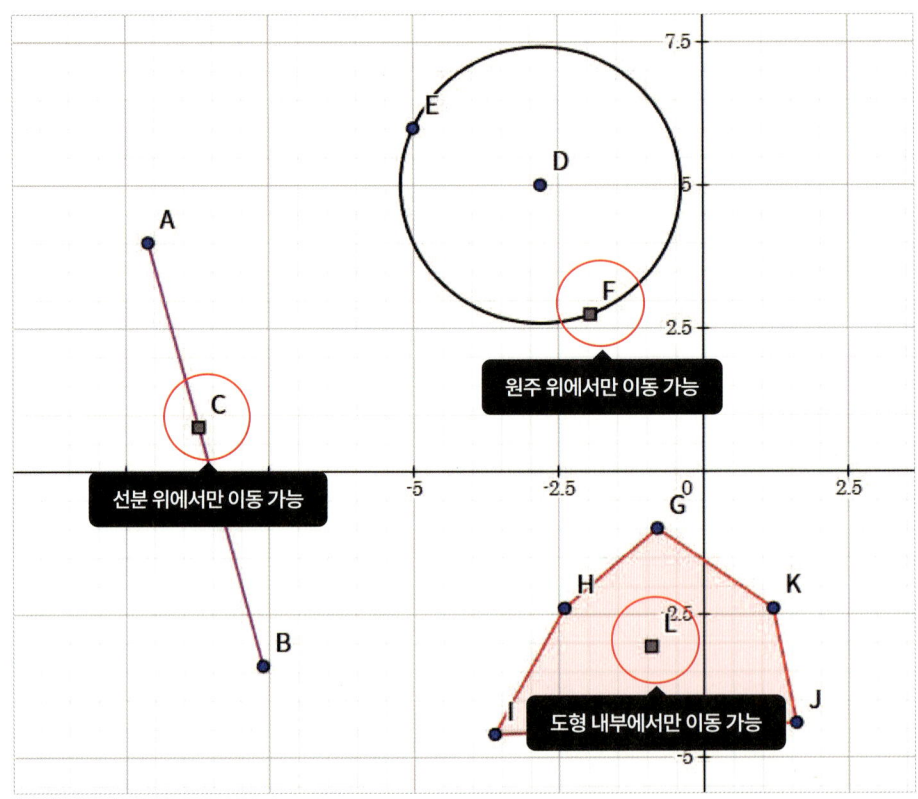

⬆ **그림 56** 대상 위의 점의 이동 범위

대수창에 명령어 '$PointOnObject(Object, x\,좌표\,, y\,좌표)$' 를 입력하여 대상 위의 점을 만들 수도 있다.
대상 위의 점 메뉴 대신 단축키 'O'를 눌러도 대상 위의 점을 만들 수 있다.

4) 라인 트레이서

라인 트레이서는 대수 객체의 선을 따라 움직이는 객체를 생성하고 시각화하는 기능이다. 이 기능을 통해 사용자는 특정 객체가 대수 객체의 경로를 따라 움직이도록 설정할 수 있으며, 이를 통해 다양한 기하학적 개념과 동작을 시각적으로 이해하고 분석할 수 있다.

2.2 기하 도구

(1) 대수식 입력

대수 창에 "대수식(x에 관한 식)"을 입력한 후, 엔터 키를 눌러 그래프를 그린다.

예를 들어, 함수의 그래프를 그리려면 $y = x^2$와 같은 식을 입력한다. (컴퓨터 키보드로는 y=x^2으로 입력한다.)

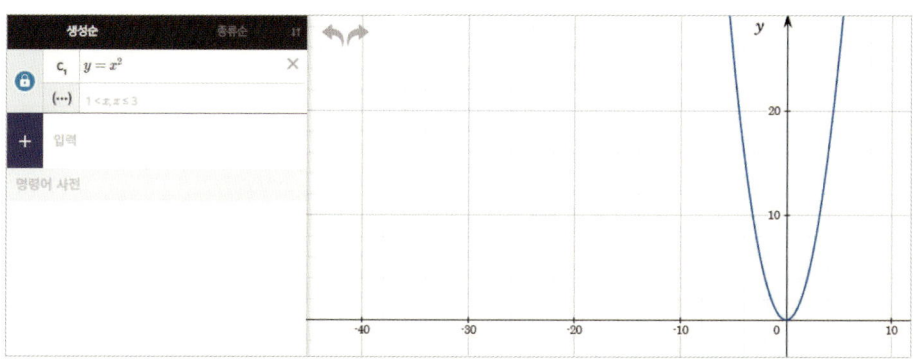

⬆ **그림 57** 대수식 입력

(2) 라인 트레이서 도구 선택

화면의 도구 모음에서 라인 트레이서 도구를 클릭하여 선택한다.

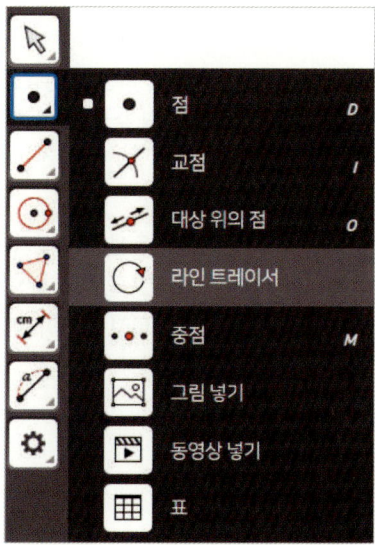

⬆ **그림 58** 라인 트레이서 선택

2.2
기하 도구

(3) 기하 창에서 객체 선택

기하 창에 그려진 대수 객체(예: 함수의 그래프)를 마우스로 클릭한다. 클릭한 지점에 라인 트레이서 오브젝트가 생성된다. 이 오브젝트는 마우스를 클릭한 위치를 기준으로 생성되며, 지정된 라인을 따라 움직인다.

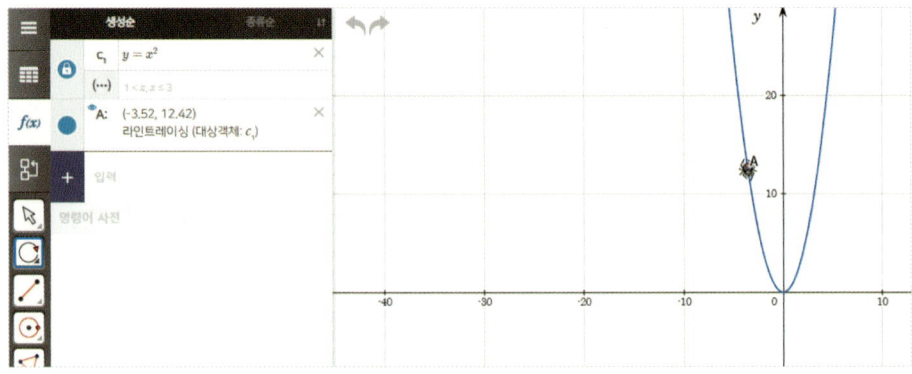

↑ 그림 59 기하 창에서 객체 선택

(4) 라인 트레이서 이동

라인 트레이서 오브젝트를 움직이는 방법에는 두 가지가 있다.

① 마우스 드래그

생성된 트레이서를 마우스 왼쪽 버튼으로 클릭한 상태에서 드래그하여 선을 따라 움직일 수 있다. 이 방법은 직관적이고 즉각적인 시각적 피드백을 제공하여 학습자가 객체의 움직임을 쉽게 이해할 수 있게 한다.

② 블록 코딩 사용

블록 코딩 기능을 사용하여 트레이서의 움직임을 자동화할 수 있다. 이를 통해 보다 복잡한 움직임이나 조건에 따른 경로 변화를 프로그래밍할 수 있으며, 프로그래밍 논리와 수학적 사고를 동시에 훈련할 수 있다.

라인 트레이서는 학습자가 곡선의 특성, 함수의 변동성, 기하학적 변환 등을 동적으로 이해하는 데 매우 유용하다. 예를 들어, 한 점이 함수의 그래프를 따라 움직이며 그래프의 기울기 변화를 실시간으로 관찰하거나, 기하학적 증명 과정에서 특정 조건이 만족하는 지점을 시각적으로 나타낼 수 있다.

2.2
기하 도구

5) 중점 (단축키 M)

수학에서는 두 점을 이은 선분에 대하여 선분의 중점을 정의할 수 있으나, 알지오매스에서는 선분 없이 두 점만 있어도 중점을 생성할 수 있다.

중점 기능은 두 점 사이, 선분, 다각형의 한 변 등의 한가운데에 점을 생성한다. 중점 도구가 선택된 상태에서 선분 또는 두 점을 클릭하면 중점이 생성된다. 이때, **직선과 반직선, 수선, 수직이등분선, 곡선에 대해서는 중점이 생성되지 않는다.**

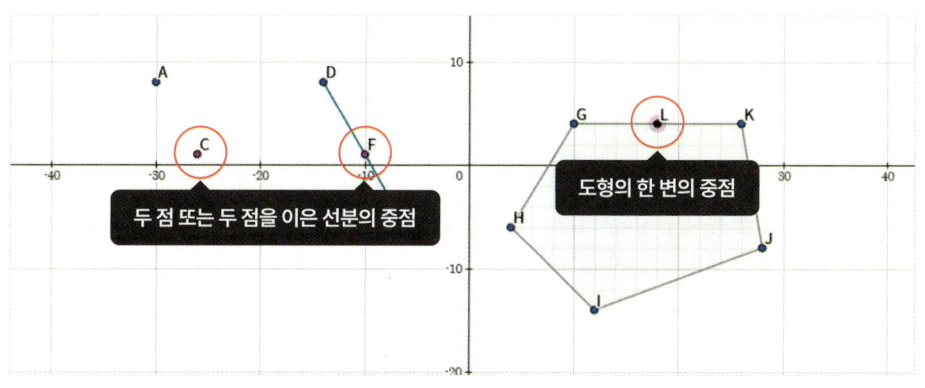

⬆ **그림 60** 중점 생성하기

> 대수창에 명령어 '$CenterPoint(x좌표, y좌표)$' 를 입력하여 중점을 만들 수도 있다.

6) 그림 넣기

기하 창에 이미지를 삽입하는 기능이다. 그림 넣기 도구를 클릭한 후 기하 창을 클릭하면 그림61과 같은 창이 뜬다.

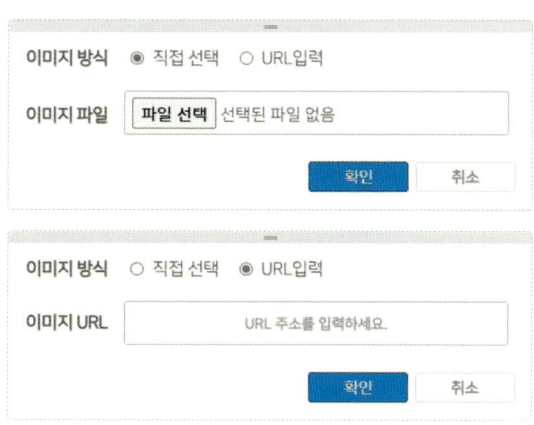

⬆ **그림 61** 이미지 삽입하기 창. 2가지 방식이 있다.

2.2 기하 도구

먼저, 이미지를 **직접 선택**하는 방법을 알아보자.
파일 선택을 클릭하여 원하는 파일을 선택할 수도 있고, 이미 다운로드받은 이미지 파일을 끌어올 수도 있다. 이를 이용하여 그림62와 같이 이미지를 기하 창에 삽입할 수 있다.

⬆ **그림 62** 기하 창에 이미지 삽입

여기서 선택 도구를 누른 후 이미지를 클릭하면 그림63과 같이 속성을 변경할 수 있는 창이 뜬다. 속성에는 **원본 비율 유지/유지하지 않기, 격자 밑으로/위로 보내기, 배율에 따르기/따르지 않기, 반시계 방향으로 90° 돌리기, 시계 방향으로 90° 돌리기, 숨기기, 삭제**가 있으므로 여러 속성을 사용하여 이미지를 원하는 대로 조작할 수 있다.

⬆ **그림 63** 이미지의 속성 변경

아이콘	이름	설명
	원본 비율 유지	사진이나 그림의 크기를 조정할 때, 원본 비율을 유지한다.
	격자 밑으로 보내기	사진이나 그림을 격자(그리드) 밑으로 보낸다. 한 번 더 클릭하면 다시 격자(그리드) 위로 올라온다.
	배율에 따르기	창의 배율을 조정할 때, 원본 비율을 유지한다.
	반시계 방향으로 90° 돌리기	사진이나 그림을 반시계 방향으로 90° 돌린다.
	시계 방향으로 90° 돌리기	사진이나 그림을 시계 방향으로 90° 돌린다.
	고정하기	사진이나 그림을 고정한다.
	숨기기	사진이나 그림을 숨긴다.
	삭제	사진이나 그림을 평면상에서 삭제한다.

다음으로 이미지의 **URL을 입력**하는 방법을 알아보자.

예를 들어, 알지오매스 로고를 삽입해 보자.

로고를 선택하여 마우스 오른쪽 버튼을 클릭하면 **이미지 주소 복사** 메뉴가 보인다. 이 메뉴를 클릭하여 그림61의 아래쪽 그림에 복사한 URL을 붙여넣으면 그림64와 같다.

⬆ **그림 64** 복사한 URL 붙여넣기

이 상태에서 확인을 클릭하면 그림65와 같이 삽입하고자 하는 이미지가 기하 창에 뜬다.

⬆ **그림 65** 기하 창에 이미지가 삽입되었다.

파일을 직접 선택할 때와 마찬가지로 선택 도구를 누른 후 이미지를 클릭하면 속성을 변경할 수 있는 창이 뜨므로 여러 속성을 사용하여 이미지를 원하는 대로 조작할 수 있다.

2.2 기하 도구

2.2 기하 도구

7) 동영상 넣기

기하 창에 동영상을 삽입하는 기능이다. 동영상 넣기 도구를 클릭한 후 기하 창을 클릭하면 그림 66과 같은 창이 뜬다.

원하는 동영상 제목을 선택하여 마우스 오른쪽 버튼을 클릭하면 **링크 주소 복사** 메뉴가 보인다. 이 메뉴를 클릭하여 그림66의 동영상 URL에 붙여 넣으면 그림67과 같다.

⬆ **그림 66** 동영상 삽입하기 창   ⬆ **그림 67** 동영상 URL을 복사하여 붙여 넣었다.

확인을 클릭하면 그림68과 같이 동영상 아이콘이 기하 창에 생성되고, 선택 도구를 누른 후 이 아이콘을 클릭하면 그림69와 같이 동영상을 시청할 수 있다. 또한, 속성 창이 동시에 떠서 **동영상을 고정**할 수도 있고, **숨기기, 삭제**까지 할 수 있다.

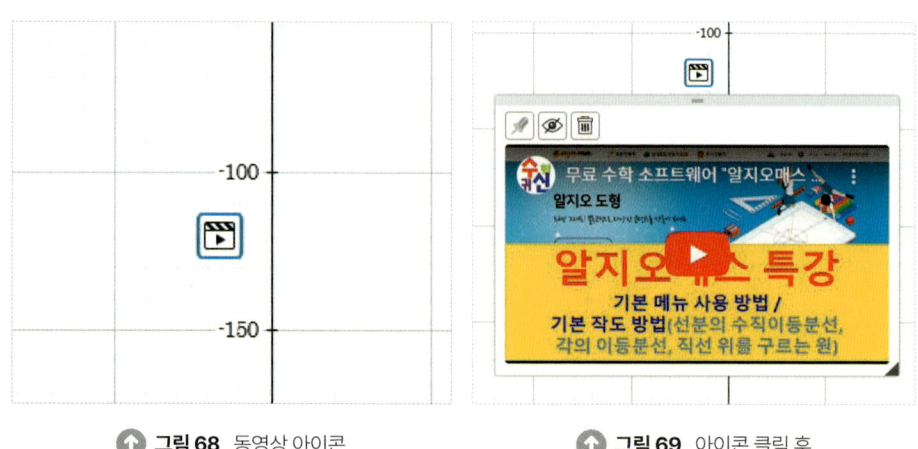

⬆ **그림 68** 동영상 아이콘   ⬆ **그림 69** 아이콘 클릭 후

8) 표

엑셀과 비슷한 형태의 (x, y) 순서쌍의 집합을 표 형태로 입력받아 다수의 데이터를 점의 형태로 한 번에 생성하는 기능이다.

표 도구와 기하 창의 원하는 곳을 클릭하면 그림70과 같이 표가 생성된다.

2.2
기하 도구

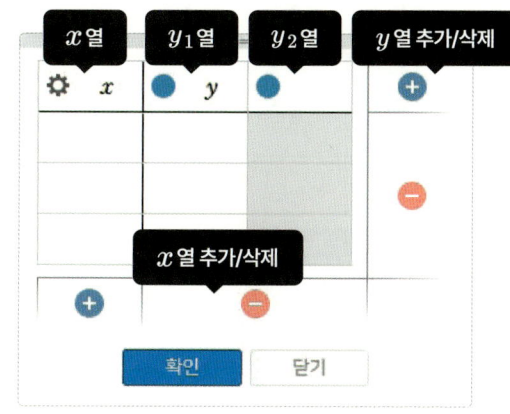

그림 70 표 도구 알아보기

x 열과 y 열에 각각 수를 적고 확인을 클릭하면 해당 (x, y)의 순서쌍에 해당하는 값이 점으로 생성된다.

예를 들어, 그림71과 같이 x 열과 y 열에 각각 수를 적고 확인을 클릭하면 그림72와 같이 세 점이 생성된다.

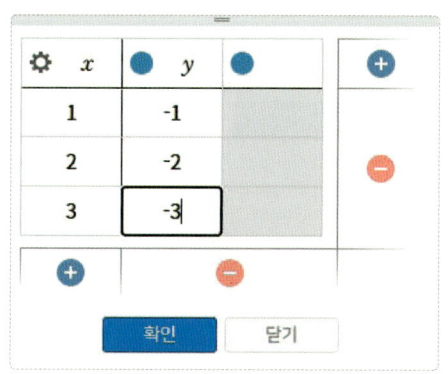

그림 71 x 열, y 열에 값 입력

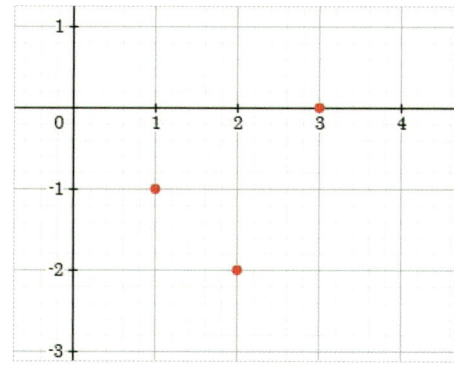

그림 72 생성된 세 점

2.2
기하 도구

또한, 비어있던 y_2 열에 $3x$ 를 적으면 그림73과 같이 수식이 적용된 값이 자동으로 생성되는데, 이 기능을 **CAS(Computer Algebra System)**라고 한다.

↑ **그림 73** y_2 열의 수식에 $3x$ 입력

이 상태에서 확인을 클릭하면 그림74와 같이 $(x, 3x)$ 순서쌍의 점이 생성된다.

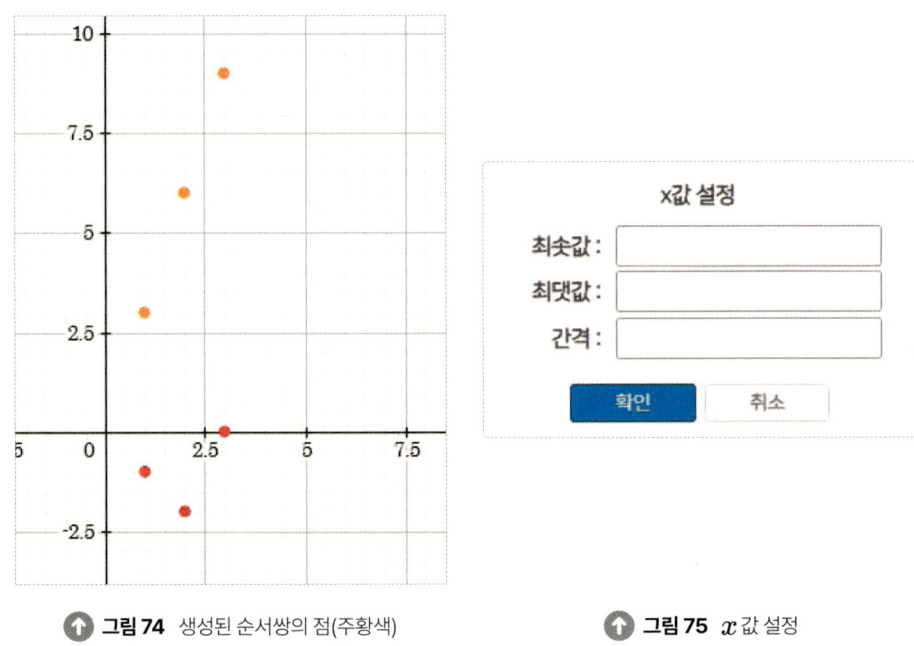

↑ **그림 74** 생성된 순서쌍의 점(주황색)　　↑ **그림 75** x 값 설정

설정(⚙)을 누르면 x 값의 최솟값, 최댓값, 간격을 설정하여 여러 개의 x 값을 손쉽게 입력할 수 있다.

2.2.3 선 도구 소개

선 도구는 직선, 선분, 반직선 등 다양한 선을 생성하고 편집할 수 있는 기능을 제공한다. '선 도구'를 활용하면 직선, 선분, 반직선뿐만 아니라 '평행선', '수선', '수직이등분선', '각의 이등분선' 등 다양한 선형 객체를 생성할 수 있다. 이러한 도구들을 사용하여 사용자들은 다양한 선의 성질을 이해하고, 기하학적 문제를 해결하는 데 필요한 시각적 표현을 만들 수 있다.

또한, '접선' 기능을 통해 원이나 곡선과 접하는 선을 그릴 수 있고, '벡터' 도구를 사용하여 물리적 방향성을 가진 객체를 표현할 수 있다. 이러한 기능들은 사용자들이 기하학적 개념을 더 깊이 이해하고, 수학적 사고력을 키울 수 있도록 도와준다.

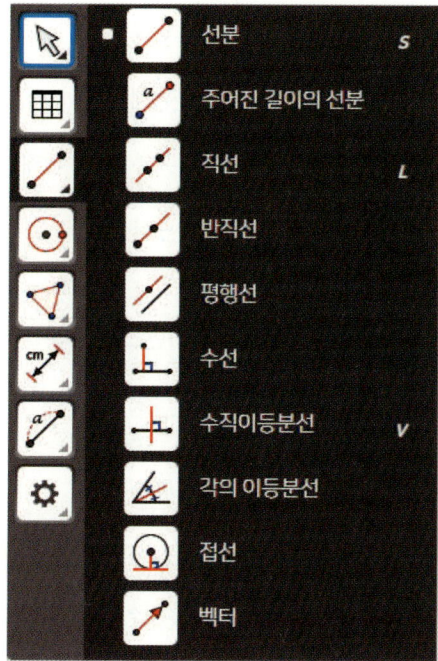

⬆ **그림 76** 선 도구

✏	선분	평면상에 선분을 생성할 수 있다.
✏	주어진 길이의 선분	평면상에 길이가 고정된 선분을 생성할 수 있다.
✏	직선	평면상에 직선을 생성할 수 있다.
✏	반직선	평면상에 반직선을 생성할 수 있다.
✏	평행선	평면상에 평행선을 생성할 수 있다.

2.2 기하 도구

	수선	기준선 위에 수선을 생성할 수 있다.
	수직이등분선	임의의 선분이나 두 점을 선택하여 수직이등분선을 생성할 수 있다.
	각의 이등분선	평면상에 세 점을 기준으로 하는 각의 이등분선을 생성할 수 있다.
	접선	원 밖의 한 점을 지나는 원의 접선을 그릴 수 있다.
	벡터	평면상에 벡터를 생성할 수 있다.

1) 선분 (단축키 S)

선분은 두 점을 이은 선으로 그 특징은 다음과 같다.

(1) 양쪽에 모두 끝나는 점이 있다.
(2) 길이를 정할 수 있다.
(3) 이름을 정할 때 방향은 상관없다.

이 성질을 바탕으로 기하 창에 선분을 생성해 보자.
선분 도구가 선택된 상태에서 기하 창에 두 점을 클릭하면 그림77과 같이 선분이 생성된다.

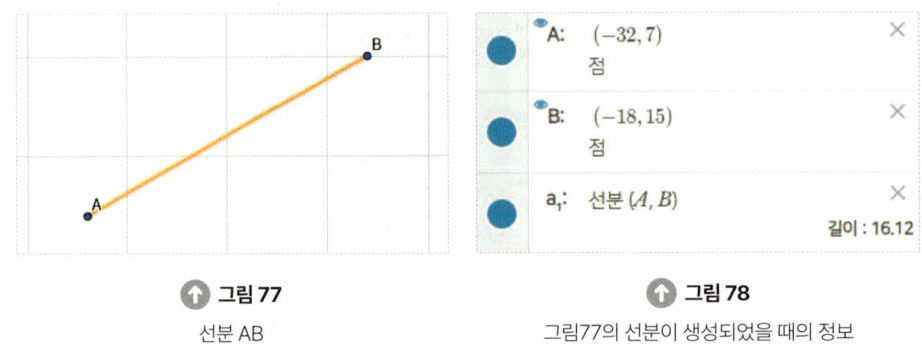

⬆ 그림 77
선분 AB

⬆ 그림 78
그림77의 선분이 생성되었을 때의 정보

선분 AB는 두 점 A, B와 두 점 사이를 잇는 선으로 구성되므로 선분이 생성되면 대수 창 영역에 그림78과 같은 정보가 생성된다.

두 점의 정보는 점의 이름과 좌표, 선분의 정보는 선분을 구성하는 두 점의 이름과 선분의 길이로 구성되어 있다. 이 속성을 수정하려면 선을 클릭하여 속성 창을 띄우면 되는데, 이때 **색상, 선의 모양, 자취, 고정, 숨기기, 삭제** 기능이 있다.

먼저, **색상** 속성은 앞에서 언급한 것과 그 기능이 완전히 같으므로 설명을 생략하고, 그림79를 참조한다.

2.2
기하 도구

> 대수 창에 'segment(point, point)' 명령을 입력하여 선분을 생성할 수도 있다.
> ① 기하 도구에서 점 도구 모음 → 점을 클릭하여 두 점 A, B를 생성한다.
> ② 대수 창에 'segment(A, B)'를 입력하면 두 점 A, B를 잇는 선분을 생성할 수 있다.

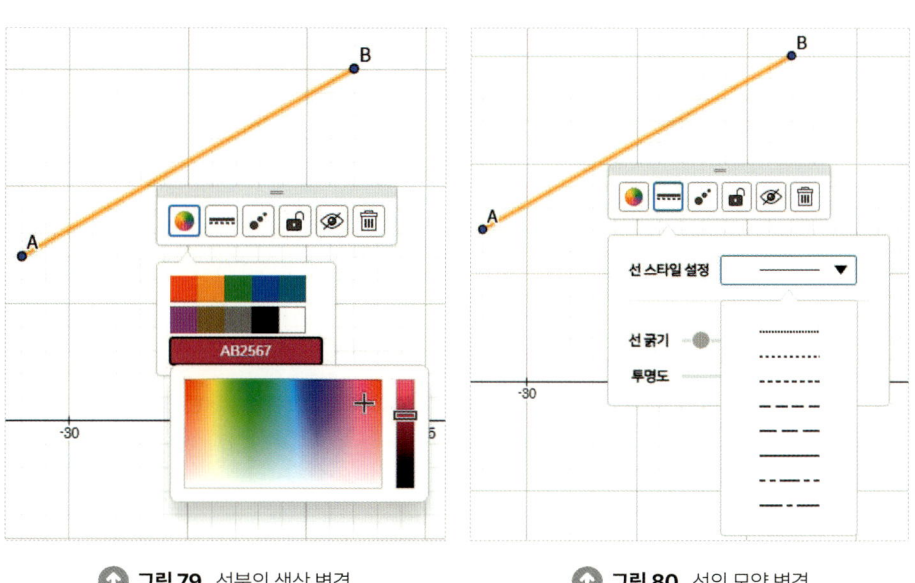

⬆ **그림 79** 선분의 색상 변경   ⬆ **그림 80** 선의 모양 변경

다음으로 선의 모양 속성 창을 통해 선의 스타일, 선의 굵기, 투명도를 설정할 수 있다.

2.2 기하 도구

다음으로 자취 속성은 점의 자취와 그 기능이 완전히 같으므로 설명을 생략하고, 그림81을 참조한다.

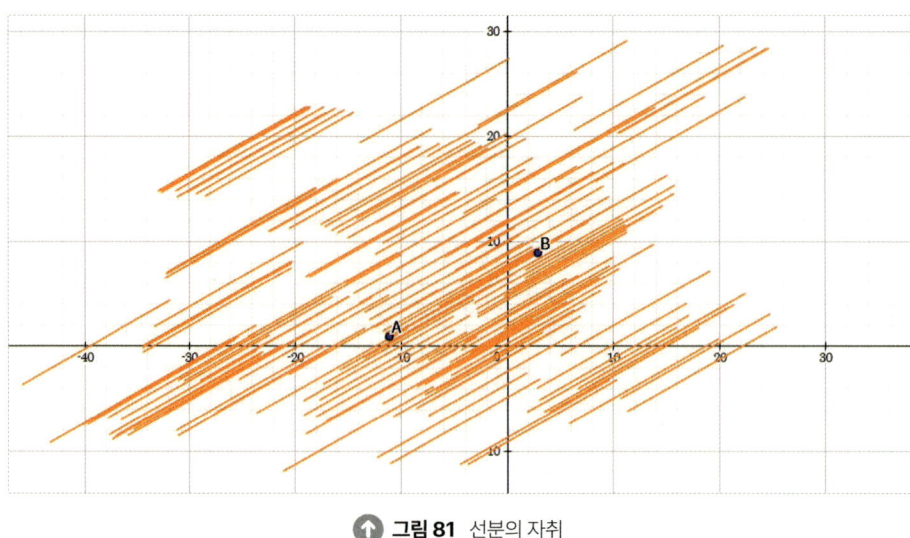

⬆ **그림 81** 선분의 자취

이 자취를 삭제하려면 그림82의 빨간색 표시된 버튼으로 삭제할 수 있다.

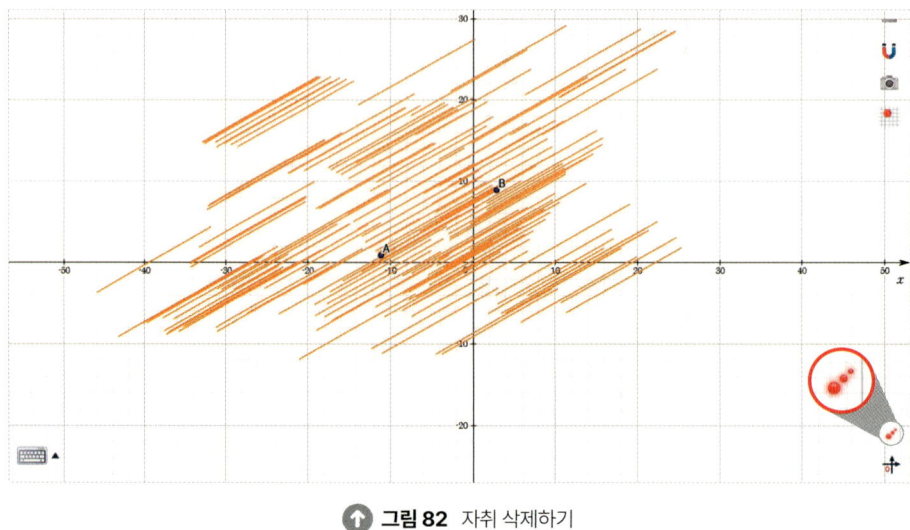

⬆ **그림 82** 자취 삭제하기

다음으로 고정 버튼을 클릭하면 선분의 점 또는 선분 자체를 이동하더라도 그 길이는 고정된다. 이 버튼을 누르지 않으면 점을 클릭했을 때 점만 이동하게 되고, 선분 자체를 고정하려면 양 끝의 점을 고정한다.

숨기기, 삭제 기능은 이미 앞에서 설명하였으므로 생략한다.

2) 주어진 길이의 선분

생성할 선분의 길이를 알고 있으며 정확한 길이를 갖는 선분을 만들고 싶을 때 유용하다. 주어진 길이의 선분 도구가 선택된 상태에서 기하 창의 아무 곳이나 클릭하면 그림83과 같이 길이를 입력하는 창이 뜬다. 여기서 확인을 클릭하면 길이가 4인 선분이 그림84와 같이 가로로 생성된다.

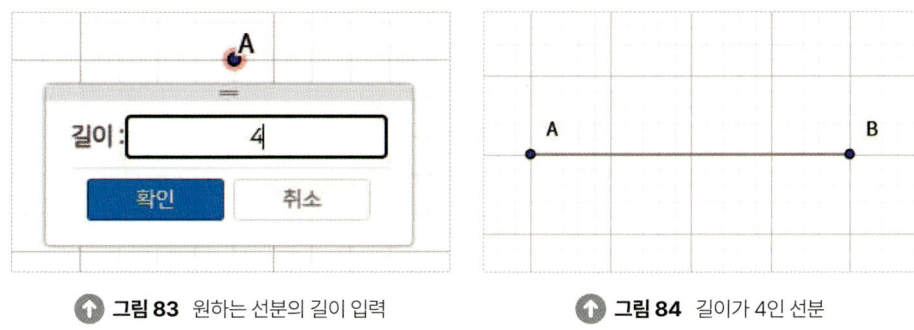

↑ **그림 83** 원하는 선분의 길이 입력   ↑ **그림 84** 길이가 4인 선분

2.2 기하 도구

이런 선분도 마찬가지로 속성을 변경할 수 있고, 그 창은 그림85와 같다.

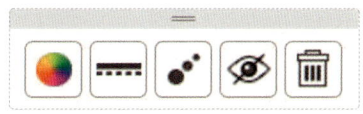

↑ **그림 85** 주어진 길이의 선분 속성 변경 창.

그림79의 속성 변경 창과의 차이점은 고정 속성이 없다는 것이다. 선분을 생성할 때 이미 길이가 주어졌기 때문이다.

속성은 이미 앞에서 언급한 것과 같으므로 여기서는 설명을 생략한다.

2.2 기하 도구

3) 직선 **(단축키 L)**

직선은 서로 반대인 두 방향으로 휘지 않고 끝없이 뻗은 선이고, 그 성질은 다음과 같다.

(1) 끝나는 점이 없다.
(2) 길이를 정할 수 없다.
(3) 이름을 정할 때 방향은 상관없다.
(4) 평면 위에서 한 점을 지나는 직선은 셀 수 없이 많다.

이 성질을 바탕으로 기하 창에 직선을 생성해 보자.
직선 도구가 선택된 상태에서 기하 창에 두 점을 클릭하면 그림86과 같이 직선이 생성된다.

⬆ **그림 86** 직선 AB ⬆ **그림 87** 생성된 직선의 정보.

직선 AB는 두 점 A, B 사이를 잇는 끝없는 선으로 구성되므로 대수 창 영역에 그림87과 같은 정보가 생성된다. 두 점의 정보는 점의 이름과 좌표, 직선의 정보는 직선을 구성하는 두 점의 이름과 직선의 방정식으로 구성되어 있다.

이런 직선도 선분과 마찬가지로 속성을 변경할 수 있는데, 그 속성 창은 그림85와 같고, 속성도 모두 같으므로 설명을 생략한다.

대수 창에 $'segment(point, point)'$ 명령을 입력하여 선분을 생성할 수도 있다.
  ① 기하 도구에서 점 도구 모음 → 점을 클릭하여 두 점 A, B를 생성한다.
  ② 대수 창에 $'segment(A, B)'$를 입력하면 두 점 A, B를 잇는 선분을 생성할 수 있다.

4) 반직선
반직선은 한 점으로부터 한쪽으로만 끝없이 뻗어나가는 선이고, 다음과 같은 성질이 있다.

(1) 시작하는 점은 있으나 끝나는 점은 없다.
(2) 길이를 정할 수 없다.
(3) 이름을 정할 때 방향에 따라 다르다.

이 성질을 바탕으로 기하 창에 반직선을 생성해 보자.
반직선 도구가 선택된 상태에서 기하 창에 두 점을 클릭하면 그림88과 같이 반직선이 생성된다.

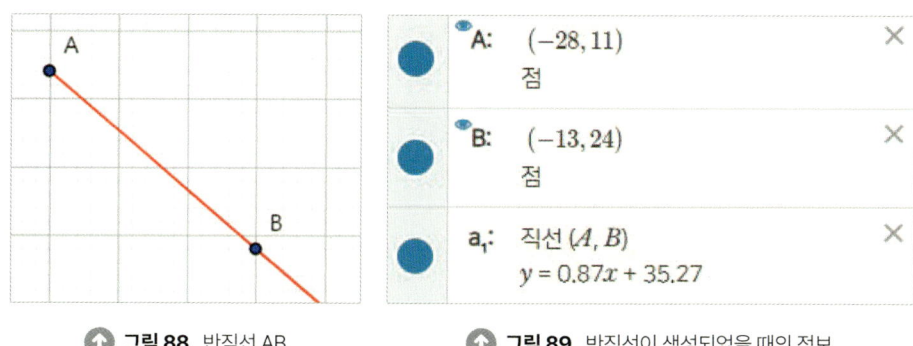

↑ 그림 88 반직선 AB   ↑ 그림 89 반직선이 생성되었을 때의 정보.

반직선이 생성되면 대수 창 영역에 그림89와 같은 정보가 생성된다. 두 점의 정보는 점의 이름과 좌표, 반직선의 정보는 반직선을 구성하는 두 점의 이름과 직선의 방정식 및 반직선이 정의되는 x 의 값의 범위로 구성되어 있다.

반직선도 직선과 마찬가지로 속성을 변경할 수 있는데, 그 속성 창은 그림85와 같고, 속성도 모두 같으므로 설명을 생략한다.

> 대수 창에 '$ray(point, point)$' 명령을 입력하여 반직선을 생성할 수도 있다.
> ① 기하 도구에서 점 도구 모음 → 점을 클릭하여 두 점 A, B 를 생성한다.
> ② 대수 창에 '$ray(A, B)$' 를 입력하면 시작점을 A 로 하고, 점 B 를 지나는 반직선을 생성할 수 있다.

2.2
기하 도구

2.2 기하 도구

5) 평행선

수학에서 평행선은 한 평면 위에서 서로 만나지 않는 2개 이상의 직선이다.
알지오매스에서 평행선을 생성하는 방법은 2가지이다.

먼저, 평행선을 만들기 위한 선을 선택한 후 간격을 두고 점을 찍는 방법이다. 이 경우 평행선을 만들기 위한 선을 먼저 만들어야 하는데, 이때 선은 선분이든 직선이든 상관없다.

직선 도구가 선택된 상태에서 기하 창에 두 점을 클릭하면 그림90과 같이 직선이 생성된다.

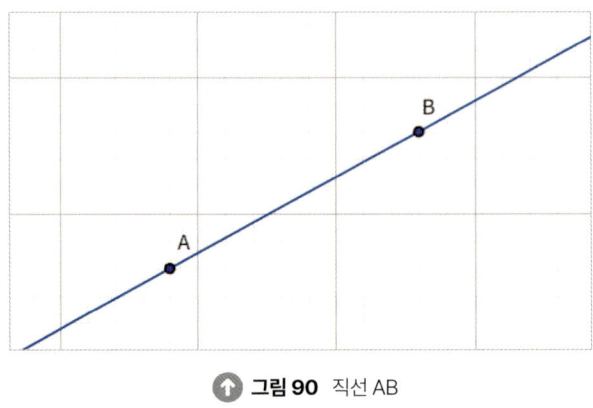

⬆ **그림 90** 직선 AB

점 도구가 선택된 상태에서 원하는 거리에 점을 찍으면 그림91과 같다.

평행선 도구가 선택된 상태에서 선과 점을 차례로 클릭하면 그림92와 같이 직선 AB와 평행한 직선이 생성된다.

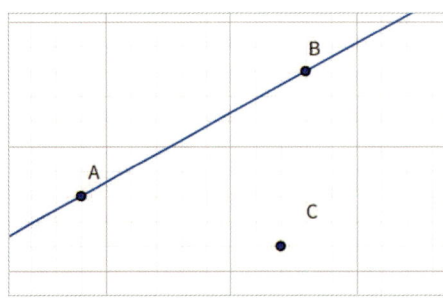

⬆ **그림 91** 원하는 거리에 점을 찍는다.

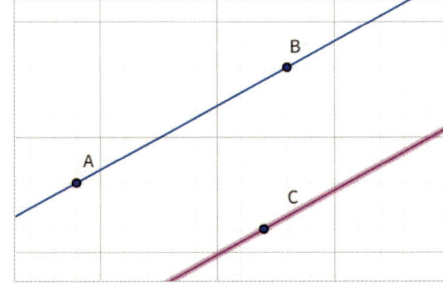

⬆ **그림 92** 점 C를 지나고, 직선 AB와 평행한 직선

다음으로 점을 먼저 찍은 후 평행선을 만드는 방법이다. 이 경우 원하는 곳에 점을 먼저 찍어야 하는데, 이때 선은 선분이든 직선이든 상관없다.

점 도구가 선택된 상태에서 기하 창의 원하는 곳에 점을 먼저 찍으면 그림93과 같이 점이 생성되고, 직선 도구가 선택된 상태에서 기하 창에 두 점을 클릭하면 그림94와 같이 직선이 생성된다.

2.2 기하 도구

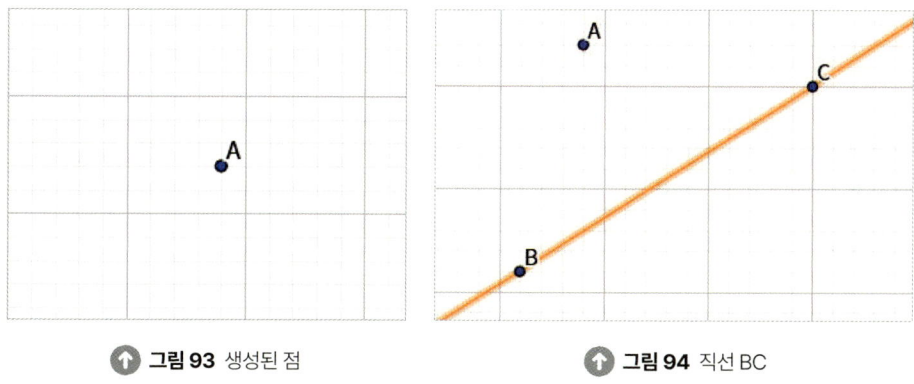

↑ 그림 93 생성된 점   ↑ 그림 94 직선 BC

평행선 도구가 선택된 상태에서 점과 선을 차례로 클릭하면 그림95와 같이 직선 BC와 평행한 직선이 생성된다.

> 대수 창에 '$parallel(point, linear)$' 명령을 입력하여 평행선을 생성할 수도 있다.
> 대수 창에 '$parallel(C, a\_1)$'을 입력하면 C를 지나고, a_1에 평행한 선을 생성할 수 있다.

2.2 기하 도구

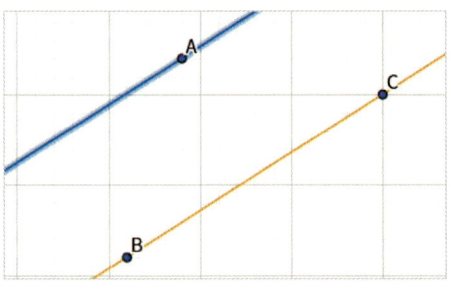

⬆ 그림 95 점 A를 지나고, 직선 BC와 평행한 직선

평행선을 생성하기 위한 선의 종류는 선분, 직선 말고도 반직선과 같이 기본이 되는 선의 종류와 평행선, 수선, 수직이등분선 등의 보조선이 있고, x 축과 y 축도 평행선의 대상이 될 수 있다. 또한 도형의 한 변과 같은 다른 기하 객체도 선형일 때 평행선을 생성할 수 있다.

평행선도 직선과 마찬가지로 속성을 변경할 수 있는데, 그 속성 창은 그림85와 같고, 속성도 모두 같으므로 설명을 생략한다.

6) 수선

수학에서 수선은 한 직선에 수직인 직선이다.
알지오매스에서 수선을 생성하는 방법은 평행선과 마찬가지로 2가지이다.
먼저, 수선을 만들기 위한 선을 선택한 후 간격을 두고 점을 찍는 방법이다. 이 경우 수선을 만들기 위한 선을 먼저 만들어야 하는데, 이때 선은 선분이든 직선이든 상관없다.

직선 도구가 선택된 상태에서 기하 창에 두 점을 클릭하면 그림96과 같이 직선이 생성된다.

수선 도구가 선택된 상태에서 그림96의 직선과 원하는 곳에 점을 찍으면 그림97과 같이 한 점 C를 지나고 직선 AB에 수직인 수선이 생성된다.

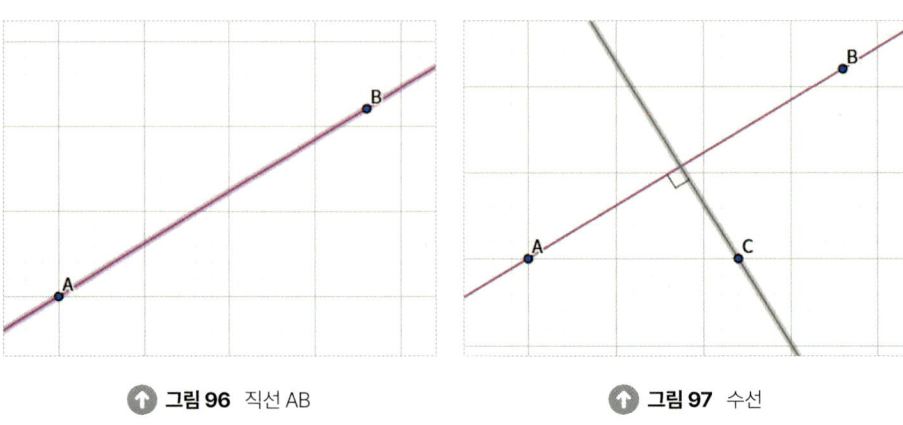

⬆ 그림 96 직선 AB   ⬆ 그림 97 수선

다음으로 점을 먼저 찍은 후 수선을 만드는 방법이다. 이 경우 원하는 곳에 점을 먼저 찍어야 하는데, 이때 선은 선분이든 직선이든 상관없다.

점 도구가 선택된 상태에서 기하 창의 원하는 곳에 점을 먼저 찍으면 그림98과 같이 점이 생성된다.

2.2
기하 도구

⬆ **그림 98** 생성된 점

직선 도구가 선택된 상태에서 기하 창에 두 점을 클릭하면 그림99와 같이 직선이 생성되고, 수선 도구가 선택된 상태에서 점과 선을 차례로 클릭하면 그림100과 같이 한 점 A를 지나고 직선 BC에 수직인 직선이 생성된다.

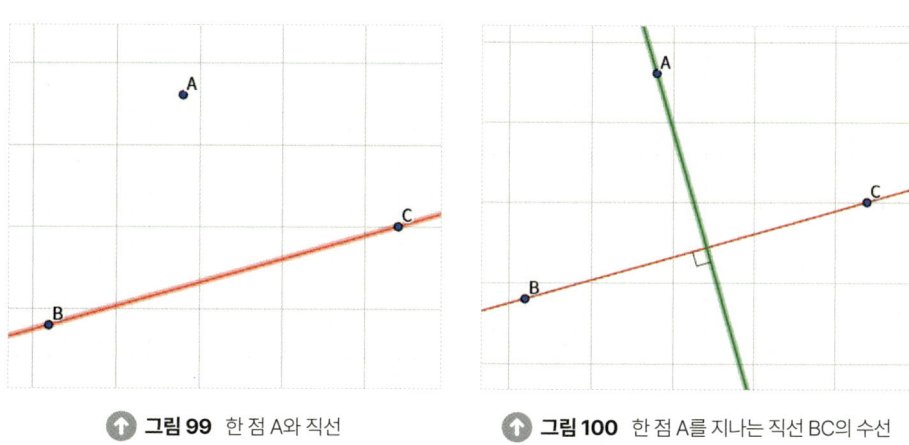

⬆ **그림 99** 한 점 A와 직선 　　　　⬆ **그림 100** 한 점 A를 지나는 직선 BC의 수선

수선도 직선과 마찬가지로 속성을 변경할 수 있는데, 그 속성 창은 그림85와 같고, 속성도 모두 같으므로 설명을 생략한다.

> 대수 창에 '$perp(point, linear)$' 명령을 입력하여 수선을 생성할 수도 있다. 대수 창에 '$perp(C, a\_1)$'을 입력하면 C를 지나고, a_1에 수직인 선을 생성할 수 있다.

2.2 기하 도구

7) 수직이등분선 (단축키 V)

수학에서 수직이등분선은 주어진 선분을 길이가 같은 두 선분으로 나누고 이 선분에 수직인 직선이다. 알지오매스에서 수직이등분선을 생성하는 방법은 평행선과 마찬가지로 2가지이다.

(1) 수직이등분선을 만들기 위한 선분을 선택하는 방법이다.

선분 도구가 선택된 상태에서 기하 창에 두 점을 클릭하면 그림101과 같이 선분이 생성되고, 수직이등분선 도구가 선택된 상태에서 그림101의 선분을 클릭하면 그림102와 같이 선분의 수직이등분선이 생성된다.

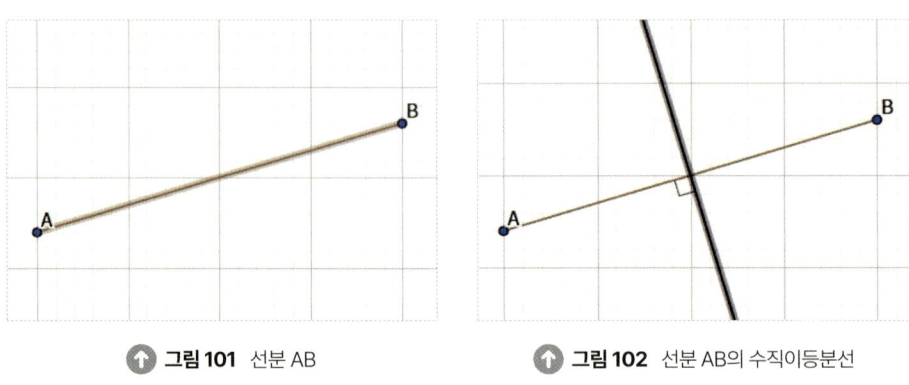

⬆ **그림 101** 선분 AB   ⬆ **그림 102** 선분 AB의 수직이등분선

(2) 임의의 두 점을 선택하는 방법이다.

점 도구가 선택된 상태에서 기하 창의 원하는 곳에 점을 찍으면 그림103과 같이 점이 생성되고, 수직이등분선 도구가 선택된 상태에서 그림103의 점을 클릭한 후 원하는 곳을 클릭하면 그림104와 같이 두 점 사이의 수직이등분선이 생성된다.

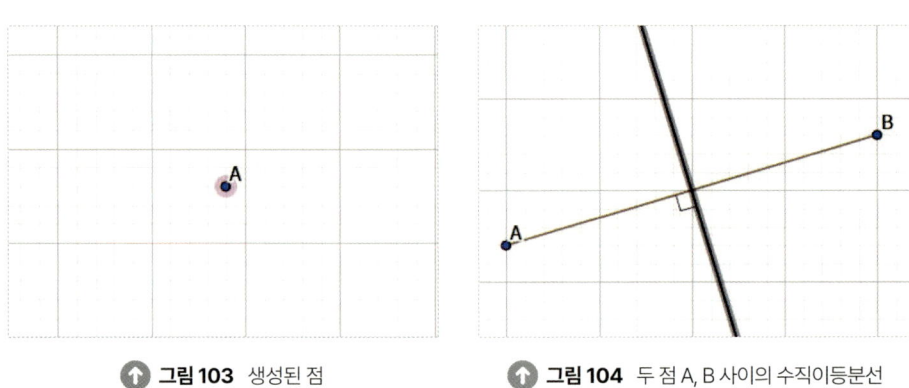

⬆ **그림 103** 생성된 점   ⬆ **그림 104** 두 점 A, B 사이의 수직이등분선

수직이등분선도 직선과 마찬가지로 속성을 변경할 수 있는데, 그 속성 창은 그림85와 같고, 속성도 모두 같으므로 설명을 생략한다.

> 대수 창에 '$perpbis(point, point)$' 명령을 입력하여 수직이등분선을 생성할 수도 있다. 대수 창에 '$perpbis(A, B)$'를 입력하면 두 점 A, B를 잇는 선분의 수직이등분선을 생성할 수 있다.

2.2 기하 도구

8) 각의 이등분선

알지오매스를 이용하여 각의 이등분선을 그리려면 3개의 점이 필요한데, 이때 두 번째로 찍히는 점이 각의 중심이다. 각의 이등분선을 생성하는 방법은 2가지이다.

(1) 두 선분을 먼저 생성하는 방법이다.

선분 도구가 선택된 상태에서 기하 창에 그림105와 같이 두 선분을 생성한 후, 각의 이등분선 도구가 선택된 상태에서 세 점 A, B, C 또는 C, B, A를 순서대로 클릭하면 그림106과 같이 각의 이등분선이 생성된다.

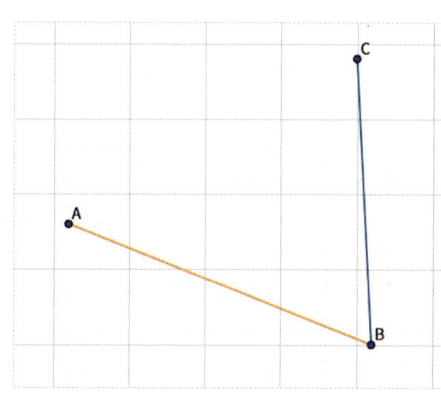

⬆ **그림 105** 두 선분 생성

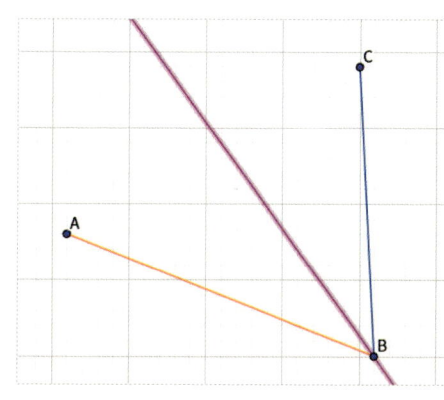

⬆ **그림 106** 각의 이등분선

2.2 기하 도구

(2) 임의의 세 점을 선택하는 방법이다.

각의 이등분선 도구가 선택된 상태에서 세 점을 순서대로 클릭하면 그림107과 같이 각의 이등분선이 생성된다. 첫 번째 방법과의 차이점은 선분 도구가 선택된 상태가 아니므로 선분이 생성되지 않는다는 것이다.

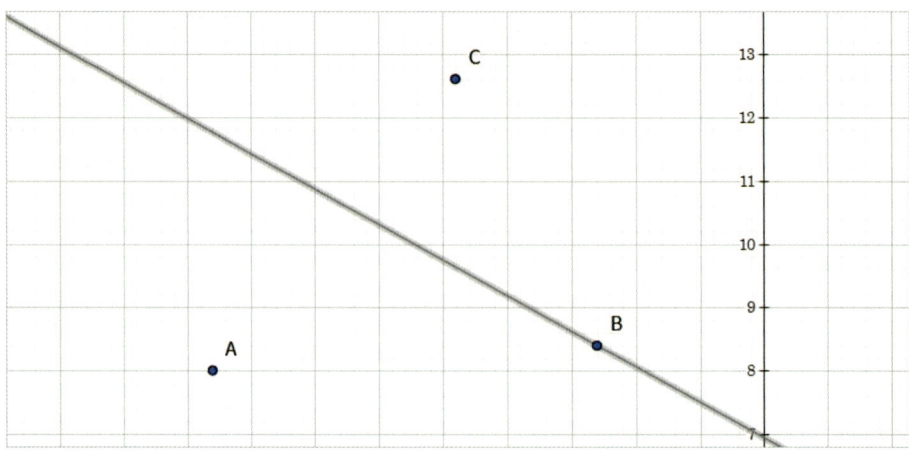

⬆ **그림 107** 선분이 생성되지 않은 각의 이등분선

각의 이등분선도 직선과 마찬가지로 속성을 변경할 수 있는데, 그 속성 창은 그림85와 같고, 속성도 모두 같으므로 설명을 생략한다.

9) 접선

수학에서 접선은 원을 포함하여 이차함수 이상의 그래프에서도 한 점의 접선을 정의할 수 있다. 그러나 알지오매스로는 원, 호, 부채꼴, 활꼴에 대해서만 점이나 선을 이용한 원과의 접선을 생성하고 있다. 접선을 생성하는 방법은 2가지이다.

(1) 점을 이용하여 원의 접선을 생성하는 방법이다.

그림108과 같이 원과 그 원 위에 있지 않은 한 점을 생성한 후, 접선 도구가 선택된 상태에서 생성된 점과 원을 클릭하면 그림109와 같이 2개의 접선이 생성된다. 이때, 점과 원을 클릭하는 순서는 상관없으며, 그림109에서 점 C를 움직일 때, 점 C가 원의 안쪽에 있으면 접선이 0개, 점 C가 원 위의 점이면 접선이 1개, 점 C가 원의 밖에 있으면 접선이 2개이다.

2.2
기하 도구

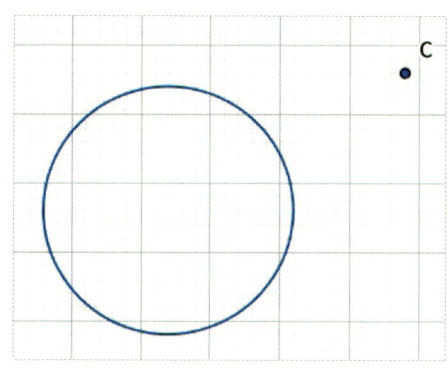

↑ **그림 108** 원과 원 위에 있지 않은 한 점

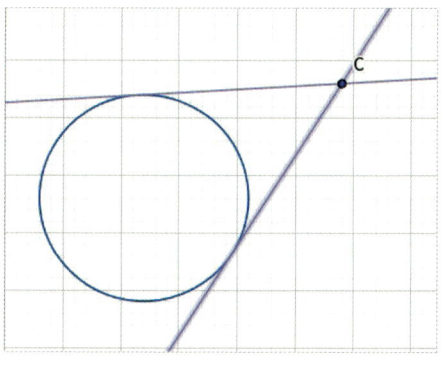

↑ **그림 109** 접선이 생성되었다.

(2) 선에 대한 원의 접선을 생성하는 방법이다.

이때 선분 또는 직선을 먼저 생성해야 한다. 그림110과 같이 원과 선분을 생성한 후, 접선 도구가 선택된 상태에서 생성된 원과 선분을 클릭하면 그림111와 같이 선분 CD와 평행한 2개의 접선이 생성된다. 이때, 점과 원을 클릭하는 순서는 상관없으며, 그림111에서 점 C 또는 점 D를 움직일 때, 선분 CD의 위치와 상관없이 2개의 접선이 생긴다.

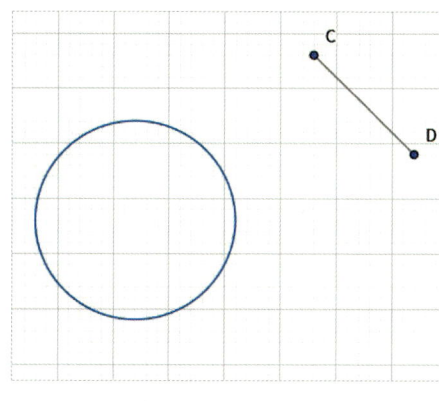

↑ **그림 110** 원과 선분

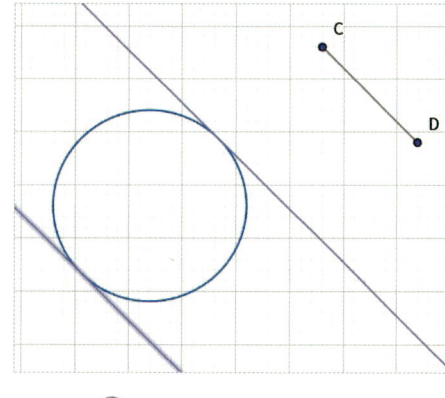

↑ **그림 111** 선분과 평행한 접선

접선도 직선과 마찬가지로 속성을 변경할 수 있는데, 그 속성 창은 그림85와 같고, 속성도 모두 같으므로 설명을 생략한다.

> 대수 창에 '$tng(point, circle)$' 명령을 입력하여 수직이등분선을 생성할 수도 있다.
> 대수 창에 '$tng(C, a\_1)$'을 입력하면 C를 지나고, a_1에 접하는 원의 접선을 생성할 수 있다.

2.2 기하 도구

10) 벡터

알지오매스에서의 벡터는 크기와 방향을 갖는 물리량을 표현하는 화살표 모양의 선분이다.
벡터를 생성하는 방법은 생각보다 간단한데, 벡터 도구가 선택된 상태에서 기하 창에 두 점만 클릭하면 그림112와 같이 벡터가 생성된다.

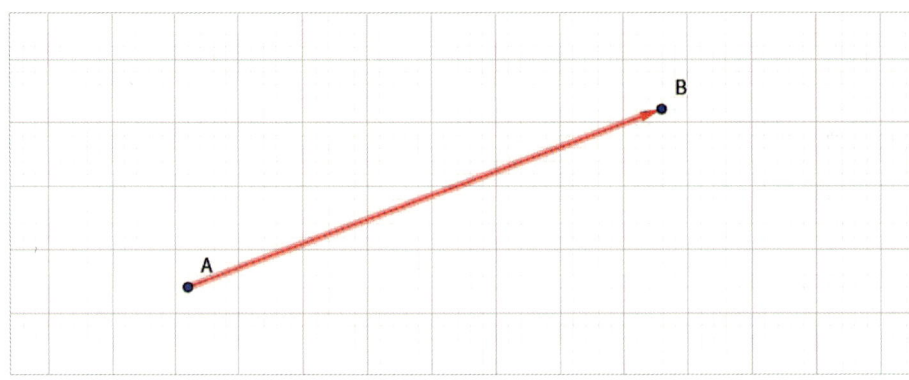

⬆ **그림 112** 벡터

벡터의 속성을 편집하기 위해 벡터를 클릭하면 그림85에서 자취를 클릭할 수 없다. 자취와 길이 고정하기 기능을 지원하지 않기 때문이다. 또한 벡터는 다른 객체와 교점을 가질 수도 없고, 대상 위에 점을 생성할 수도 없다.

> 대수 창에 $'vector(point, point)'$ 명령을 입력하여 시점을 A로 하고, 종점을 B로 하는 벡터를 생성할 수 있다.

2.2.4 원 도구 소개

원 도구는 기하학에서 중요한 도형 중 하나인 원을 생성하고 편집할 수 있는 기능을 제공한다. '원 도구'를 활용하면 원의 '중심과 한 점', '세 점', '중심과 반지름' 등을 통해 원을 생성할 수 있으며, '컴퍼스'를 사용하여 두 점 사이의 거리를 반지름으로 하는 원을 그릴 수 있다.

또한, '호', '부채꼴', '활꼴' 도구를 통해 다양한 곡선과 부분적인 원의 형태를 만들 수 있다. 이러한 기능을 통해 사용자들은 기하학적 원리와 도형의 속성을 이해하며, 다양한 기하학적 문제를 시각적으로 해결할 수 있다.

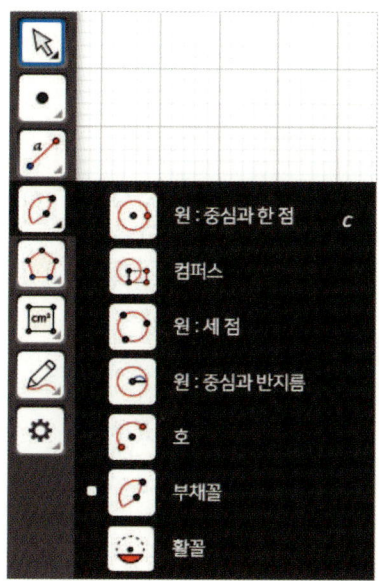

⬆ **그림 113** 원 도구

⊙	원: 중심과 한 점	원의 중심과 원 위의 한 점의 길이를 반지름으로 하는 원이 생성된다.
	컴퍼스	선택한 두 점 사이의 거리 또는 선분의 길이를 반지름으로 하는 원이 생성된다.
	원: 세 점	원 위의 세 점을 선택하면 원이 생성된다.
	원: 중심과 반지름	원의 중심을 선택하고 반지름을 입력하면 원이 생성된다.
	호	원의 중심과 두 점을 선택하여 호를 생성할 수 있다.
	부채꼴	원의 중심과 두 점을 선택하여 부채꼴을 생성할 수 있다.
	활꼴	원의 중심과 두 점을 선택하여 활꼴을 생성할 수 있다.

2.2
기하 도구

2.2 기하 도구

1) 원 : 중심과 한 점 (단축키 C)

원은 평면 위의 한 점으로부터 같은 거리에 있는 점들의 집합이다. 여기서 평면 위의 한 점을 원의 중심, 같은 거리를 반지름이라고 한다. 즉, 알지오매스에서는 원의 중심과 다른 한 점 사이의 거리가 곧 반지름이 되므로 원의 중심과 한 점만 클릭하면 원을 만들 수 있다.

예를 들어, 원점을 중심으로 하고 점 (5, 0)을 지나는 원을 만들어 보자.
'원 : 중심과 한 점 도구'가 선택된 상태에서 원점과 점 (5, 0)을 클릭하면 그림114와 같이 중심이 원점이고, 반지름의 길이가 5인 원을 만들 수 있다.

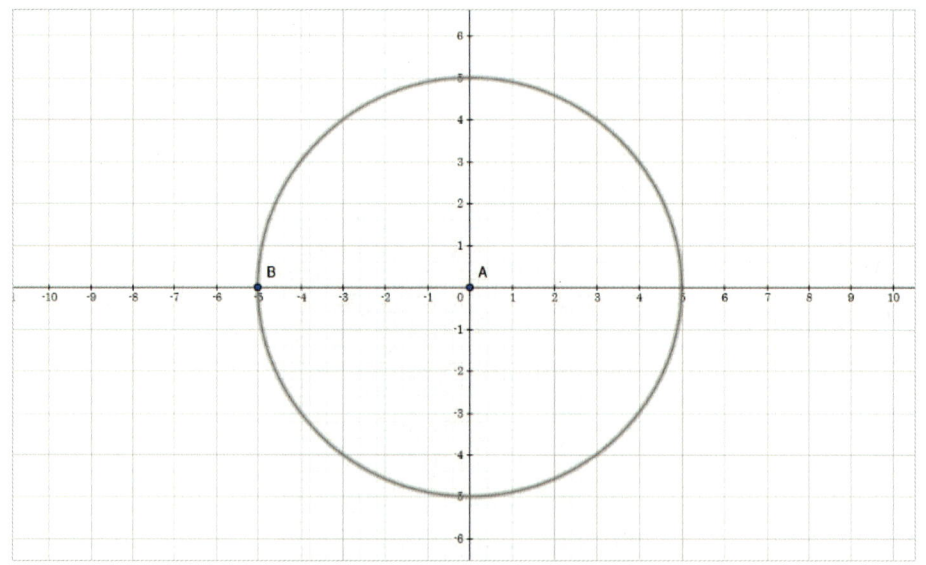

⬆ **그림 114** 중심이 원점이고, 점 (5, 0)을 지나는 원

그림114에서 원점은 교점, 점 은 대상 위의 점으로 자동 변환되어 원점은 동그란 회색 점, 점 은 사각형의 회색 점으로 표기된다. 즉, 교점이나 대상 위의 점은 형태가 자동으로 변환된다.

이제 [그림114] 원의 속성을 변경해 보자.
원 도구는 선과 달리 면의 속성을 가질 수 있다. 따라서 속성 창이 뜰 때 색상, 선 모양, 자취, 숨기기, 삭제 기능은 선과 같으나 패턴 설정하기 기능이 추가되어 있다. 여기서는 패턴 설정하기 기능만 살펴보자.

원은 정의에 의하여 그 내부를 포함하지 않으나 수학적 콘텐츠를 다양하게 꾸미고 활용할 수 있도록 알지오매스에서 지원하는 기능이다. 패턴 버튼을 클릭하면 패턴 스타일, 선 스타일, 선 굵기, 선 간격, 투명도, 그라데이션을 설정할 수 있다. 하나씩 눌러보면서 어떻게 바뀌는지 확인해 보자. 패턴 기능은 원 내부의 속성이다.

2.2 기하 도구

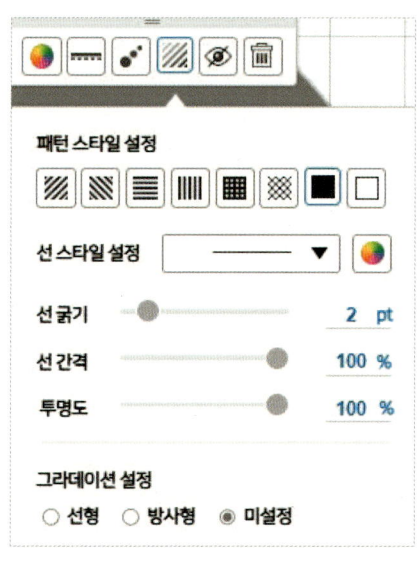

그림 115 패턴 속성 창

2) 컴퍼스

원을 종이에 그릴 때, 컴퍼스에 연필을 꽂아 그리고자 하는 원의 반지름만큼 벌리면 원을 그릴 수 있다. 지금 소개할 컴퍼스 기능도 이것을 모사하여 구현한 것이며 컴퍼스 기능을 사용하는 방법은 2가지이다.

(1) 반지름의 길이가 되는 선분을 생성한 후 그리는 방법이다.

컴퍼스 도구가 선택된 상태에서 반지름의 길이가 되는 선분을 클릭하고, 원의 중심이 될 점을 클릭하면 그림116과 같이 원이 생성된다.

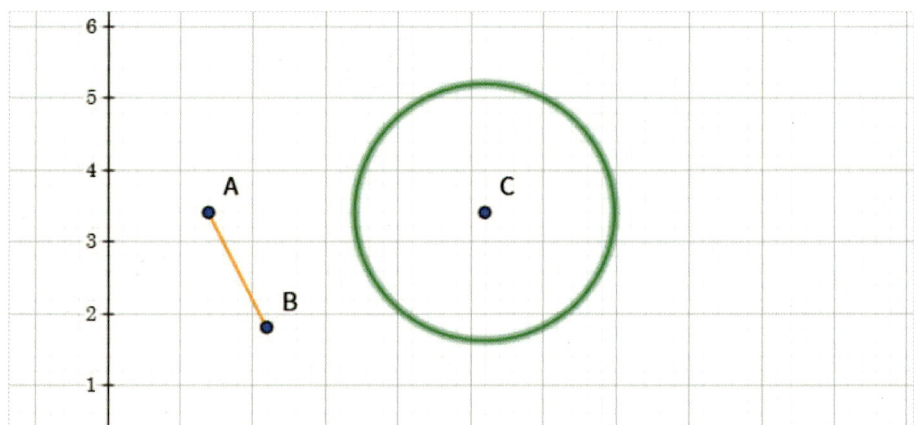

그림 116 반지름의 길이가 선분 AB의 길이와 같은 원

2.2
기하 도구

(2) 두 점의 길이를 반지름으로 하는 원을 그리는 방법이다.
컴퍼스 도구가 선택된 상태에서 반지름의 길이가 될 두 점을 클릭하고, 원의 중심이 될 점을 클릭하면 그림117과 같이 원이 생성된다.

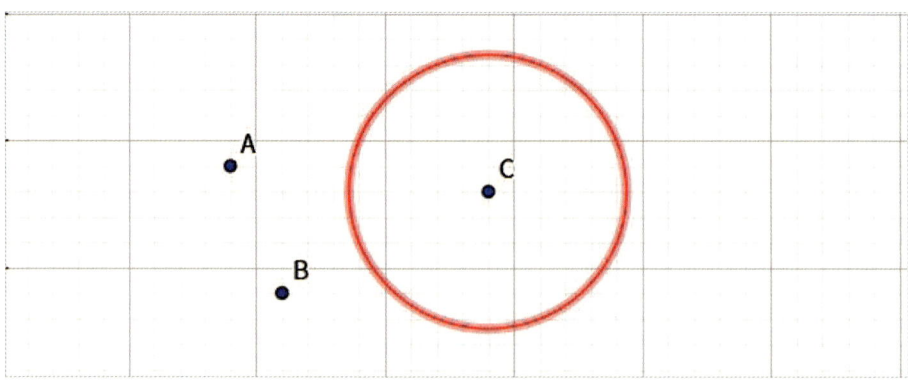

⬆ **그림 117** 두 점의 길이를 반지름으로 하는 원

생성된 원의 속성을 꾸미는 방법은 앞에서 설명한 것과 동일하므로 여기서는 설명을 생략한다.

3) 원 : 세 점
한 직선 위에 있지 않은 세 점을 지나는 원은, 세 점을 꼭짓점으로 하는 삼각형의 외접원이 된다.
'원 : 세 점 도구'를 사용하여 그림118과 같이 그 원을 작도할 수 있다.

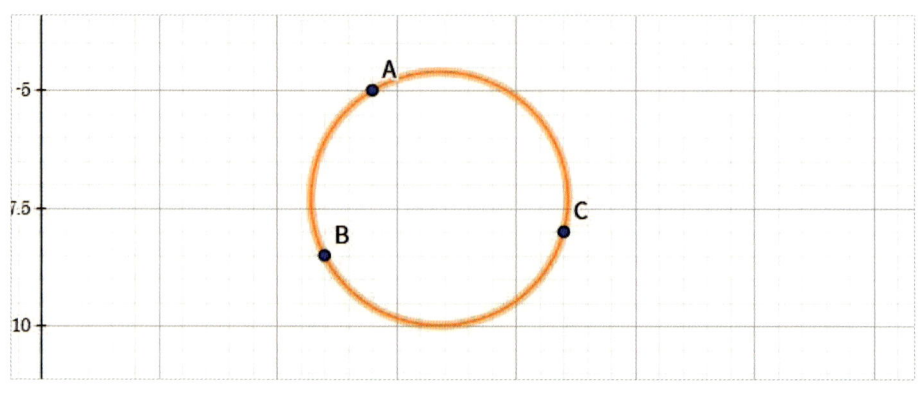

⬆ **그림 118** 세 점을 지나는 원

생성된 원의 속성을 꾸미는 방법은 앞에서 설명한 것과 동일하므로 여기서는 설명을 생략한다.

4) 원 : 중심과 반지름

원을 그릴 때 중심과 반지름만 알아도 원을 그릴 수 있다. 예를 들어, 중심이 원점이고, 반지름의 길이가 2인 원을 그려보자.

'원 : 중심과 반지름 도구'가 선택된 상태에서 기하 창에서 중심을 클릭하면 그림119와 같은 창이 생성되고, 여기서 반지름을 입력한 후 확인 버튼을 클릭하면 그림120과 같이 원이 생성된다.

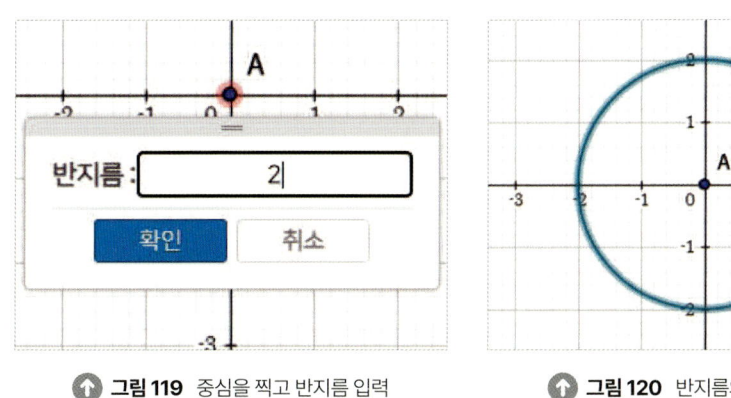

⬆ **그림 119** 중심을 찍고 반지름 입력   ⬆ **그림 120** 반지름의 길이가 2인 원

생성된 원의 속성을 꾸미는 방법은 앞에서 설명한 것과 동일하므로 여기서는 설명을 생략한다.

5) 호

호를 생성할 때는 기하 창에 점만 3개 선택하면 된다.

'호 도구'가 선택된 상태에서 가장 먼저 선택하는 점은 중심, 두 번째로 선택하는 점은 호 위의 한 점, 마지막으로 선택하는 점은 호의 각도를 결정한다. 이때, 마지막으로 선택하는 점은 호 위에 위치하지 않아도 되며, 호는 시계 반대 방향으로 그려진다.

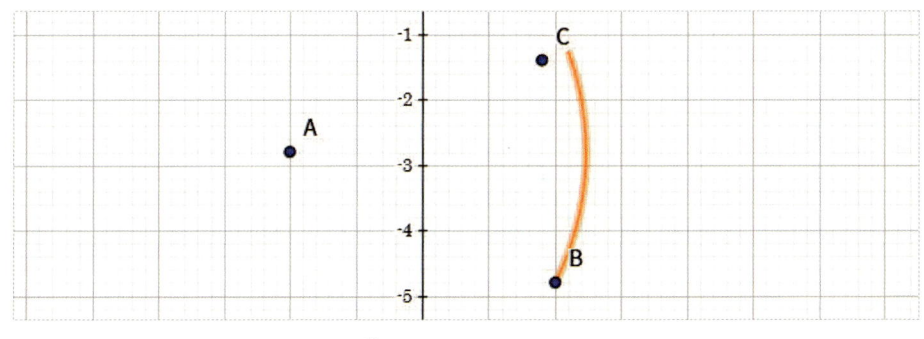

⬆ **그림 121** 호 생성하기

호는 원과 달리 패턴을 설정할 수 없고, 호의 위에는 대상 위의 점이 생성된다.

2.2
기하 도구

6) 부채꼴

부채꼴을 생성하는 방법은 호와 동일하다.

'부채꼴 도구'가 선택된 상태에서 가장 먼저 선택하는 점은 중심, 두 번째로 선택하는 점은 호 위의 한 점, 마지막으로 선택하는 점은 부채꼴의 각도를 결정한다. 이때, 마지막으로 선택하는 점은 호 위에 위치하지 않아도 되며, 부채꼴은 시계 반대 방향으로 그려진다.

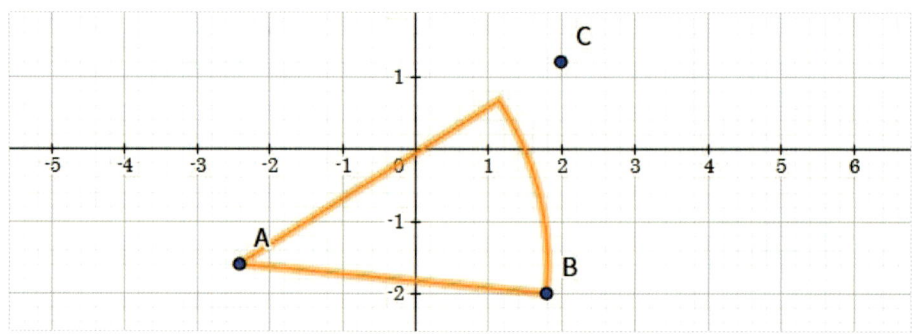

⬆ 그림 122 부채꼴 생성하기

부채꼴은 원과 마찬가지로 속성에서 패턴을 설정할 수 있으나, 부채꼴의 반지름의 위에는 교점 또는 대상 위의 점이 생성되지 않는다.

7) 활꼴

활꼴은 원에서 호와 현으로 이루어진 도형이다. 활꼴을 생성하는 방법은 호나 부채꼴과 동일하다.

'활꼴 도구'가 선택된 상태에서 가장 먼저 선택하는 점은 중심, 두 번째로 선택하는 점은 호 위의 한 점, 마지막으로 선택하는 점은 부채꼴의 각도를 결정한다. 이때, 마지막으로 선택하는 점은 호 위에 위치하지 않아도 되며, 활꼴은 시계 반대 방향으로 그려진다.

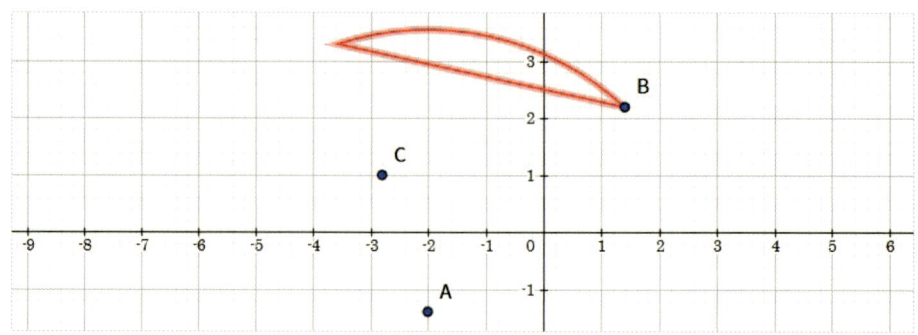

⬆ 그림 123 활꼴 생성하기

활꼴은 원과 마찬가지로 속성에서 패턴을 설정할 수 있으나, 활꼴의 현 위에는 교점 또는 대상 위의 점이 생성되지 않는다.

2.2.5 다각형 도구 소개

다각형 도구는 평면 위에 다양한 다각형을 생성하고 편집할 수 있는 기능을 제공한다. '다각형' 도구를 사용하면 삼각형, 사각형, 오각형 등 여러 변으로 구성된 도형을 자유롭게 그릴 수 있다. '정다각형 : 한 변'과 '정다각형 : 중심과 한 점' 도구는 사용자가 정다각형의 변의 길이 또는 중심을 기준으로 정다각형을 쉽게 생성할 수 있도록 돕는다.

또한, '주어진 크기의 각' 기능은 두 점을 기준으로 특정 각도를 설정하여 도형을 그릴 수 있게 하여, 더욱 정확한 기하학적 구성을 가능하게 한다. 이러한 도구들은 기하학적 탐구와 문제 해결을 위한 중요한 학습 자료로 활용될 수 있다.

2.2 기하 도구

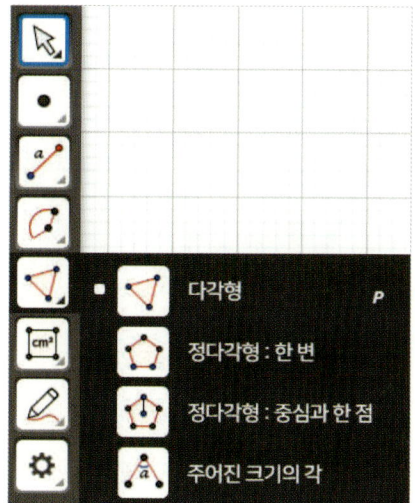

↑ **그림 124** 다각형 도구

	다각형	평면상에 다각형을 생성하는 기능이다. 도형의 꼭짓점을 원하는 만큼 선택하고 마지막에 처음 꼭짓점을 다시 선택하면 다각형을 생성할 수 있다.
	정다각형 : 한 변	평면상에 정다각형을 생성하는 기능이다. 두 점으로 한 변이 될 선분을 지정한 후 꼭짓점의 개수를 입력하면 정다각형을 생성할 수 있다.
	정다각형 : 중심과 한 점	정다각형의 중심과 한 꼭짓점을 지정한 후 꼭짓점의 개수를 입력하여 정다각형을 생성할 수 있다.
	주어진 크기의 각	두 점을 기준으로 주어진 각만큼 새로운 점을 생성한다.

2.2 기하 도구

1) 다각형 **(단축키 P)**

다각형은 여러 개의 선분으로 둘러싸인 평면 도형이며, 선분의 개수에 따라 삼각형, 사각형, 오각형, 육각형 등으로 불린다. 다각형을 생성할 때는 기하 창에서 원하는 수만큼 점을 찍으면 되는데, 이때 처음 찍었던 점을 맨 마지막에 다시 한번 찍어야 한다.

예를 들어, 오각형을 생성해 보자.

'다각형 도구'가 선택된 상태에서 원하는 점 5개를 클릭하면 그림125와 같이 오각형이 생성된다.

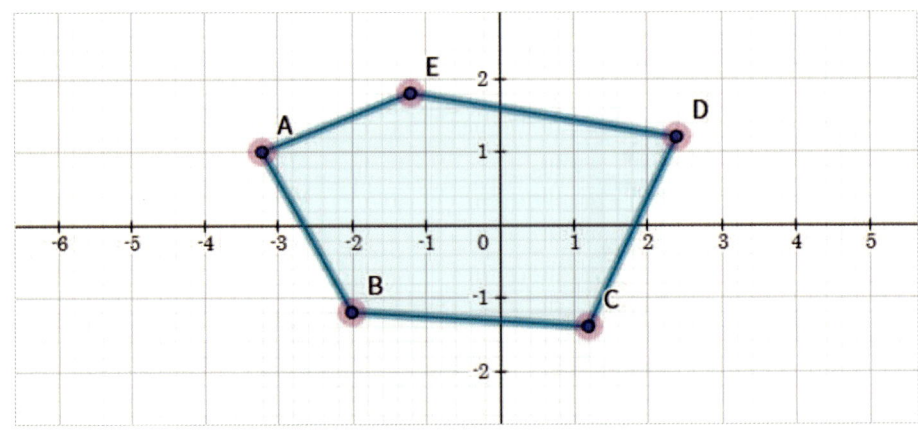

⬆ **그림 125** 오각형

다각형을 이루는 선분을 클릭하면 선분의 속성을, 내부를 클릭하면 내부의 속성을 변경할 수 있다. 방법은 앞에서 언급하였으므로 여기서는 설명을 생략한다.

> 대수 창에 '$polygon(point, point, \cdots)$' 명령을 입력하여 도형을 생성할 수도 있다.

2) 정다각형 : 한 변
정다각형은 모든 변의 길이가 같고, 모든 각의 크기가 같은 도형이며, 선분의 개수에 따라 정삼각형, 정사각형, 정오각형, 정육각형 등으로 불린다.

예를 들어, 정육각형을 생성해 보자.

'정다각형 : 한 변 도구'가 선택된 상태에서 기하 창에 한 변의 길이를 결정할 두 점을 클릭하면 정도형의 꼭짓점의 개수를 입력하는 창이 뜬다. 정육각형이므로 그림126과 같이 6을 입력하고 확인 버튼을 클릭하면 그림127과 같이 정육각형이 생성된다.

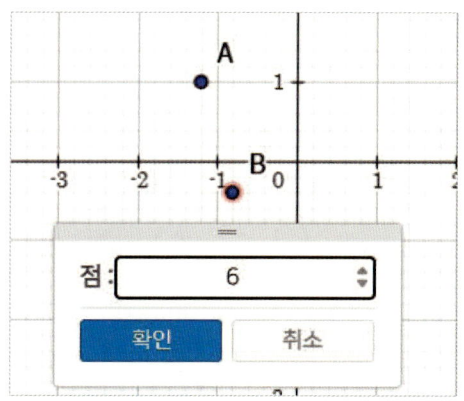

그림 126 두 점을 클릭한 후 점의 개수를 입력한다.

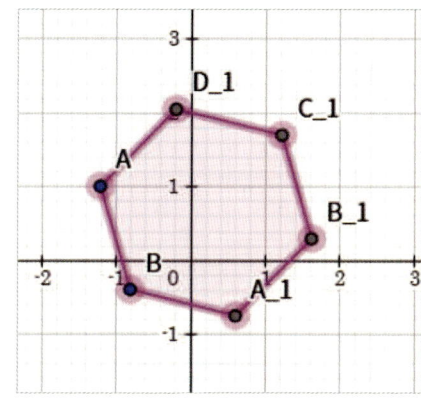

그림 127 정육각형

정다각형도 다각형과 마찬가지로 선분을 클릭하면 선분의 속성을, 내부를 클릭하면 내부의 속성을 변경할 수 있다. 방법은 앞에서 언급하였으므로 여기서는 설명을 생략한다.

2.2 기하 도구

3) 정다각형 : 중심과 한 점

정다각형은 외심, 내심, 무게중심이 같고, 모든 도형에는 무게중심이 존재한다. 정다각형도 다각형의 일부이므로 무게중심이 존재한다. 여기서 언급하는 중심을 무게중심이라고 생각해도 된다.

예를 들어, 정사각형의 중심을 찾아보자.

'정다각형 : 중심과 한 점 도구'가 선택된 상태에서 기하 창에 중심을 결정할 점과 정다각형의 한 점이 될 점을 차례로 클릭하면 그림128과 같이 정다각형의 꼭짓점의 개수를 입력하는 창이 뜬다. 정사각형이므로 4를 입력하고 확인 버튼을 클릭하면 그림129와 같이 정사각형이 생성되며 정사각형의 중심을 알 수 있게 된다.

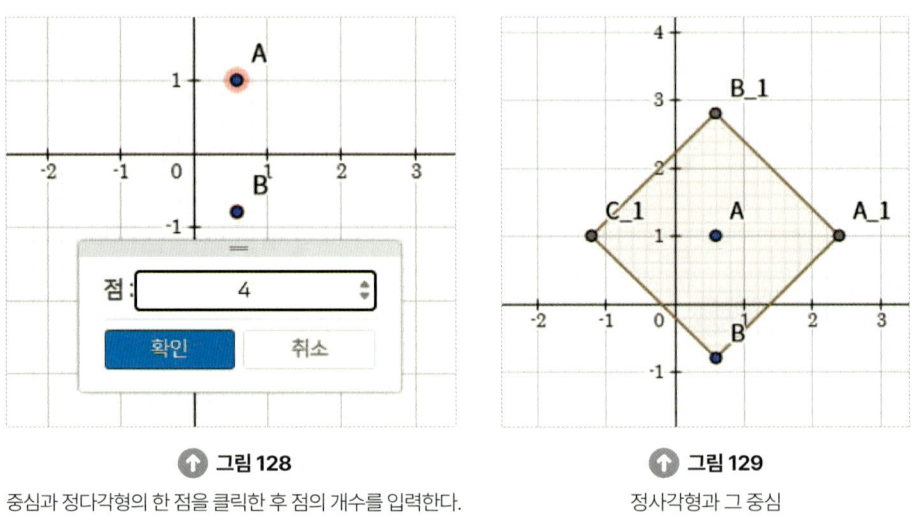

⬆ 그림 128
중심과 정다각형의 한 점을 클릭한 후 점의 개수를 입력한다.

⬆ 그림 129
정사각형과 그 중심

선분을 클릭하면 선분의 속성을, 내부를 클릭하면 내부의 속성을 변경할 수 있다. 방법은 앞에서 언급하였으므로 여기서는 설명을 생략한다.

> 대수 창에 '$lrpoly(point1, point2, number)$' (또는 '$cprpoly(number, point1, point2)$')을 입력하면 $point1$을 정다각형의 중심으로 하고, $point2$를 정다각형의 한 꼭짓점으로 하는 정다각형을 생성할 수도 있다.

4) 주어진 크기의 각

각은 한 점에서 그은 두 반직선이 이루는 도형이고, 알지오매스를 이용하면 기하 창에서 두 점만 클릭해도 원하는 크기의 각을 생성할 수 있다.

예를 들어, 시계 방향으로 60°의 각을 생성해 보자.

'주어진 크기의 각 도구'가 선택된 상태에서 기하 창에 두 점을 클릭하면 그림130과 같이 각도와 방향을 설정할 수 있는 창이 뜬다. 60을 입력하고 시계 방향으로 설정한 후 확인 버튼을 클릭하면 그림131과 같이 각이 생성된다.

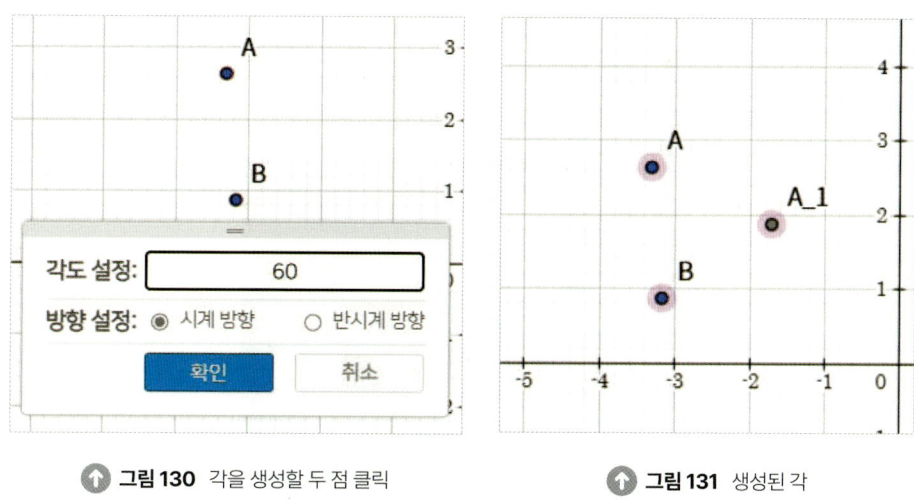

⬆ **그림 130** 각을 생성할 두 점 클릭   ⬆ **그림 131** 생성된 각

세 점으로 이루어진 것이므로 속성을 변경할 때 자취를 설정할 수 있는 대신, 패턴은 설정할 수 없다.

2.2 기하 도구

2.2.6 측정 및 이동 그룹 소개

측정 및 이동 도구는 다양한 기하학적 객체의 길이, 각도, 넓이 등을 측정하고 객체를 이동시키거나 대칭, 회전, 평행이동 등을 수행할 수 있는 기능을 제공한다. '길이', '각도', '넓이' 도구는 도형의 정확한 수치적 정보를 제공하여 수학적 분석과 이해를 돕는다.

또한, '점대칭', '선대칭', '회전', '평행이동' 도구를 활용하면 도형을 다양한 방식으로 변형할 수 있으며, '점을 중심으로 확대' 기능은 도형의 크기를 중심점을 기준으로 조정할 수 있도록 해 준다. 이러한 기능들은 복잡한 기하학적 문제를 해결하거나 시각적 이해를 돕는 데 매우 유용하다.

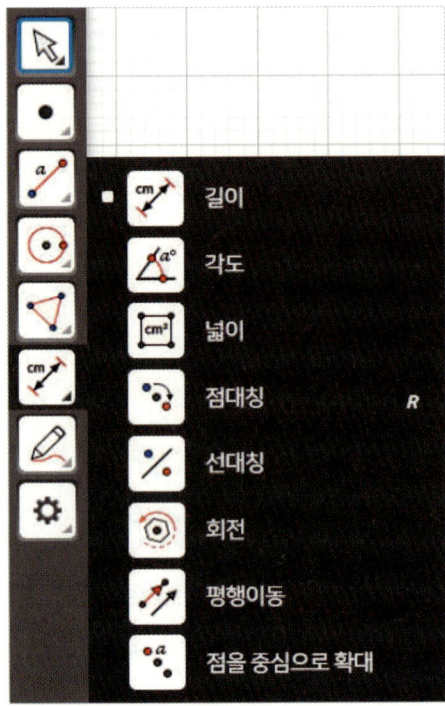

⬆ 그림 132 측정 및 이동 도구

	길이	두 점 사이의 거리를 구하거나, 선분, 도형, 원과 같은 평면 도형의 길이를 측정한다.
	각도	세 점을 선택하여 각도를 측정한다. 첫 번째 기준점을 선택하고 나머지 두 개의 점으로 각의 방향을 설정할 수 있다.
	넓이	2차원 공간에서 도형이나 원 같은 도형의 넓이를 측정할 수 있다. 면적을 구하고자 하는 도형의 내부를 선택하면 면적이 나타나고 원의 경우 원의 둘레를 선택하면 면적이 나타나게 된다.
	점대칭	주어진 도형이 선택한 기준점을 중심으로 대칭 이동되어 생성된다. 관련된 대상을 삭제하면 대칭된 도형도 같이 삭제된다.
	선대칭	주어진 도형이 선택한 기준선을 중심으로 대칭 이동되어 생성된다. 관련된 대상을 삭제하면 대칭된 도형도 같이 삭제된다.
	회전	회전시킬 대상을 선택하고 각도와 회전 방향을 설정하면 선택된 대상을 회전시킬 수 있다.
	평행이동	대상의 모양과 크기를 바꾸지 않고 일정한 방향으로 일정한 거리만큼 옮길 수 있다. 평행이동에 의해 만들어진 벡터의 점을 이동시켜 벡터의 값을 변경시키면 변경된 내용이 대상에도 적용된다.
	점을 중심으로 확대	점을 중심으로 확대할 점을 선택하고 원하는 위치를 클릭하고 확대 비율을 원하는 만큼 설정하면 선택한 점을 중심으로 확대 비율만큼 확대가 된다. 확대 비율을 슬라이더로 조절할 수 있다.

2.2 기하 도구

1) 길이

생성한 도형의 길이를 알고 싶을 때 사용하는 기능으로 선분의 길이, 도형의 변의 길이, 원의 둘레의 길이 등을 측정할 때 사용한다. 여기서는 두 점 사이의 거리, 선분의 길이, 도형의 변의 길이, 원의 둘레 길이를 측정한다.

(1) 두 점 사이의 거리를 측정할 때
기하 창에 두 점을 생성한 후 길이 도구가 선택된 상태에서 설정한 두 점을 클릭하여 거리를 알 수 있다.

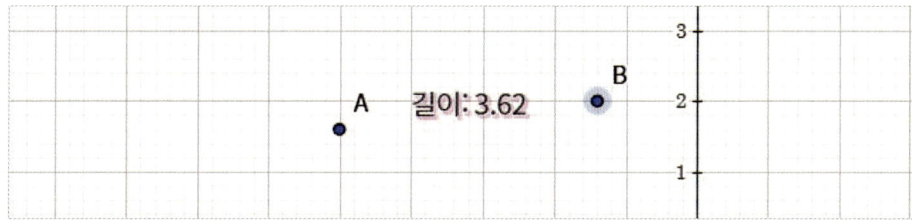

⬆ **그림 133** 두 점 사이의 거리

2.2 기하 도구

(2) 선분의 길이를 측정할 때

기하 창에 선분을 생성한 후 길이 도구가 선택된 상태에서 생성한 선분을 클릭하여 그 길이를 알 수 있다.

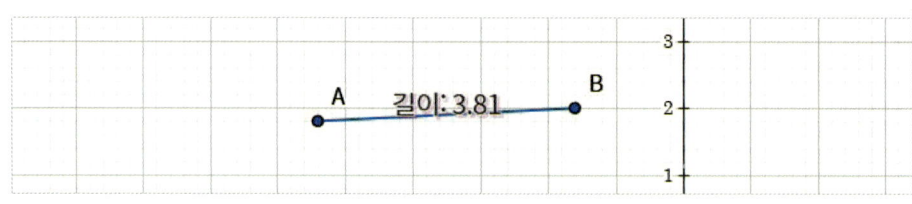

⬆ **그림 134** 선분의 길이

(3) 도형의 변의 길이를 측정할 때

기하 창에 다각형을 생성한 후 길이 도구가 선택된 상태에서 생성한 다각형의 선분을 클릭하여 그 길이를 알 수 있다. 정다각형은 방법이 같으므로 생략한다.

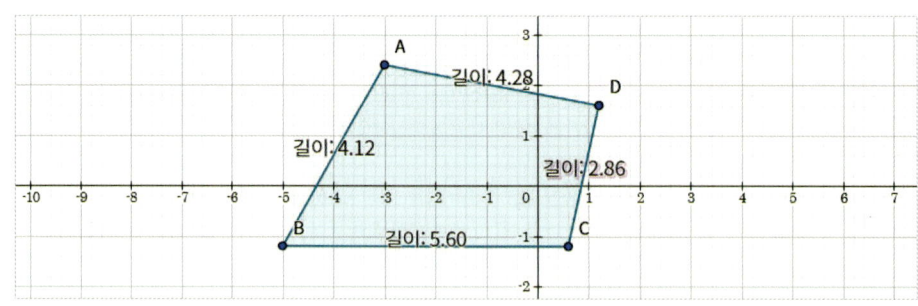

⬆ **그림 135** 다각형의 변의 길이

(4) 원의 둘레 길이를 측정할 때

기하 창에 원을 생성한 후 길이 도구가 선택된 상태에서 생성한 원의 둘레를 클릭하여 그 길이를 알 수 있다.

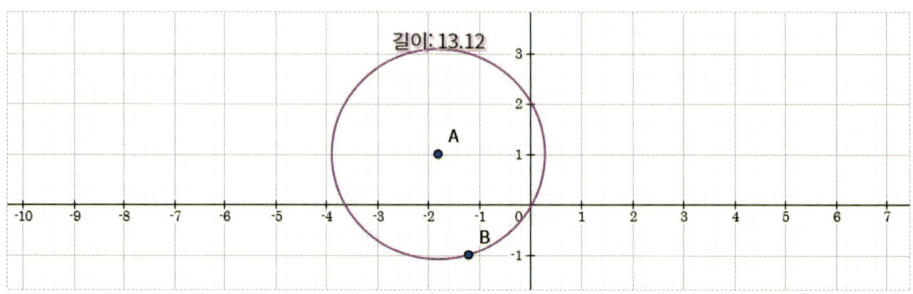

⬆ **그림 136** 원의 둘레의 길이

길이는 기하 창에 텍스트로 출력되지만, 대수 창에도 출력되므로 대수 창이 더 편한 사용자들은 대수 창을 확인해도 된다.

2) 각도

세 점 사이 또는 도형의 각도를 알고 싶을 때 사용하는 기능으로 방법은 2가지이다.

(1) 세 점 사이의 각도를 측정할 때

각도 도구가 선택된 상태에서 두 점을 클릭하면 그림137과 같이 각도를 설정할 수 있다. 설정할 각도에 맞게 세 번째 점을 클릭해야 하는데, 점을 클릭할 때 내각을 측정하려면 시계 방향으로, 외각을 측정하려면 시계 반대 방향으로 세 점을 클릭한다. 세 점을 클릭하고 나면 그림138과 같이 각도가 텍스트로 출력된다.

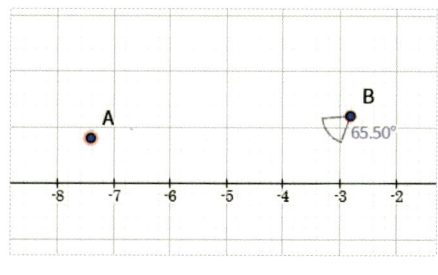

↑ **그림 137** 두 점 클릭

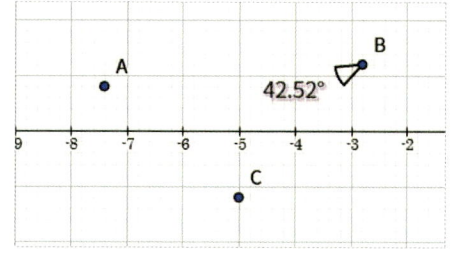

↑ **그림 138** 세 점이 이루는 각

(2) 도형의 각도를 측정할 때

도형을 생성한 후 내각 또는 외각의 크기를 알아야 할 때가 있다. 방법은 점의 내각, 외각을 측정하는 방법과 같다.

예를 들어, 정오각형을 살펴보자.
정오각형을 생성한 후 각도 도구가 선택된 상태에서 세 점을 시계 방향으로 클릭하면 그림139와 같이 내각의 크기가, 시계 반대 방향으로 클릭하면 그림140과 같이 외각의 크기가 텍스트로 출력된다.

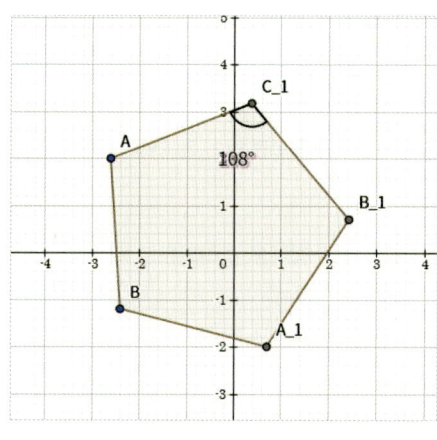

↑ **그림 139** 시계 방향

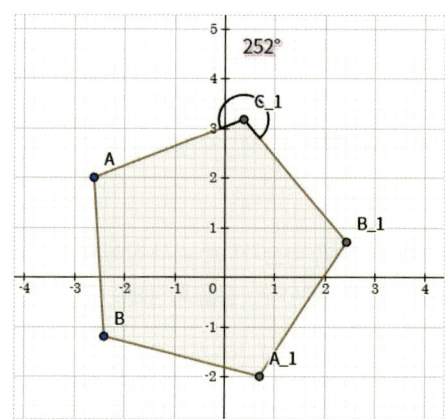

↑ **그림 140** 시계 반대 방향

2.2 기하 도구

각도도 길이와 마찬가지로 기하 창에 텍스트로 출력되지만, 대수 창에도 출력되므로 대수 창이 더 편한 사용자들은 대수 창을 확인해도 된다.

> 각도를 측정할 때 점을 선택하는 순서는 예각 기준으로 시계 방향 순이다. 예를 들어 점 A → 점 C → 점 B를 차례대로 선택하면 위에 그린 삼각형의 내각 C를 측정할 수 있다.

3) 넓이

도형의 넓이를 알고 싶을 때 사용하는 기능으로 여기서는 다각형의 넓이와 원의 넓이를 알아보자.

다각형은 다각형을 생성한 후 넓이 도구가 선택된 상태에서 다각형의 내부를 클릭하면 그림141과 같이 그 넓이를 알 수 있고, 원은 원을 생성한 후 넓이 도구가 선택된 상태에서 그 둘레를 클릭하면 그림142와 같이 넓이를 알 수 있다.

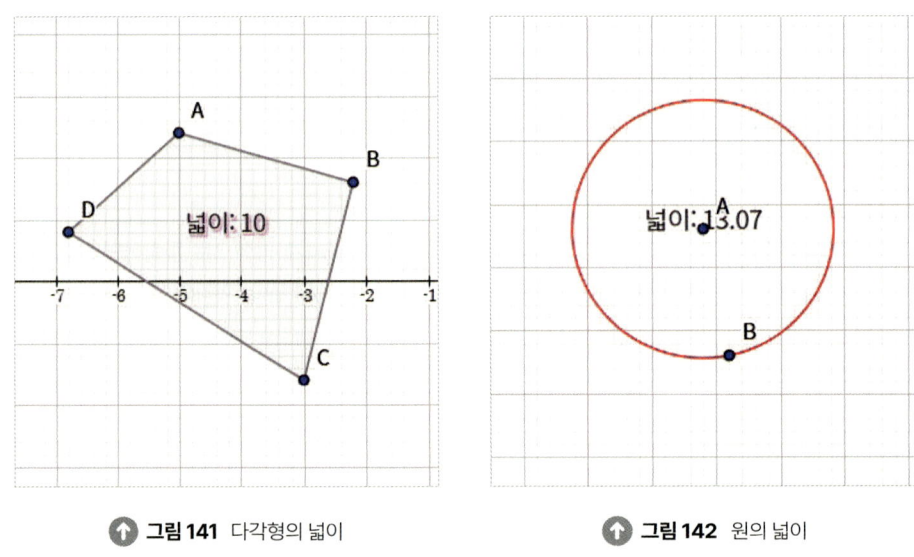

↑ **그림 141** 다각형의 넓이   ↑ **그림 142** 원의 넓이

넓이도 길이와 마찬가지로 기하 창에 텍스트로 출력되지만, 대수 창에도 출력되므로 대수 창이 더 편한 사용자들은 대수 창을 확인해도 된다.

4) 점대칭 (단축키 R)

점대칭은 대칭시키려고 하는 점 또는 도형을 기준점을 중심으로 180° 회전했을 때 완전히 겹치는 것이며 이때 기준점을 대칭의 중심이라고 한다.

여기서는 점과 도형을 점대칭시켜 보겠다.

(1) 점을 점대칭시킬 때

기하 창에 점을 생성한 후 점대칭 도구가 선택된 상태에서 생성한 점과 대칭의 중심이 되는 점을 클릭하면 그림143과 같이 점대칭 이동한 점이 생성된다.

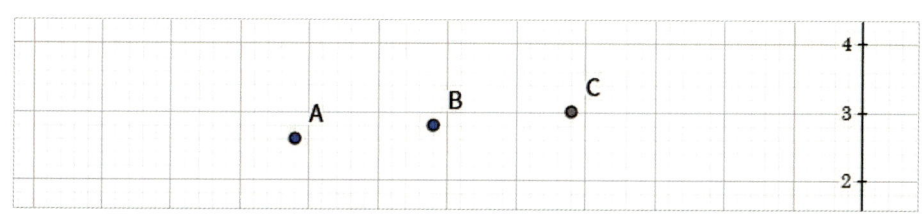

⬆ **그림 143** 점 A를 점 B에 대칭 이동한 점 C

(2) 도형을 점대칭시킬 때

기하 창에 도형을 생성한 후 점대칭 도구가 선택된 상태에서 생성한 도형과 대칭의 중심이 되는 점을 클릭하면 그림144와 같이 점대칭 이동한 도형이 생성된다. 원은 도형과 방법이 같으므로 설명을 생략한다.

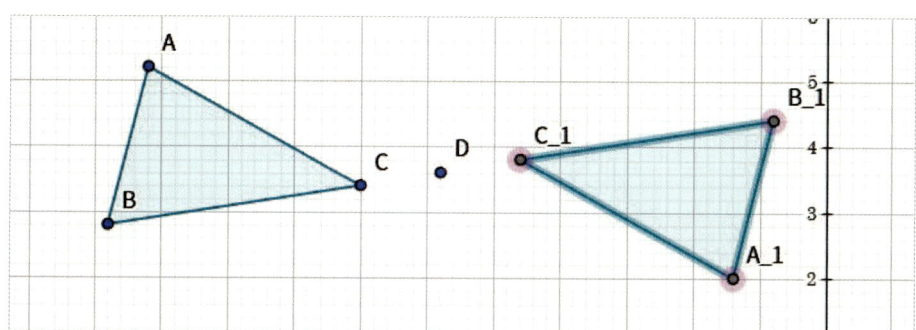

⬆ **그림 144** 삼각형 ABC를 점 D에 대칭시켰다.

점대칭을 수행한 도형을 삭제하면 대칭시킨 다른 객체도 같이 삭제된다.

2.2 기하 도구

5) 선대칭

선대칭은 대칭시키려고 하는 점 또는 도형을 기준이 되는 직선을 중심으로 이동했을 때 완전히 겹치는 것이며 이때 기준이 되는 선을 대칭축이라고 한다. 여기서는 점과 도형을 선대칭시켜 보겠다. 점대칭과의 차이점은 기준이 되는 선을 먼저 정해야 한다는 것이다.

(1) 점을 직선에 대해 대칭이동 할 때

기하 창에 점을 생성한 후 선대칭 도구가 선택된 상태에서 생성한 점과 직선을 차례로 클릭하면 그림145와 같이 선대칭시킨 점이 생성된다.

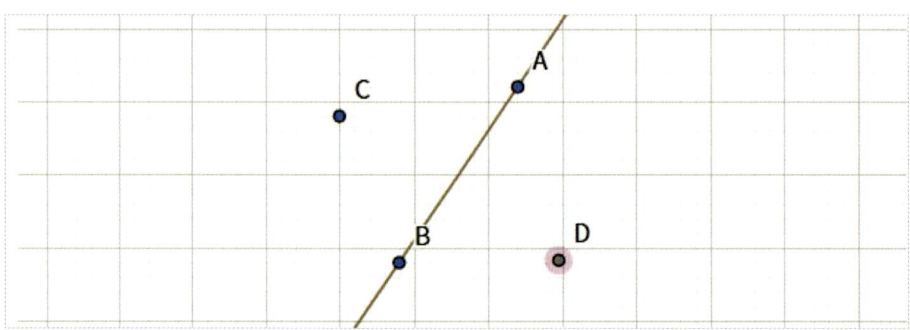

⬆ **그림 145** 점 C를 직선 AB에 대칭 이동한 점 D

(2) 도형을 직선에 대해 대칭이동 할 때

기하 창에 도형을 생성한 후 선대칭 도구가 선택된 상태에서 도형과 직선을 차례로 클릭하면 그림146과 같이 선대칭시킨 도형이 생성된다. 원은 도형과 방법이 같으므로 설명을 생략한다.

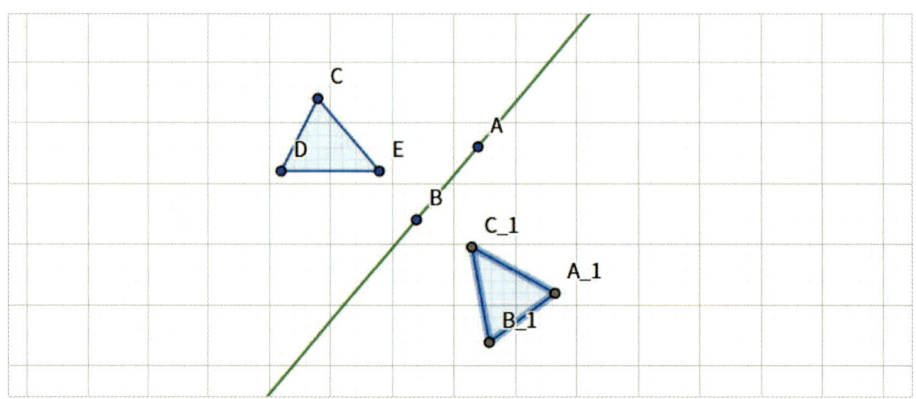

⬆ **그림 146** 삼각형 CDE를 직선 AB에 대해 대칭이동한 삼각형

점대칭과 마찬가지로 선대칭을 수행한 도형을 삭제하면 대칭시킨 다른 객체도 같이 삭제된다.

6) 회전

선 또는 닫힌 도형을 회전시킬 때 사용하는 기능으로 여기서는 선분과 도형을 회전시켜 보겠다.

예를 들어, 선분과 도형을 시계 방향으로 45°만큼 회전시켜 보자.

(1) 선분을 회전시킬 때

회전시킬 선분을 생성한 후 회전 도구가 선택된 상태에서 기준점을 클릭하면 그림147과 같은 창이 생성된다. 이 창에 각도 45°와 시계 방향으로 설정한 후 확인 버튼을 클릭하면 그림148과 같이 선분이 회전한다.

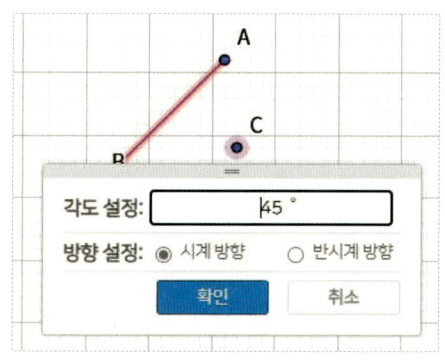

↑ **그림 147** 회전시킬 각도, 방향 설정

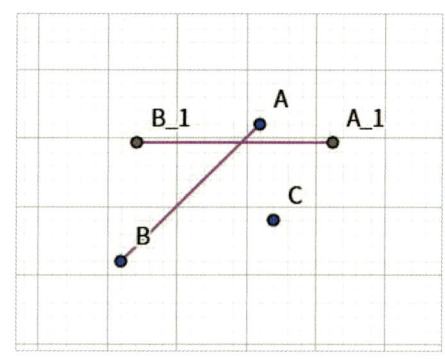

↑ **그림 148** 선분이 회전하였다.

(2) 도형을 회전시킬 때

회전시킬 도형을 생성한 후 회전 도구가 선택된 상태에서 기준점을 클릭하면 그림149와 같은 창이 생성된다. 이 창에 각도 45°와 시계 방향으로 설정한 후 확인 버튼을 클릭하면 그림150과 같이 도형이 회전한다.

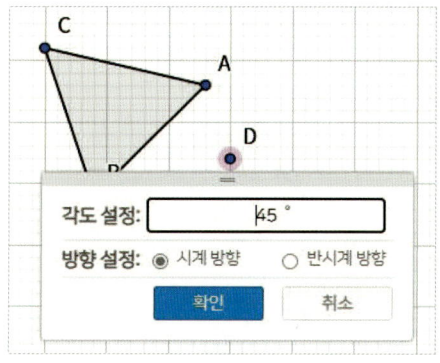

↑ **그림 149** 회전시킬 각도, 방향 설정

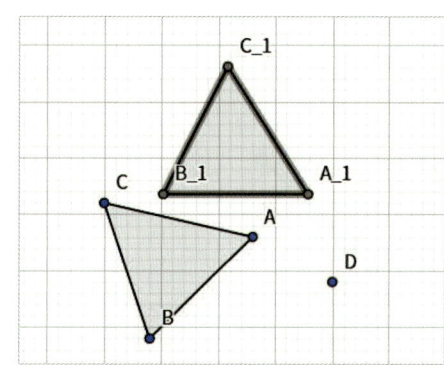

↑ **그림 150** 삼각형이 회전하였다.

2.2 기하 도구

7) 평행이동

평행이동은 점, 선, 원, 도형을 같은 방향으로, 같은 거리만큼 이동시키는 것이며 그 모양이 변하지 않는다.

여기서는 점, 선분, 도형을 평행이동 해보겠다. 평행이동을 하려면 평행이동을 할 수 있는 객체인 벡터가 생성되어야 한다. 원은 도형과 방법이 같으므로 설명을 생략한다.

(1) 점을 평행이동할 때

우선 평행이동할 점과 객체인 벡터를 그림151과 같이 생성한다. 평행이동 도구가 선택된 상태에서 점과 벡터를 순서대로 클릭하면 그림152와 같이 점이 평행이동한다.

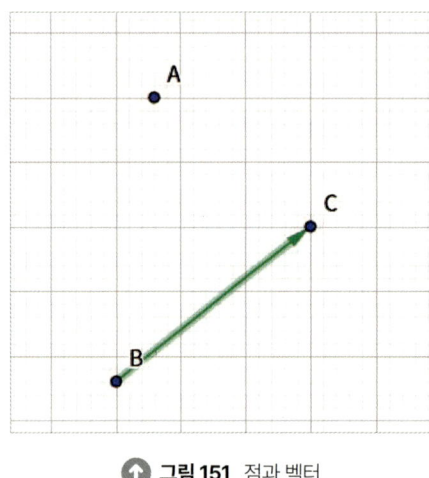

⬆ **그림 151** 점과 벡터

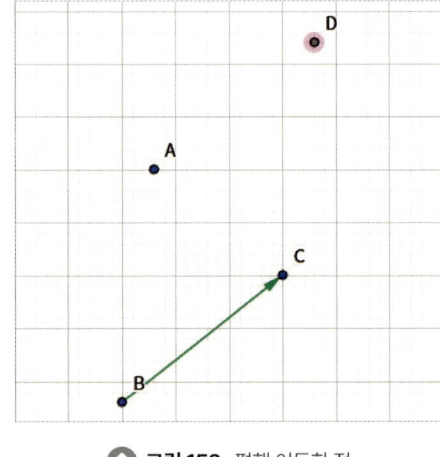

⬆ **그림 152** 평행 이동한 점

(2) 선분을 평행이동할 때

우선 평행이동할 선분과 객체인 벡터를 그림153과 같이 생성한다. 평행이동 도구가 선택된 상태에서 선분과 벡터를 순서대로 클릭하면 그림154와 같이 선분이 평행이동한다.

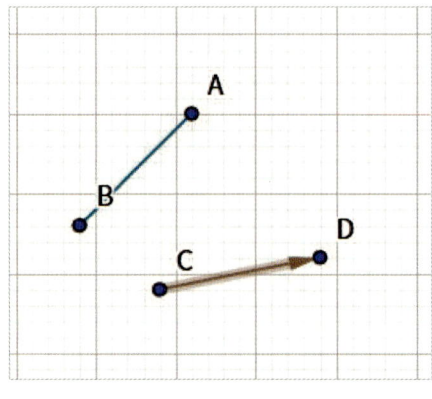

⬆ **그림 153** 선분과 벡터

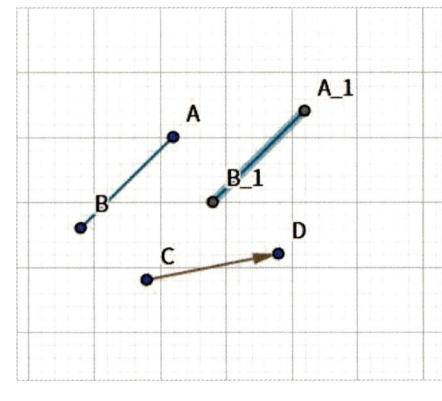

⬆ **그림 154** 평행이동한 선분

2.2
기하 도구

(3) 도형을 평행이동할 때
우선 평행이동할 도형과 객체인 벡터를 그림155와 같이 생성한다. 평행이동 도구가 선택된 상태에서 도형과 벡터를 순서대로 클릭하면 그림156과 같이 도형이 평행이동한다.

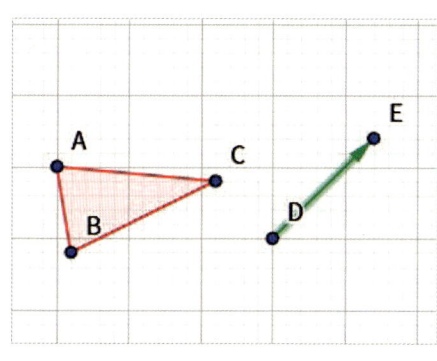

⬆ **그림 155** 도형과 벡터

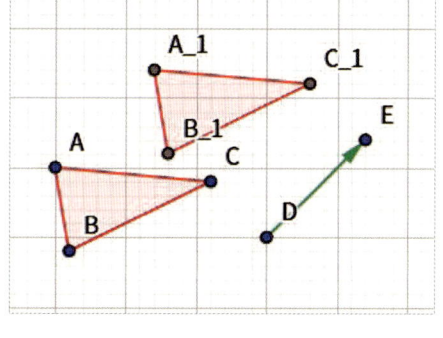

⬆ **그림 156** 평행이동한 도형

8) 점을 중심으로 확대/축소
닮음은 도형의 모든 각을 보존하며 모든 거리를 일정한 비율로 확대/축소하는 것이다. 따라서 모양의 크기는 달라질 수 있어도 그 모양 자체는 변하지 않는다.

예를 들어, 선분과 도형을 각각 2배로 확대해 보자. 원은 도형과 방법이 같으므로 생략한다.

(1) 선분을 확대/축소할 때
생성된 선분과 점을 중심으로 확대/축소 도구가 선택된 상태에서 기준이 되는 점을 클릭하면 그림157과 같이 확대 비율 창이 생성된다. 여기에 확대 비율 2를 입력한 후 확인 버튼을 클릭하면 그림158과 같이 비율에 맞게 확대된 선분이 생성된다.

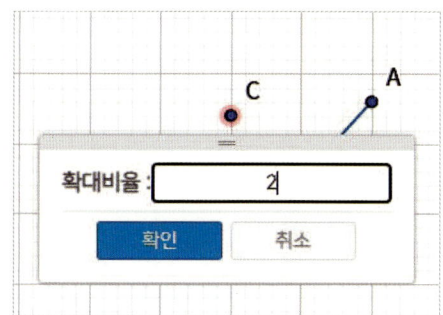

⬆ **그림 157** 확대 비율을 입력한다.

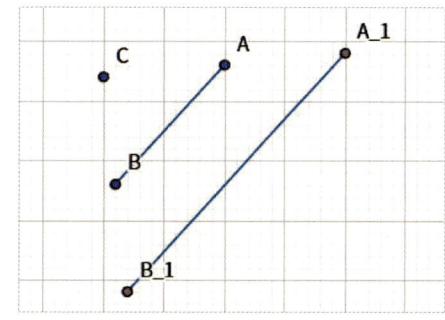

⬆ **그림 158** 선분이 확대되었다.

2.2
기하 도구

(2) 도형을 확대/축소할 때

생성된 도형과 점을 중심으로 확대/축소 도구가 선택된 상태에서 기준이 되는 점을 클릭하면 그림159와 같이 확대 비율 창이 생성된다. 여기에 확대 비율 2를 입력한 후 확인 버튼을 클릭하면 그림160과 같이 비율에 맞게 확대/축소된 도형이 생성된다.

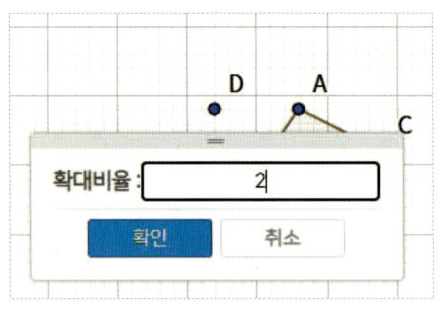

⬆ **그림 159** 확대 비율을 입력한다.

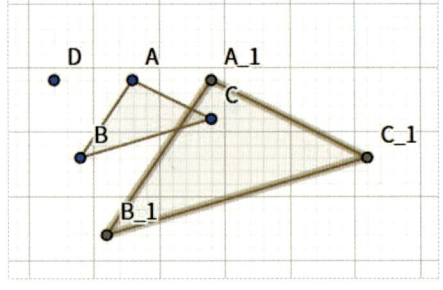

⬆ **그림 160** 도형이 확대되었다.

이번에는 앞에서 배운 슬라이더를 활용해 보자.

그림161과 같이 슬라이더를 생성한다. 점을 중심으로 확대 / 축소 도구가 선택된 상태에서 확대 비율을 슬라이더의 이름으로 설정하면 슬라이더를 이용하여 확대 비율을 조정할 수 있다. 이때, 확대 비율이 음수가 되면 앞에서 배운 점대칭과 비슷한 형태가 되며, 확대 비율이 -1일 때는 점대칭도형이 된다.

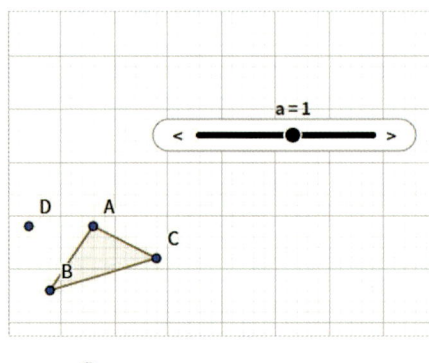

⬆ **그림 161** 슬라이더를 생성한다.

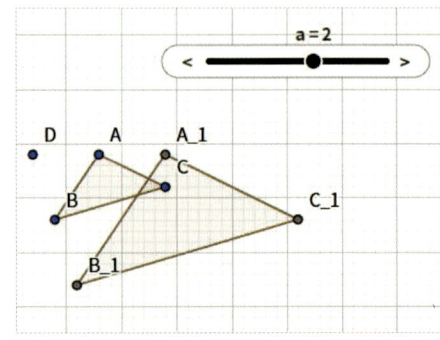

⬆ **그림 162** a=2일 때의 모습

2.2.7 꾸미기 그룹 소개

꾸미기 그룹 도구는 생성한 도형에 대한 시각적 표현을 다양하게 꾸밀 수 있는 기능들을 제공한다. 기하 도구의 아래에서 두 번째 버튼에 마우스 포인터를 갖다 대면 5개의 기능이 있으며, 이를 '꾸미기 그룹'이라 한다. 이 기능들을 사용하여 도형의 길이, 각도, 평행선 등을 강조하거나 설명을 추가할 수 있다. 단축키는 굵은 글씨를 참조하면 된다.

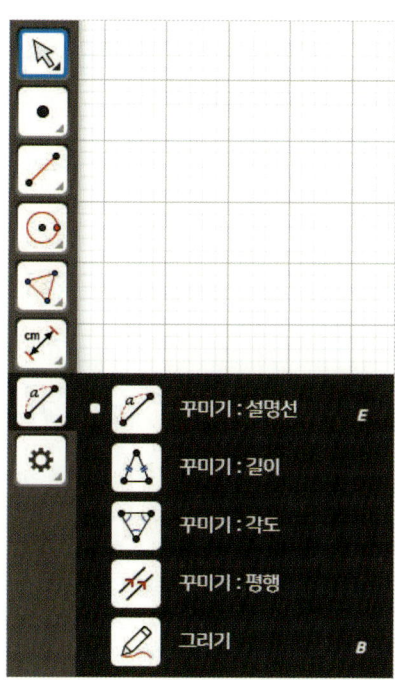

⬆ **그림 163** 꾸미기 그룹

	꾸미기: 설명선	선분을 선택하고 원하는 방향으로 드래그하면 설명 선을 추가할 수 있다. 선 모양 변경, 선 굵기, 투명도 등을 변경할 수 있다.
	꾸미기: 길이	선분 위에 다양한 표식을 추가할 수 있는 기능이다.
	꾸미기: 각도	도형에서의 세 점을 선택하여 각도를 표시해 주는 기능이다. 기본값은 점 형태로 나타나게 되며, 설정 옵션에서 점이 아닌 선으로도 표시가 가능하다. 또한 두 개의 선분이 90도를 이룰 때는 직각으로 표시된다.
	꾸미기: 평행	선분에 평행을 표시할 때 사용하는 기능이다. 설정 옵션으로 방향을 전환할 수 있다.
	그리기	펜을 통해 자유롭게 그릴 수 있는 기능이다. 마우스를 드래그하여 그릴 수 있다.

2.2 기하 도구

1) 꾸미기 : 설명선 (단축키 : E)

꾸미기 그룹은 생성한 도형에 길이 또는 넓이 등을 꾸미고 싶을 때 사용하는 그룹이며, 그중 꾸미기 : 설명선 기능을 가장 많이 사용할 것이다.

예를 들어, 직각삼각형의 선분 길이를 설명하는 선을 그려보자.

그림164와 같이 직각삼각형 ABC를 생성하였다. 이 직각삼각형에서 $\overline{AC}$의 길이를 미지수로 놓고 싶을 때 '꾸미기 : 설명선 도구'가 선택된 상태에서 $\overline{AC}$를 클릭하여 설명 선을 표시하려는 영역까지 마우스를 이동하면 그림165와 같이 설명 선과 함께 미지수 x가 생성된다.

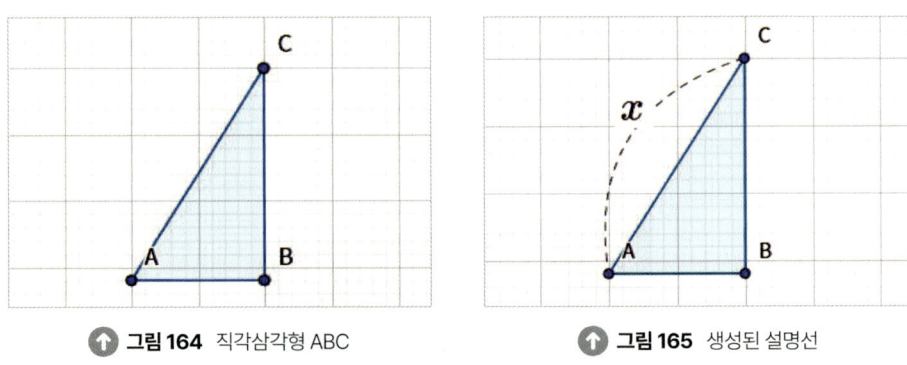

⬆ **그림 164** 직각삼각형 ABC   ⬆ **그림 165** 생성된 설명선

그림165에서 x를 클릭하면 수식 입력 창이 생성되고 원하는 대로 텍스트를 변경할 수 있으며, 이때 LaTeX 문법도 사용할 수 있다. 또한 점선으로 된 설명 선을 클릭하여 선 모양, 선 굵기, 투명도 설정할 수 있다.

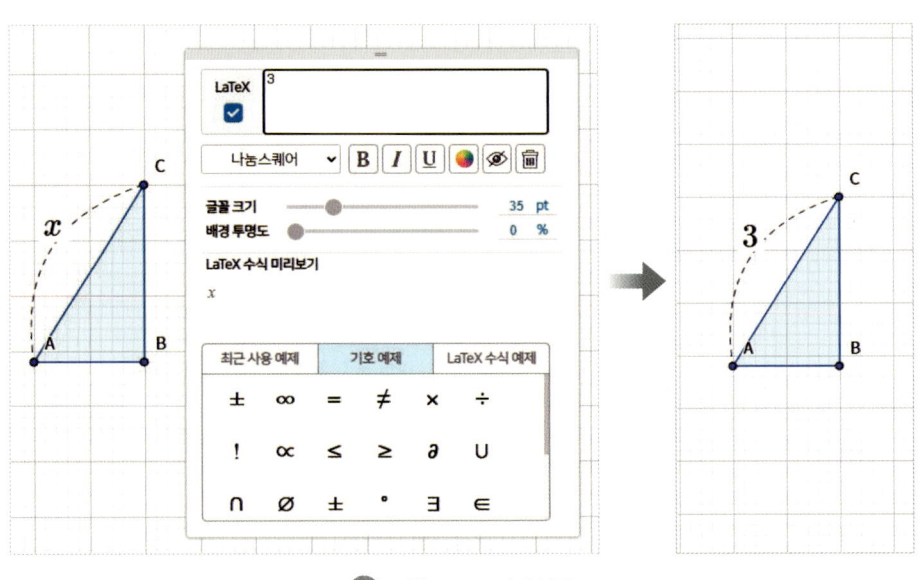

⬆ **그림 166** 꾸미기 설정

선택 도구 모음 → 선택을 클릭한 후, 가이드 선에 표시된 텍스트(x)를 클릭하면 다음과 같이 텍스트를 바꿀 수도 있다.

2) 꾸미기 : 길이

도형에서 같은 길이를 나타낼 때 사용하는 기능이다.

예를 들어, 선분의 중점과 이등변삼각형을 꾸며 보자.

먼저, 선분의 중점을 꾸며 보자.
필자가 그림167과 같이 $\overline{AB}$를 생성하고 그림168과 같이 $\overline{AB}$의 중점 C를 생성하였다.

↑ 그림 167 $\overline{AB}$

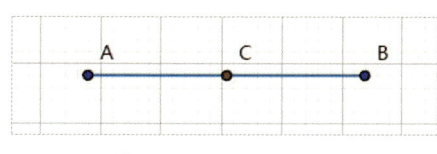

↑ 그림 168 $\overline{AB}$의 중점 C

이때, $\overline{AC}=\overline{BC}$임을 설명해야 하므로 $\overline{AC}$와 $\overline{BC}$를 추가로 생성하고 꾸미기 : 길이 도구가 선택된 상태에서 $\overline{AC}$와 $\overline{BC}$를 클릭하면 된다.

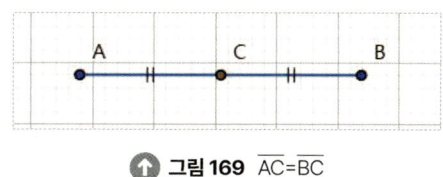

↑ 그림 169 $\overline{AC}=\overline{BC}$

다음으로 이등변삼각형의 길이가 같은 두 변을 꾸며 보자.
필자가 그림170과 같이 △ABC를 생성하였다. 이때, $\overline{AB}=\overline{AC}$가 되려면 꾸미기 : 길이 도구가 선택된 상태에서 $\overline{AB}$, $\overline{AC}$를 클릭한다

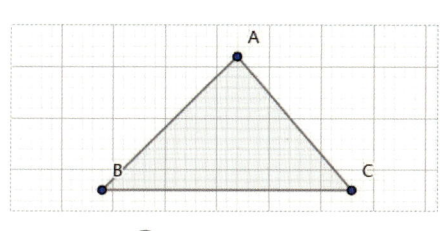

↑ 그림 170 △ABC

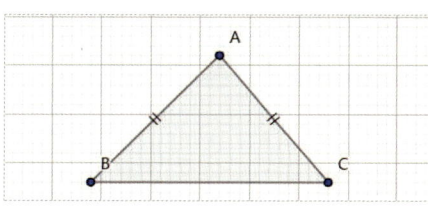

↑ 그림 171 $\overline{AB}=\overline{AC}$

2.2 기하 도구

같은 길이를 나타내는 기호도 속성을 변경할 수 있다. 속성 창은 그림172와 같고, 설명은 생략한다.

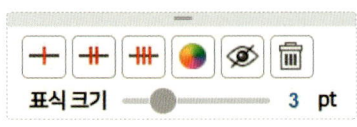

그림 172 길이 꾸미기 속성 창

3) 꾸미기 : 각도

도형에서 각도를 표시할 때 사용하는 기능이다.

예를 들어, 삼각형의 세 각을 꾸며 보자. 필자가 그림173과 같이 △ABC를 생성하였다.

'꾸미기 : 각도 도구'가 선택된 상태에서 세 점을 시계 방향으로 클릭하면 그림174와 같이 세 각을 꾸밀 수 있다.

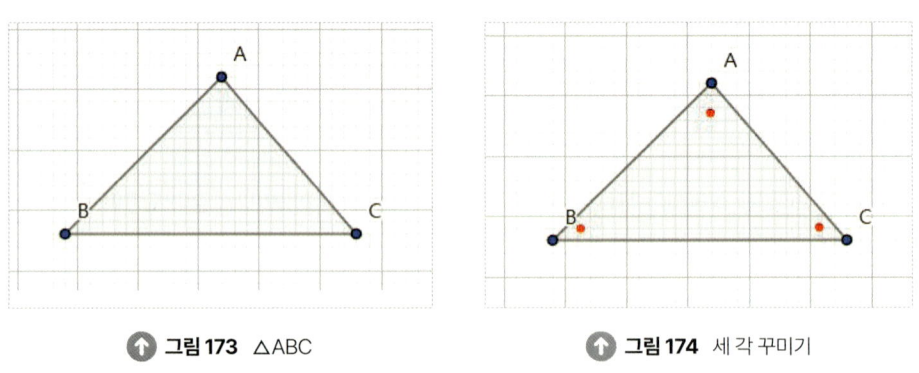

그림 173 △ABC   그림 174 세 각 꾸미기

이때, △ABC의 세 각의 크기가 모두 달라 꾸미는 기호도 다르게 해야 한다면 각각의 각을 클릭하여 기호의 속성을 변경한다. 그 속성 창은 그림175와 같고, 맨 왼쪽 기능으로 각도를 나타내는 모양을 바꿀 수 있다. 이것을 이용하면 그림176과 같이 나타내는 모양이 바뀐다. 그림175의 나머지 기능은 그림176과 같고, 표시선의 간격을 조정할 수 있다.

그림 175 각도 꾸미기 속성 창

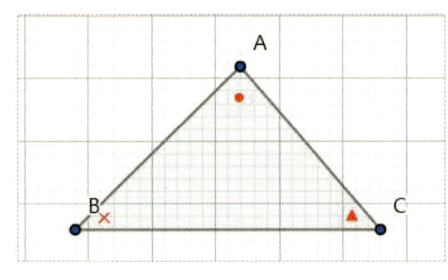

그림 176 세 각을 다르게 꾸미기

4) 꾸미기 : 평행

두 선분 또는 직선이 서로 평행하다는 것을 표시할 때 사용하는 기능으로 주로 사각형에서 사용한다.

예를 들어, 평행사변형을 꾸며 보자.

그림177과 같이 사각형 ABCD를 생성하였다. '꾸미기 : 평행 도구'가 선택된 상태에서 각 변을 클릭하면 그림178과 같다.

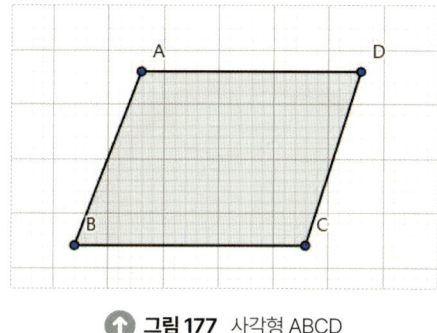
그림 177 사각형 ABCD

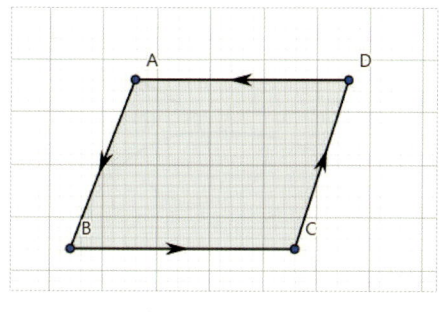
그림 178 화살표

그림178에서 $\overline{AB}$ // $\overline{DC}$, $\overline{AD}$ // $\overline{BC}$임을 알 수 있는데, 이 화살표의 방향 및 색상을 바꾸고 싶으면 각각의 화살표를 클릭하여 속성을 변경한다. 속성 창은 그림179와 같고, 이를 이용하여 속성을 바꾸면 그림180과 같다. 이때, 화살표의 방향과 색상만 변경할 수 있다.

그림 179 평행 꾸미기 속성 창

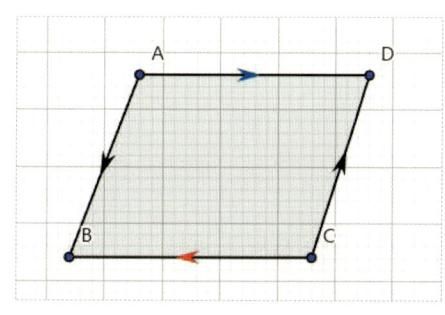
그림 180 화살표 방향이 바뀌었다.

2.2 기하 도구

2.2 기하 도구

5) 그리기 (단축키 B)

기하 창에 마치 펜으로 그림을 그리듯 자유롭게 그릴 수 있는 기능이다. 그리기 도구가 선택된 상태이면 사용할 수 있고, 속성도 펜의 스타일, 색상, 선 굵기, 투명도만 변경하면 된다.

PC 사용자는 원하는 그림을 제대로 그리지 못할 수 있으므로 스마트폰 또는 태블릿 사용자에게 조금 더 유용한 기능이다.

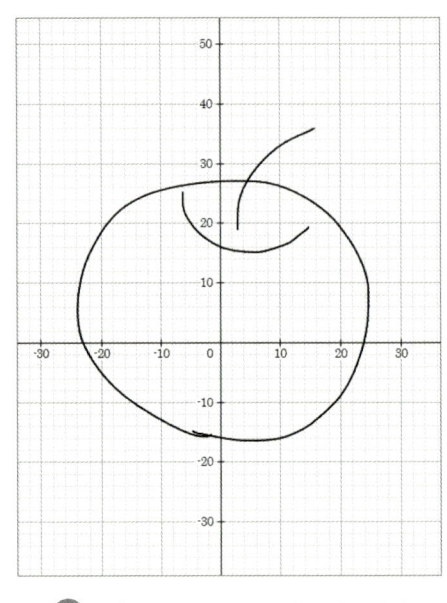

⬆ 그림 181 마우스를 활용한 그림 그리기

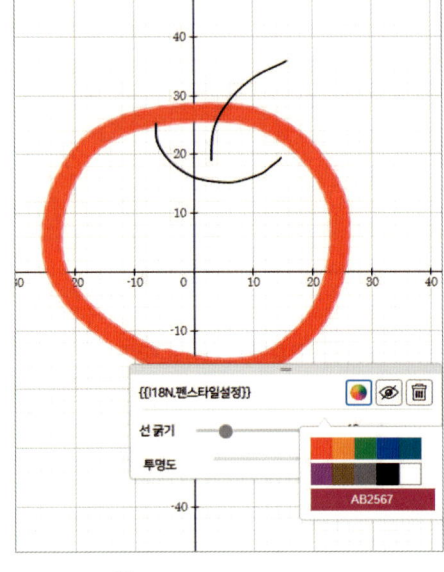

⬆ 그림 182 펜 스타일 설정

2.2.8 도구 설정 소개

도구 설정 기능은 기하 도구의 맨 아래에 있는 버튼을 클릭하여 접근할 수 있다. 이 기능을 사용하면 기하 창에 표시되는 도구들을 사용자 필요에 맞게 활성화하거나 비활성화할 수 있다. 도구 설정 창에서는 모든 도구가 기본적으로 활성화되어 있지만, 필요하지 않은 기능을 선택하여 일부만 활성화할 수 있다.

또한, 생성에 필요한 도구만 선택하여 설정을 저장한 후 알지오 문서에 삽입하면 제한된 도구를 사용하여 생성할 수 있게 된다. 이는 학습자가 특정 도구만 사용하여 문제를 해결하거나 연습할 수 있도록 유도하는 데 유용하다. 도구 설정을 통해 사용자 정의 학습 환경을 구축하고, 더욱 집중된 학습 경험을 제공할 수 있다.

2.2
기하 도구

⬆ **그림 183** 도형 도구가 모두 활성화된 도구 설정 창

여기서 필요하지 않은 기능을 선택하면 일부만 활성화된다. 또한 생성에 필요한 도구만 선택하여 저장한 후 알지오 문서에 삽입하면 제한된 도구를 사용하여 생성할 수 있다.

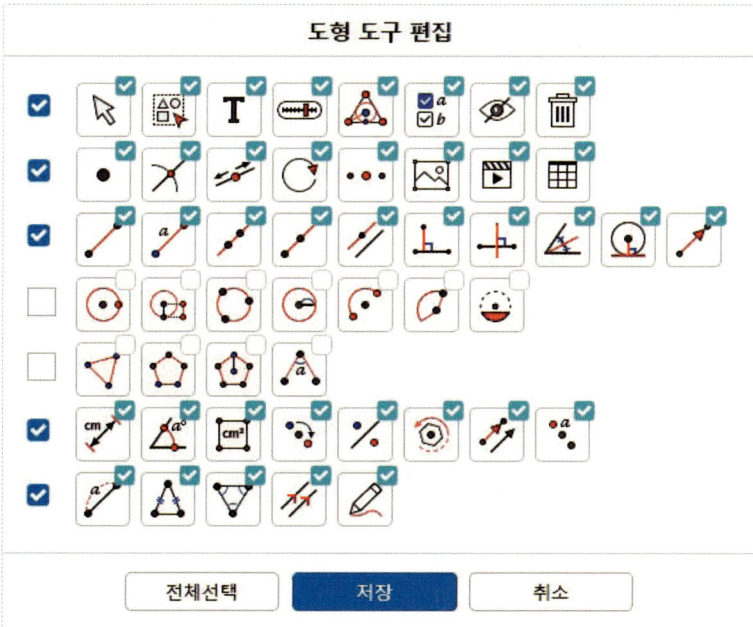

⬆ **그림 184** 도형 도구가 일부만 활성화된 도구 설정 창

2.2 기하 도구

2.2.9 도형 만들기 예제

1) 원의 넓이 구하기

한 변의 길이가 8인 정사각형에 내접하는 원의 넓이를 구해 보자.

(1) 주어진 길이의 선분 도구가 선택된 상태에서 길이가 8인 선분을 생성하고, 정다각형 도구가 선택된 상태에서 한 변의 길이가 8인 정사각형을 생성하면 그림185와 같다.

(2) 정사각형은 두 대각선의 길이가 같으므로 선분 도구가 선택된 상태에서 두 대각선을 생성한 후, 교점 도구가 선택된 상태에서 두 대각선의 교점을 생성하면 그림186과 같다.

(3) 원 : 중심과 한 점 도구가 선택된 상태에서 두 대각선의 교점을 중심으로 하고 정사각형에 내접하는 원을 생성한다.

(4) 넓이 도구가 선택된 상태에서 넓이를 구하면 그림187과 같다.

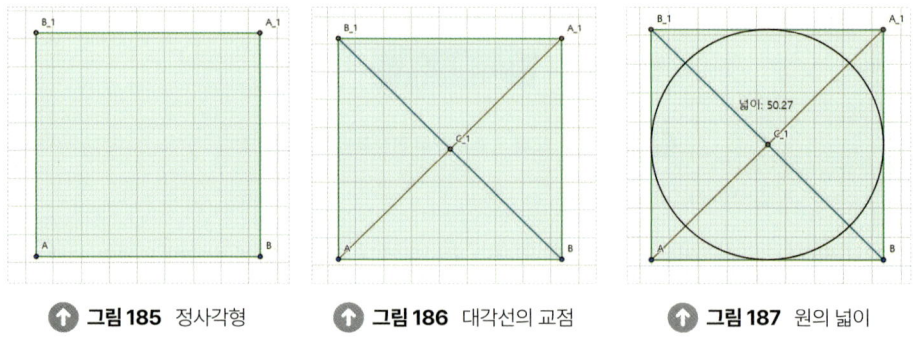

⬆ 그림 185 정사각형　　⬆ 그림 186 대각선의 교점　　⬆ 그림 187 원의 넓이

2) 부채꼴의 호의 길이, 넓이 구하기

반지름의 길이가 6이고, 중심각의 크기가 90°인 부채꼴의 호의 길이와 넓이를 구해 보자.

(1) 주어진 길이의 선분 도구가 선택된 상태에서 길이가 6인 선분을 생성하고 주어진 크기의 각 도구가 선택된 상태에서 중심각 90°를 생성한 후 부채꼴 도구가 선택된 상태에서 세 점을 이어 부채꼴을 생성하면 그림188과 같다.

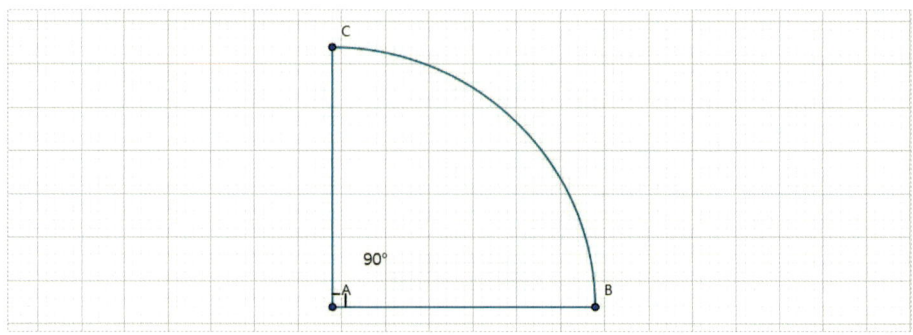

⬆ 그림 188 부채꼴

(2) 이 부채꼴을 클릭한 후 길이 도구를 선택하면 그림189와 같이 부채꼴의 호의 길이를, 넓이 도구를 선택하면 그림190과 같이 부채꼴의 넓이를 알 수 있다.

2.2
기하 도구

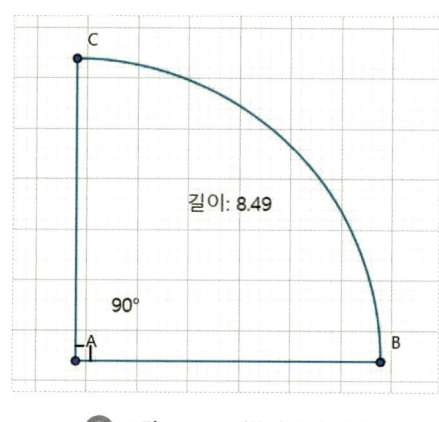

↑ 그림 189 부채꼴의 호의 길이

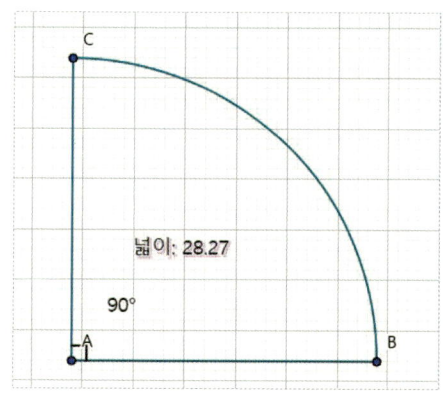

↑ 그림 190 부채꼴의 넓이

3) 삼각형의 외심과 내심 생성하기

△ABC의 외심 O와 내심 I 를 각각 나타내 보자.

  (1) 도형 도구가 선택된 상태에서 △ABC를 생성한다.
  (2) 삼각형의 외심은 세 선분의 수직이등분선의 교점이므로 수직이등분선 도구가 선택된 상태에서 각 선분의 수직이등분선을 생성하면 그림191과 같다.
  (3) 교점 도구가 선택된 상태에서 세 수직이등분선을 선택하면 교점이 생성된다. 교점을 점O 로 수정하면 그림192와 같다.

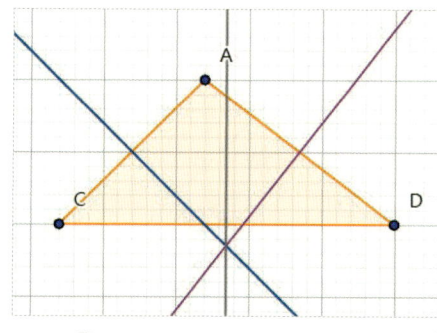

↑ 그림 191 세 선분의 수직이등분선

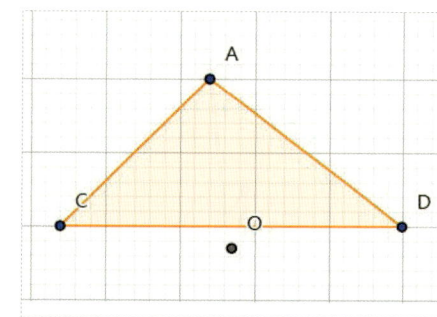

↑ 그림 192 △ABC의 외심 O

2.2
기하 도구

(4) 삼각형의 내심은 세 각의 이등분선의 교점이므로 각의 이등분선 도구가 선택된 상태에서 각 각의 각의 이등분선을 생성하면 그림193과 같다.

(5) 교점 도구가 선택된 상태에서 세 각의 이등분선을 선택하면 교점이 생성된다. 교점을 점I 로 수정하면 그림194와 같다.

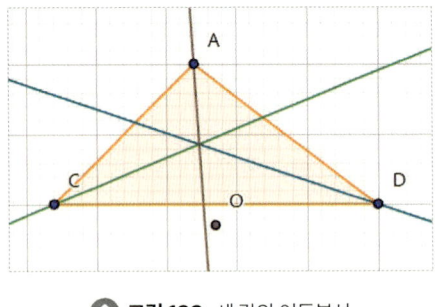

⬆ **그림 193** 세 각의 이등분선

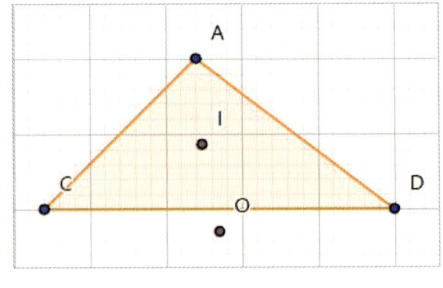

⬆ **그림 194** △ABC의 내심 I

4) 한 원에서 원주각의 크기와 중심각의 크기 사이의 관계
한 원에서 원주각의 크기와 중심각의 크기 사이의 관계를 알아보자.

(1) 원 : 중심과 한 점, 주어진 크기의 각, 부채꼴 도구를 이용하여 부채꼴을 생성한다.
(2) '대상 위의 점 도구'가 선택된 상태에서 원 위의 한 점을 선택하고, 선분 도구가 선택된 상태에서 두 점을 연결한 후 각도 도구를 이용하면 원주각의 크기는 중심각의 크기에 정비례한다는 것을 알 수 있다.

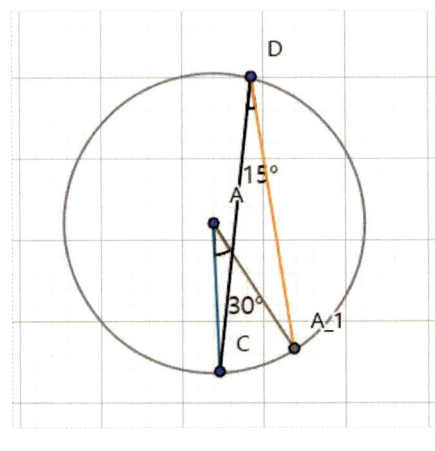

⬆ **그림 195** 중심각과 원주각

⬆ **그림 196** 중심각의 크기가 2배이다.

5) 벡터의 크기 구하기

두 점 A(1, 1), B(4, 5) 사이의 벡터 $\vec{AB}$의 크기를 구해 보자.

(1) 대수 창에 두 점의 좌표를 입력하고 점을 A, B로 꾸민 후 벡터 도구가 선택된 상태에서 $\vec{AB}$를 생성한다.

(2) 벡터의 크기는 두 점을 이은 선분의 길이와 같으므로 길이 도구가 선택된 상태에서 두 점 A, B를 클릭하면 $\vec{AB}$의 크기를 알 수 있다.

2.2
기하 도구

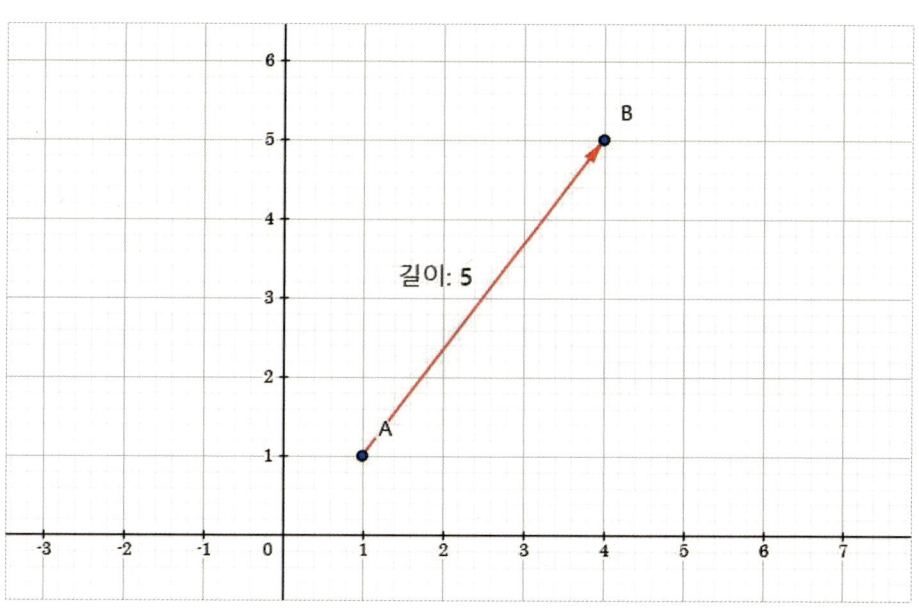

⬆ **그림 197** $\vec{AB}$의 크기

2.3 대수 도구

2.3.1 대수 도구 소개

대수 도구는 수학적 표현과 계산을 효율적으로 다룰 수 있는 강력한 도구로, 다양한 수식과 함수를 직관적으로 처리할 수 있다. 대수 창을 통해 사용자는 도구 기능에서 생성된 객체들을 관리하고, 변숫값의 수정, 범위 지정, 복잡한 수식을 작성할 수 있다. 특히, 수식 편집기와 다양한 필터 기능을 활용하면 도구 기능에서 처리하기 어려운 고급 수학적 계산도 손쉽게 해결할 수 있다.

이 단원에서는 대수 기능의 기본적인 사용 방법부터 상수, 분수, 지수, 삼각비 등의 다양한 수식 표현 방법, 그리고 함수의 정의, 연산, 그래프 꾸미기까지 단계별로 설명할 것이다. 이를 통해 사용자는 도구 기능에만 의존하지 않고, 대수 창을 통해 수식을 직접 입력하고 복잡한 수학적 계산과 그래프 작업을 효율적으로 처리할 수 있게 된다.

각각의 대수 기능을 심도 있게 다룰 예정이므로, 이 기능을 익히면 다양한 수학적 작업을 자유롭게 수행할 수 있을 것이다.

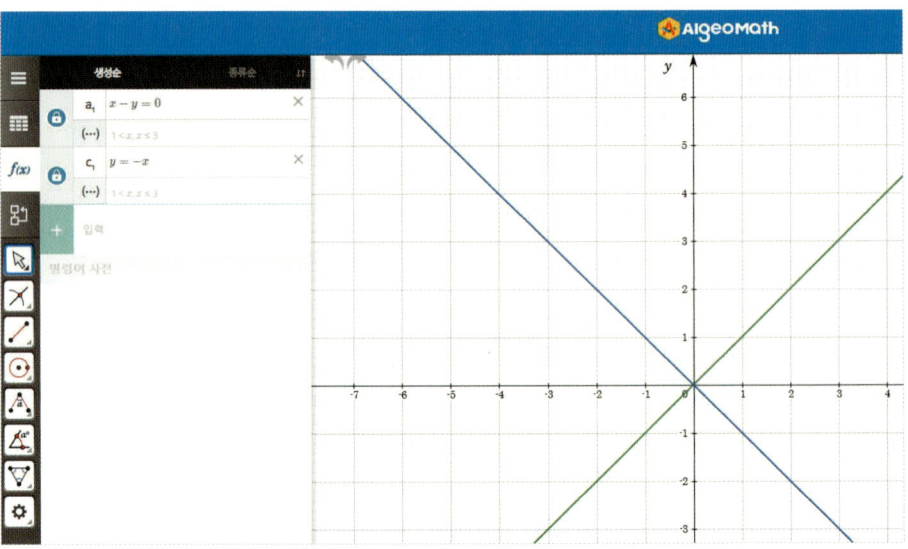

⬆ **그림 198** 대수 창을 이용한 기본적인 함수 작성

1) 입력창

입력창에 함수식, 명령어 등을 입력하면 그래프나 도형 등이 생성된다. 생성 후 아래에 새로운 입력창이 나타난다.

2.3
대수 도구

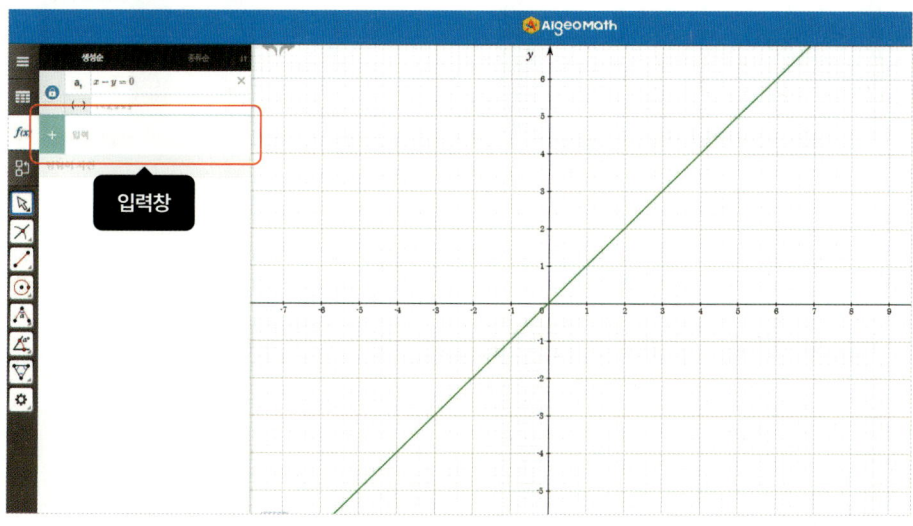

⬆ **그림 199** 입력창

2) 수식 입력기

기하 창의 왼쪽 아래에 있는 수식 입력기를 이용하여 다양한 수식을 입력할 수 있다.

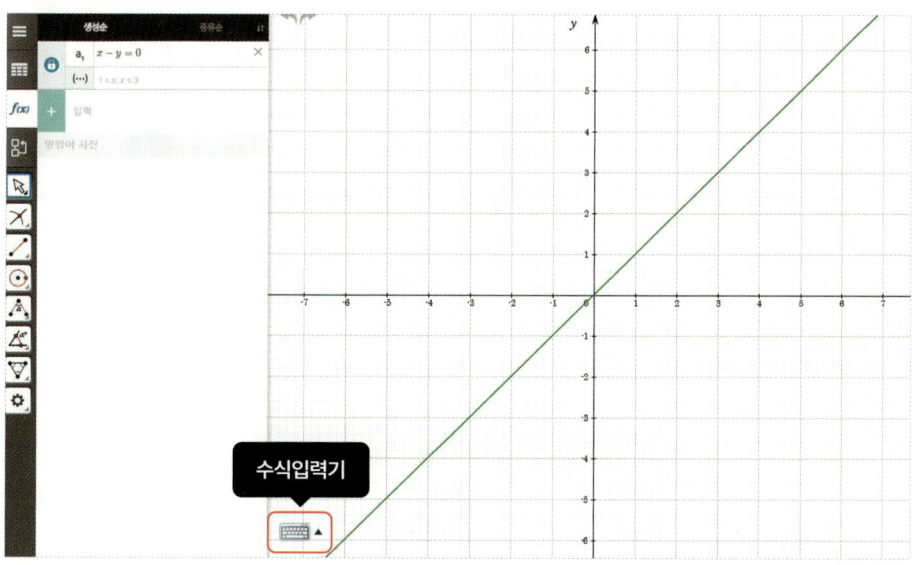

⬆ **그림 200** 수식 입력기

2.3 대수 도구

(1) 수 입력 : 수, 연산 기호, 간단한 문자 등을 입력할 수 있다.

⬆ **그림 201** 수식 입력기(수)

(2) 함수 입력 : 분수, 지수, 다양한 함수를 입력할 수 있다.

⬆ **그림 202** 수식 입력기(함수)

(3) 문자 입력 : 모든 알파벳을 입력할 수 있다.

⬆ **그림 203** 수식 입력기(문자)

3) 필터

필터를 이용하여 생성된 대상을 생성 순, 종류 순으로 정렬할 수 있다.

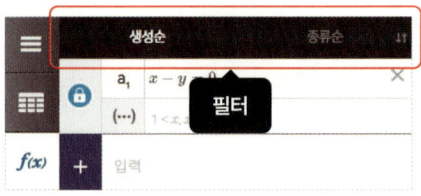

⬆ **그림 204** 필터 종류

(1) 생성 순 : 생성된 순서에 따라 대상을 정렬한다.

2.3
대수 도구

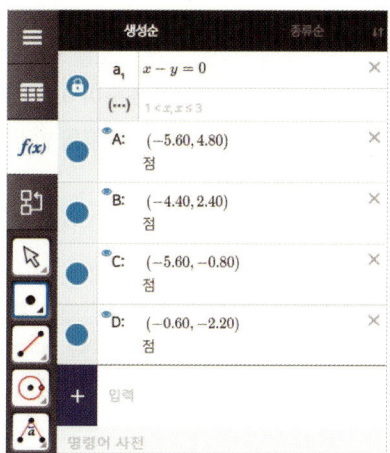

⬆ **그림 205** 생성 순으로 정렬

(2) 종류 순 : 생성된 대상을 종류별로 정렬한다. 종류는 점, 선, 원형, 도형, 기타로 총 5가지이다. 종류 순으로 정렬하면 같은 종류를 한 번에 속성 변경을 할 수 있다.

⬆ **그림 206** 종류 순 정렬

> [환경설정 > 도형]에서는 그래프나 꾸미기 표시는 속성 일괄 변경할 수 없지만 여기서는 가능하다. [환경설정 > 도형]에서는 글꼴, 점, 선, 면의 속성 일괄 변경을 할 수 있다.

2.3 대수 도구

2.3.2 대수 표현과 구성 요소

1) 객체

객체는 도구 기능이나 대수 명령어를 통해 생성된 모든 요소를 의미하며, 점, 선분, 선, 원, 도형, 텍스트 상자 등 기하 창에 표시할 수 있는 모든 형태의 요소들이 이에 해당한다. 각 객체는 고유한 이름을 가지며, 기하 창에서 선택할 수 있는 객체는 선택 후 이름을 변경할 수 있다.

↑ **그림 207** 객체의 이름과 변경

변수(슬라이더)를 제외한 모든 객체의 이름은 중복이 가능하며, 객체의 이름을 자유롭게 변경할 수 있다. 단, 변수의 이름을 변경할 경우, 기존 객체는 그대로 유지되면서 새로운 이름을 가진 객체가 추가로 생성된다. 또한, 대수 명령어에 객체의 이름을 사용하여 기존 객체와 관계를 맺는 새로운 객체를 만들 수 있으며, 동일한 이름을 가진 여러 객체에 동시에 명령어를 적용해 다수의 객체를 한 번에 생성할 수 있다.

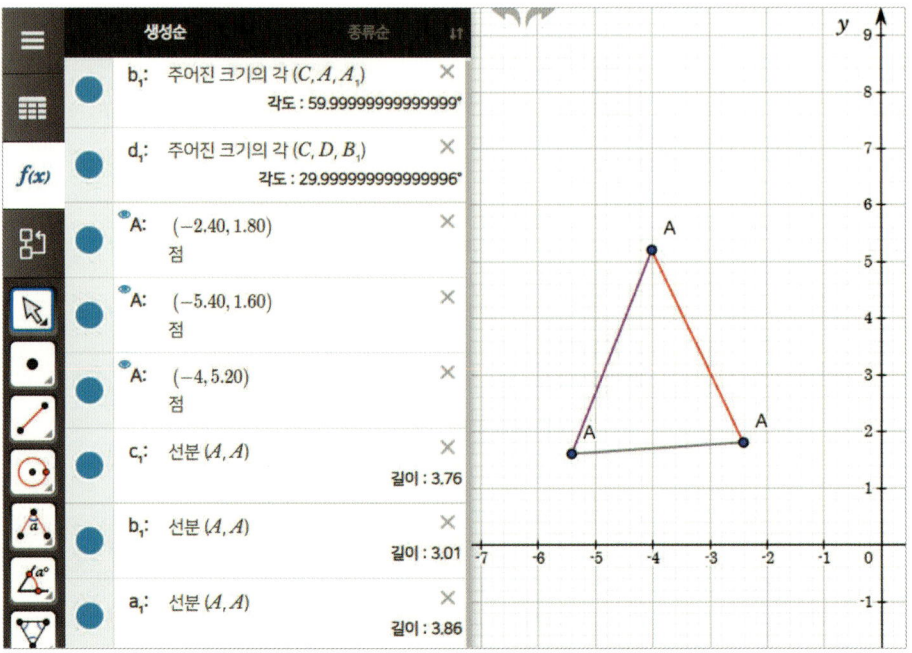

↑ **그림 208** 동일한 이름을 가진 점의 선분 예시

2.3
대수 도구

함수 객체의 경우, 정의역을 지정하려면 x의 범위를 '$(a < x < b)$' 형태로 작성하여 범위를 설정할 수 있다.

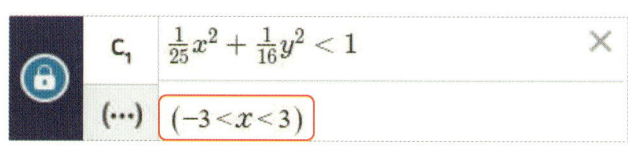

⬆ **그림 209** 함수의 범위 지정 예시

2) 변수와 슬라이더

변수는 변할 수 있는 수를 나타내며, 사용자가 자유롭게 값을 수정할 수 있는 문자로 표현된다. 예를 들어, 일차함수에서 함수의 기울기를 쉽게 변경하려면 변수로 설정된 값만 수정하면 된다. 이처럼 변수는 특정 값에 변동을 주고, 이를 통해 함수의 그래프나 수식에 실시간으로 변화를 적용하는 데 유용하다.

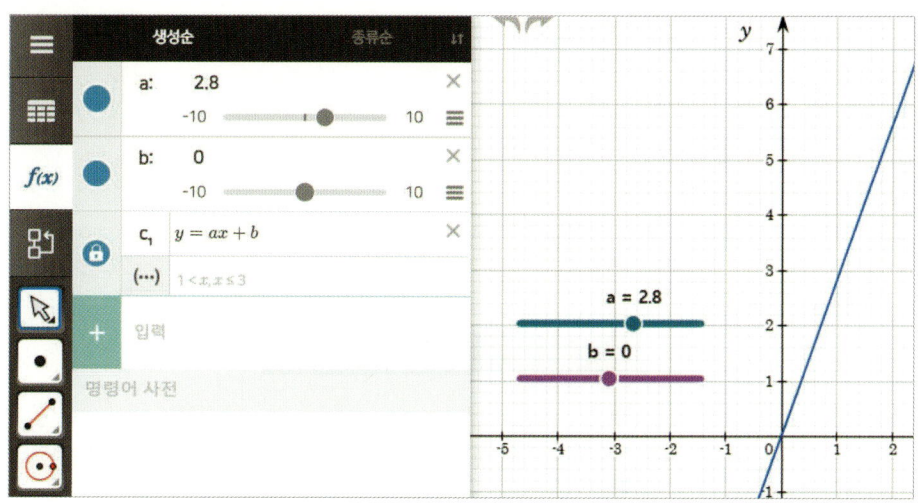

⬆ **그림 210** 변수를 사용하여 그래프를 나타낸 예시

변수를 생성하는 방법은 간단하다. 슬라이더 도구를 사용하거나 대수 입력창에 변수 이름을 입력하면 변수를 만들 수 있다. 슬라이더 도구를 사용하면 변수 이름이 자동으로 부여되며, 필요시 이름을 변경할 수 있다. 대수 입력창에서 변수를 생성하면 기본적으로 직선과 함께 생성되지만, 직선이 필요하 지 않으면 삭제하고 변수만 남길 수 있다. 이렇게 생성된 변수는 수식이나 명령어에 쉽게 적용되며, 슬라이더로 값을 조정할 수 있다. 다양한 명령어에서 실수형 값을 요구하는 경우, 이 변수를 활용할 수 있다.

2.3 대수 도구

3) 상수와 예약어

알지오매스는 수식 입력의 편의를 위해 자주 사용하는 상수와 예약어를 지원한다. 원주율(π)과 자연상수(e)와 같은 상수는 알지오매스에 내장되어 있어 별도로 정의하지 않고 바로 사용할 수 있다.

> ■ 상수
> pi(π = : 3.14159...), e(= e : 2.71828...)

예약어는 상수나 함수는 아니지만, 숫자를 입력하면 자동으로 계산을 수행해 주는 역할을 한다. 이러한 예약어는 수식 작성 시 자주 사용되며, 편리하게 수학적 계산을 수행하는 데 유용하다.

> ■ 예약어
> 제곱근 : sqrt(숫자)
> 절댓값 : abs(숫자)

4) 대수 창과 문법

대수 창은 예제 탭, 객체 창, 대수 입력 창으로 구성된다.

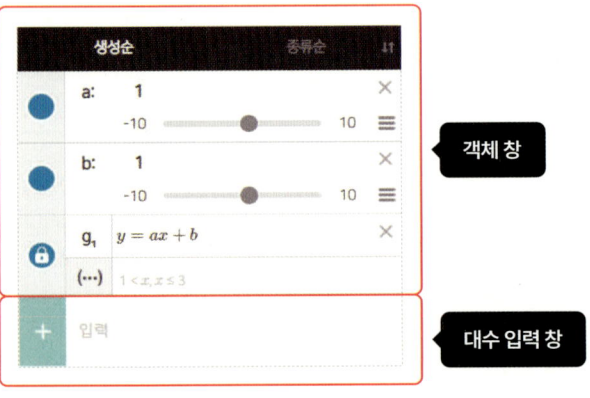

↑ **그림 211** 대수 창 기능 요약

① 객체 창에서는 생성된 객체들을 관리할 수 있으며, 각 객체의 좌측에 있는 파란 원을 클릭하여 해당 객체를 표시하거나 숨길 수 있다. 필요시, 객체를 선택한 후 **DEL** 키를 눌러 삭제할 수 있다.

② 대수 입력 창은 대수 명령어를 입력하는 공간으로, 기본적으로 초록색으로 표시되며 활성화 시 파란색으로 변한다. 마우스로 대수 입력창을 클릭하여 활성화 할 수 있으며, 명령어 입력 후 엔터(**Enter**)키를 누르면 그 결과가 객체 창에 반영된다.

2.3
대수 도구

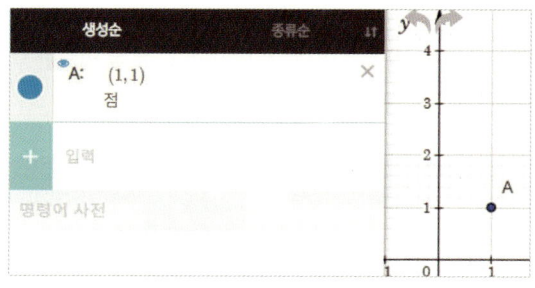

↑ **그림 212** 대수 명령어로 생성된 점의 모습

대수 명령어로 생성된 객체는 도구 기능에서 생성한 객체와 동일하게 동작하며 상호 연동이 가능하다. 대수 명령어는 대소문자를 구분하지 않지만, 객체명 입력 시에는 대소문자와 첨자를 정확히 구분해야 한다. 위첨자와 아래첨자 표기 시에는 ^와 _ 기호를 사용해 지수나 첨자를 나타낼 수 있다.

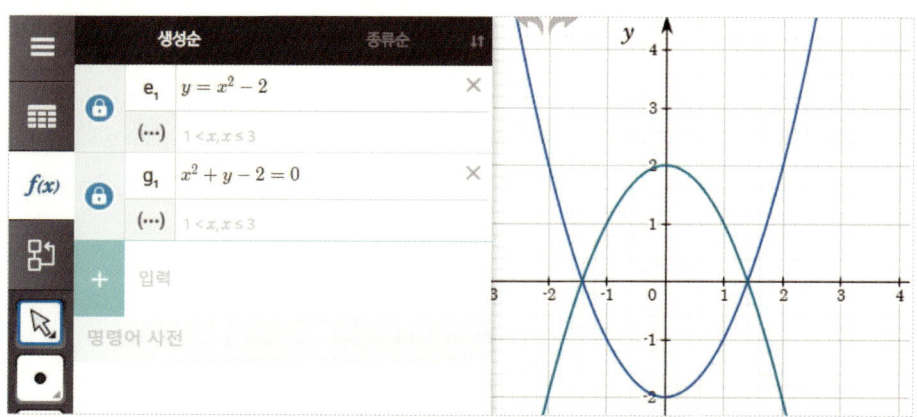

↑ **그림 213** 위 첨자를 사용한 2차 함수 작성 예시

미지수의 차수를 자연수로 지정할 때 미지수를 단순히 연속으로 작성하는 것으로 차수 정의를 할 수도 있다.

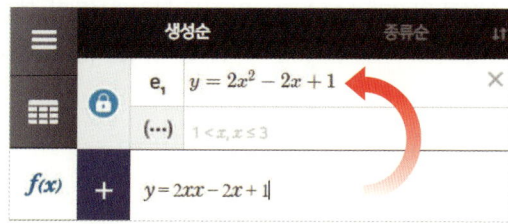

↑ **그림 214** 미지수의 연속 입력 변환 예시

2.3 대수 도구

2.3.3 여러 가지 표현 입력 방법

알지오매스에서는 수학적 상수인 π (파이)와 e (자연상수)를 간편하게 입력할 수 있다.

1) π (파이)

입력창에 [pi]를 입력한 후 Enter를 누르면 π 가 나타난다. π 를 입력한 후, 근삿값이 대수 창에 표시되므로 정밀한 계산이 필요할 때 유용하다.

↑ 그림 215 파이 입력 방법

↑ 그림 216 파이 근삿값

2) e(자연상수)

입력창에 [e]를 입력한 후 Enter를 누르면 e 가 입력된다. 마찬가지로 근삿값이 대수 창에 나타난다.

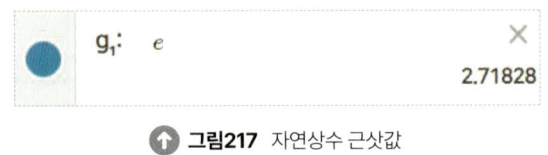

↑ 그림217 자연상수 근삿값

3) 분수

분수 표현은 다양한 상황에서 사용되며, 알지오매스에서는 분수를 직관적으로 입력할 수 있다.

(1) 분수 입력 방법:
[분자] [/] [분모]의 순서로 입력하면 분수 형식이 자동으로 생성된다. 예를 들어, 3/2을 입력하려면 [3] [/] [2]를 차례로 입력하면 된다. 분수 형태를 유지한 채 계산하거나 그래프에 적용할 수 있다.

2.3
대수 도구

✓ 분수 [분자] [/] [분모] 순서로 입력한다.

| 예 | [3] [/] [2] 입력 |

✓ [/]를 입력하면 자동으로 분수 양식이 생성된다. [/] [분자] [↓] [분모] 순서로 입력한다.

| 예 | [/] [3] [↓] [2] 입력 |

⬆ **그림 218** 분수 입력

4) 지수(거듭제곱)
지수 또는 거듭제곱 표현은 수학적 계산에서 중요한 역할을 한다.

(1) 지수 입력 방법
[밑] [^] [지수]의 순서로 입력한다. ^를 입력하면 커서가 자동으로 위첨자로 변경되어 지수를 입력할 수 있다. 지수 입력 후 [↓]나 [→]를 눌러 다시 아래로 이동할 수 있다. 실수 지수도 지원하므로 복잡한 계산도 가능하다.

| 예 | [3] [^] [2] 입력 |

⬆ **그림 219** 지수 입력

> 지수에는 정수뿐만 아니라 실수도 입력할 수 있다. 단, 밑은 0보다 크거나 같아야 한다.
> 위 첨자에 커서가 있는 상태에서 나머지 식을 입력하면 전부 지수 형태로 입력되므로 주의한다.

2.3 대수 도구

5) 제곱근

제곱근 표현은 수학에서 기본적으로 사용되는 연산이다.

(1) 제곱근 입력 방법:

[sqrt] [수]의 순서로 입력하면 제곱근 기호가 나타난다. 예를 들어, √9를 입력하려면 [sqrt] [9]를 입력하면 된다. 제곱근은 대수 창에서 바로 계산되어 표시된다.

예 [sqrt] [9] 입력

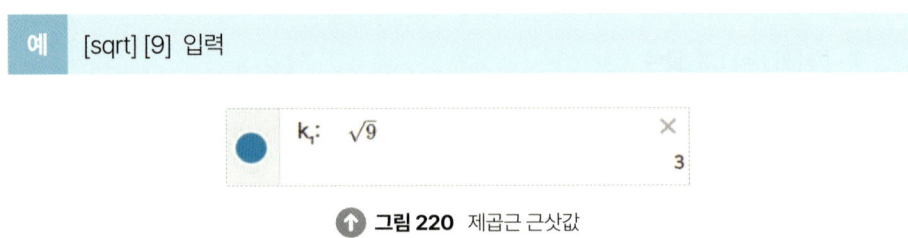

↑ **그림 220** 제곱근 근삿값

6) 로그

로그는 밑을 지정한 로그와 상용로그, 자연로그로 나뉘며, 알지오매스에서는 이들 모두를 간편하게 입력할 수 있다.

(1) 로그 입력 방법:

로그($\log$)는 [log] [_(언더바)] [밑] [→] [진수]의 순서로 입력한다. 예를 들어, 밑이 3인 로그($\log_3 20$)를 입력하려면 [log] [_(3)] [→] [20]을 입력하면 된다.

예 [log] [_(3)] [→] [20] 입력

(2) 상용로그 입력 방법:

상용로그($\log 3$)는 [log] [진수]로 입력한다. 밑을 생략하면 상용로그로 처리된다.

예 [log] [3] 입력

(3) 자연로그 입력 방법:
자연로그(ln)는 [ln] [진수]로 입력할 수 있다. 예를 들어, ln(3)를 입력하면 자연로그가 계산된다.

| 예 | [ln] [3] 입력 |

2.3
대수 도구

7) 삼각비
삼각비는 수학에서 널리 사용되는 함수이며, 알지오매스는 사인, 코사인, 탄젠트 등 모든 삼각비를 지원한다.

(1) 사인($\sin$) : [sin] [각도]의 순서로 입력한다. 예를 들어, $\sin(\pi)$를 입력하려면 [sin] [pi]를 입력한다.

| 예 | [sin] [pi] 입력 |

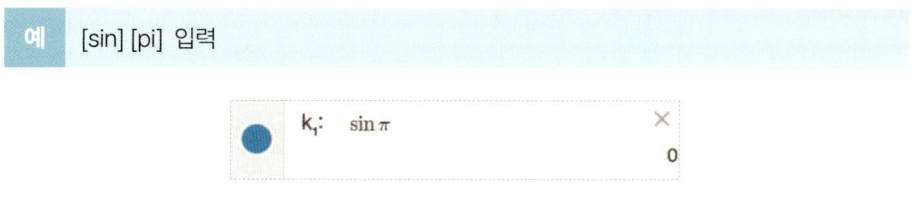

(2) 코사인($\cos$) : [cos] [각도]로 코사인값을 입력할 수 있다.

| 예 | [cos] [pi] 입력 |

(3) 탄젠트($\tan$) : [tan] [각도]로 탄젠트를 입력한다.

| 예 | [tan] [pi] 입력 |

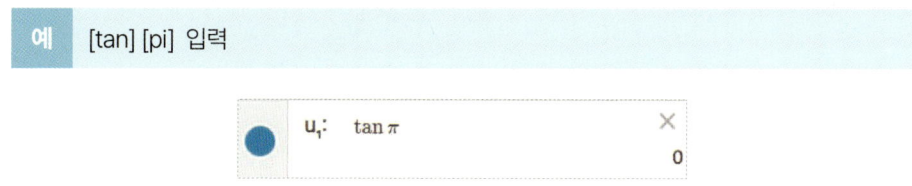

**2.3
대수 도구**

(4) 코시컨트(csc), 시컨트(sec), 코탄젠트(cot): [csc], [sec], [cot]를 사용하여 각각의 삼각비를 입력할 수 있다.

예 [csc] [1.6] 입력

예 [sec] [pi] 입력

예 [cot] [1.6] 입력

8) 역삼각비

역삼각비는 삼각함수의 역함수를 나타낼 때 사용된다. 알지오매스에서는 아크사인(arcsin), 아크코사인(arccos), 아크탄젠트(arctan)을 쉽게 입력할 수 있다.

(1) 아크사인(arcsin) : [arcsin] [수]로 입력하거나 [sin] [^] [-1] [→] [수]로 입력한다.

예 [arcsin] [1] 입력

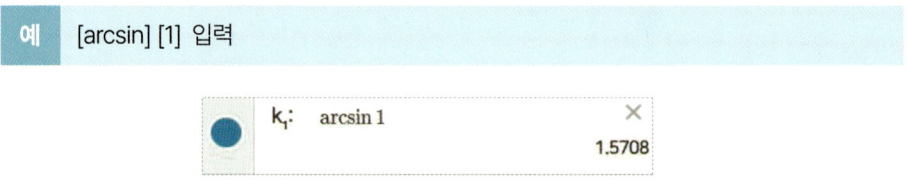

| 예 | [sin] [^] [-1] [→] [1] 입력 |

$m_1:$ $\sin^{-1} 1$
1.5708

2.3
대수 도구

(2) 아크코사인(arccos) : [arccos] [수]로 입력한다.

| 예 | [arccos] [1] 입력 |

$o_1:$ arccos 1
0

| 예 | [cos] [^] [-1] [→] [1] 입력 |

$q_1:$ $\cos^{-1} 1$
0

(3) 아크탄젠트(arctan) : [arctan] [수]로 입력하거나 [tan] [^] [-1] [→] [수]로 입력한다.

| 예 | [arctan] [1] 입력 |

$s_1:$ arctan 1
0.7854

| 예 | [tan] [^] [-1] [→] [1] 입력 |

$u_1:$ $\tan^{-1} 1$
0.7854

2.3 대수 도구

2.3.4 도형과 명령어 활용 방법

명령어와 관련된 내용을 한눈에 확인할 수 있도록 154페이지에 정리해 두었으니, 해당 페이지를 참고하면 된다. 이 표에는 각 명령어의 이름과 사용 형식, 그리고 기능에 대한 설명이 간결하게 정리되어 있어, 다양한 수학적 작업을 수행하는 데 유용한 참고 자료가 된다. 표를 통해 명령어의 기능과 사용 방법을 쉽게 이해하고, 필요에 따라 적절히 활용할 수 있다.

1) 점과 슬라이더

점은 일반 점, 교점, 대상 위의 점, 중점으로 구분된다. 대수 명령어를 사용해 점을 생성할 경우, 도형 도구에서 만든 점과 동일한 속성을 가지며, 이를 편집하여 다양한 스타일로 표현할 수 있다. 점의 속성 편집은 객체를 직접 클릭하거나, 대수 명령어를 활용해 변경할 수 있으며, 이를 통해 점의 색상, 크기, 모양 등을 자유롭게 조정할 수 있다.

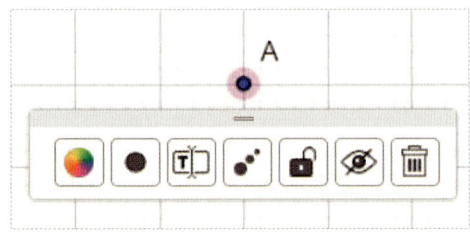

↑ **그림 221** 생성된 점의 속성 변경

(1) Point(x좌표, y좌표)

x 좌표 : 그래프에서의 x 좌표, 실숫값.

y 좌표 : 그래프에서의 y 좌표, 실숫값.

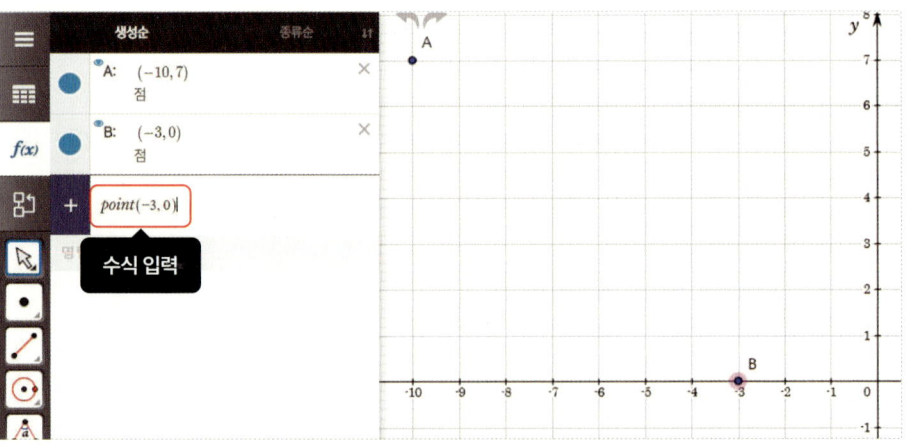

↑ **그림 222** Point( ) 명령어를 사용하여 점을 생성

해당 좌표에 점을 생성한다. x 좌표 또는 y 좌표를 써넣지 않을 때 자동으로 0으로 인식하나, 반드시 괄호 안에 콤마(,)를 써야 한다.
예) Point(3, 3), Point(3,), Point(,), Point(, 3)

2.3
대수 도구

> 좌표에 점을 생성 할 때는 Point를 생략하여도 된다.
> 예) (-1, 3)

(2) InterPoint(객체1, 객체2)
객체 : 점, 슬라이더를 제외한 모든 선과 도형.

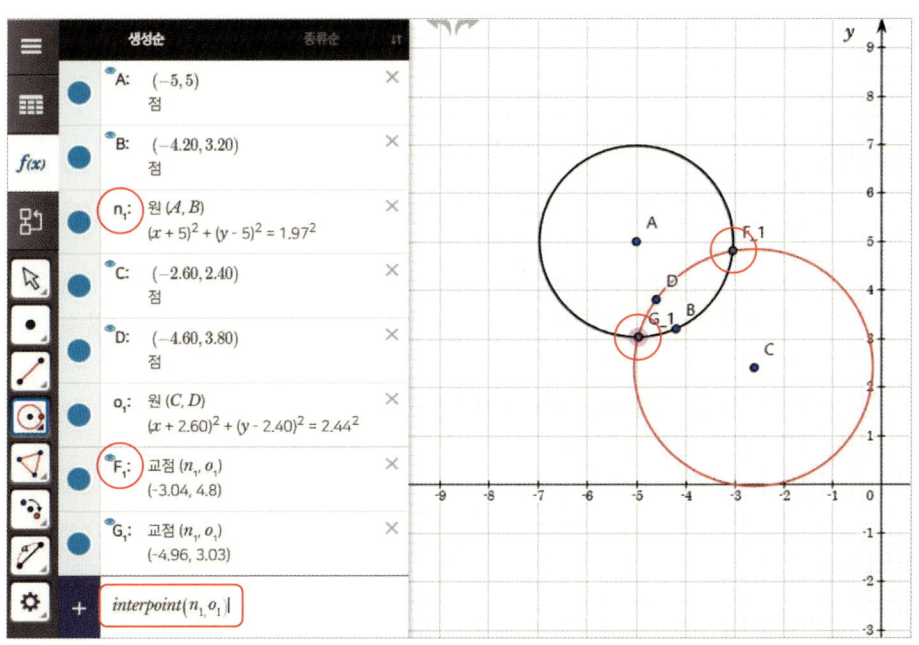

⬆ **그림 223** InterPoint( )를 사용하여 두 원 사이에 교점 생성

두 객체 사이에 교점을 생성할 수 있다. 만약 두 객체가 교차하지 않으면 화면에 아무것도 표시되지 않지만, 이후 교점이 생길 수 있는 위치에 객체를 이동하면 자동으로 교점이 생성된다. 교점을 생성할 때 명령어에 객체의 이름을 적어야 하며, 이때 대소문자와 아래첨자를 정확하게 구분해 입력해야 한다.

2.3 대수 도구

(3) PointOnObject(객체, x 좌표, y 좌표)

객체 : 점, 슬라이더를 제외한 모든 선과 도형.
x 좌표 : 그래프에서의 x 좌표, 실수 또는 슬라이더 변수.
y 좌표 : 그래프에서의 y 좌표, 실수 또는 슬라이더 변수.

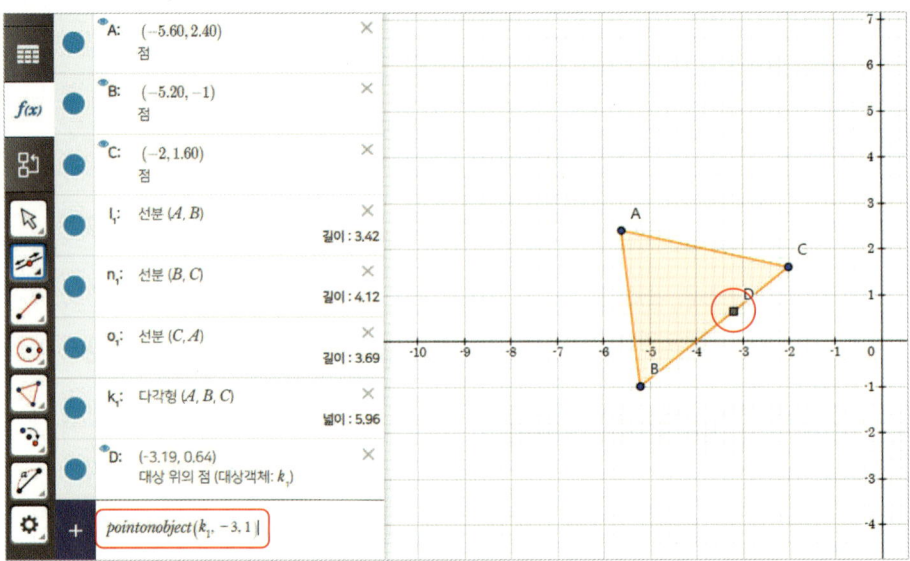

⬆ **그림 224** PointOnObject()를 사용하여 도형에 대상 위의 점 생성

주어진 좌표와 가장 가까운 대상 객체 위에 점을 생성한다. 생성된 점은 도형 도구의 "대상 위의 점" 기능과 동일한 기능을 한다. 따라서 점을 해당 객체 위에서 마우스 포인터로 움직일 수 있다.

(4) CenterPoint(점1, 점2) or CenterPoint(선분)

점1, 2 : 서로 다른 점 객체.
선분 : 선분 객체.

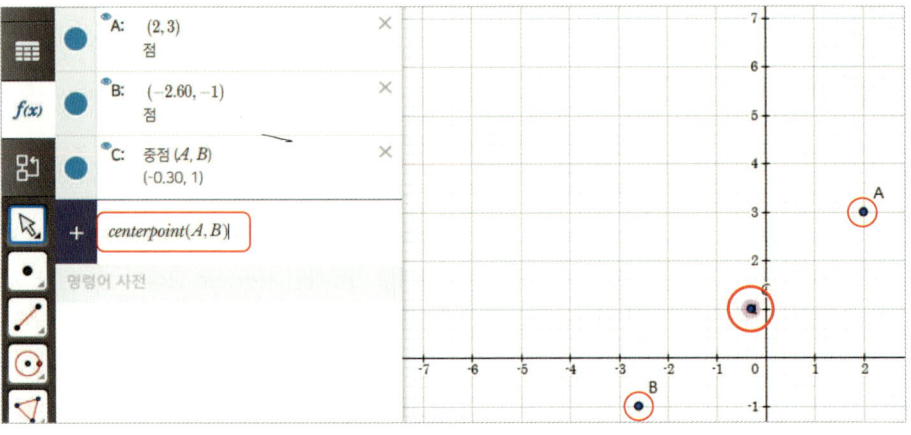

⬆ **그림 225** CenterPoint()를 사용하여 두 점 A, B 사이에 중점 생성

2.3
대수 도구

(5) **Slider(x 좌표, y 좌표)**

x 좌표 : 그래프에서의 x 좌표, 실숫값.

y 좌표 : 그래프에서의 y 좌표, 실숫값.

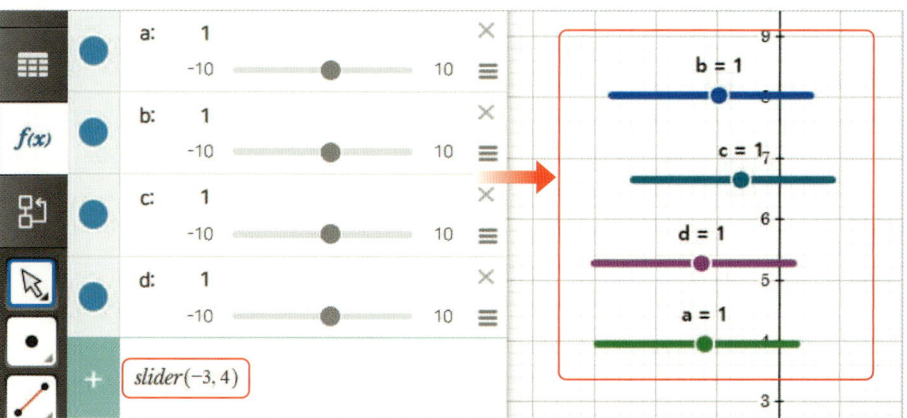

⬆ **그림 226** Slider()를 사용하여 여러 좌표에 슬라이더를 생성

슬라이더(변수) 객체를 주어진 좌표 위에 생성한다. 슬라이더의 활용 방법은 다양한데, 슬라이더를 생성하여 그 변수 이름을 가지고 애니메이션 등 동적인 결과를 얻을 수 있다.

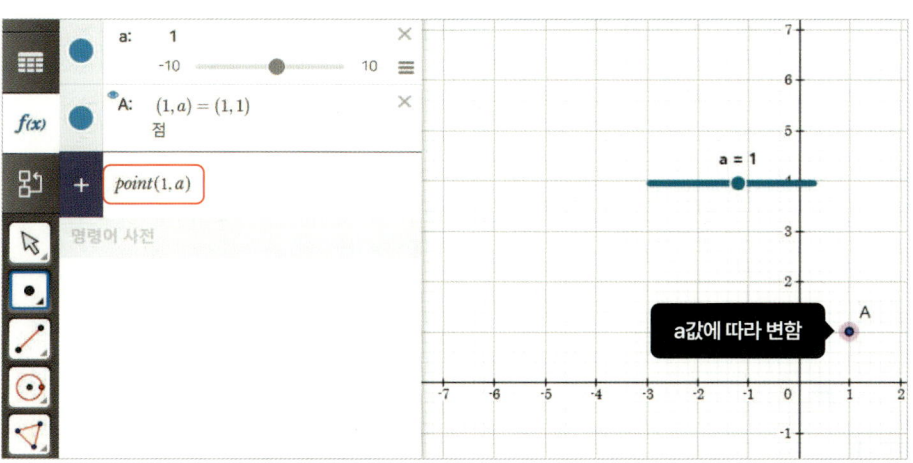

⬆ **그림 227** 변수(슬라이더)를 사용한 점 생성

예를 들어, 점을 생성할 때 좌푯값으로 숫자 대신 변수(슬라이더)를 입력하면, 슬라이더를 조작할 때마다 점의 위치도 그에 따라 변한다. 이는 슬라이더의 기본적인 응용 방법으로, 다양한 상황에서 슬라이더를 활용할 수 있으니 직접 시도해 보길 권장한다.

2.3 대수 도구

2) 선

선 객체는 선분, 직선, 반직선, 평행선, 수선, 수직이등분선, 각의 이등분선, 접선이 있다. 점과 마찬가지로 대수 명령어를 통해 스타일을 변경할 수 있으므로 직접 클릭하며 변경하거나 대수 명령어를 사용하여 변경할 수 있다.

(1) Segment(점1, 점2)

점1 : 선분을 만들 첫 번째 점.
점2 : 선분을 만들 두 번째 점.

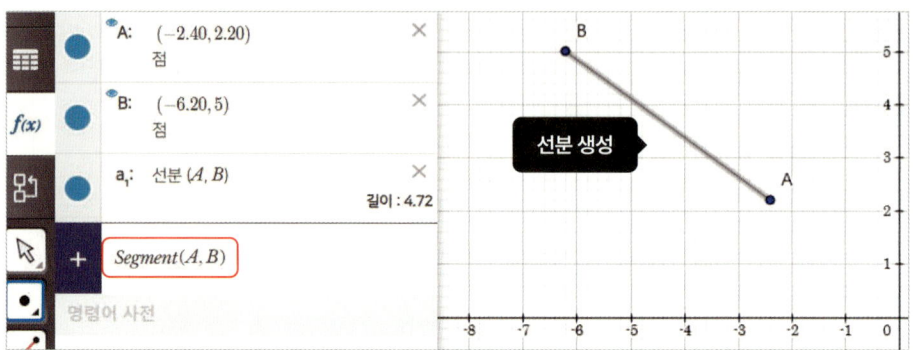

⬆ 그림 228 Segment()를 사용하여 선분 생성

주어진 두 점을 이어 선분을 생성한다. 도형 도구에 있는 선분 그리기와 동일한 기능을 수행한다.

(2) Line(점1, 점2)

점1 : 직선을 만들 첫 번째 점.
점2 : 직선을 만들 두 번째 점.

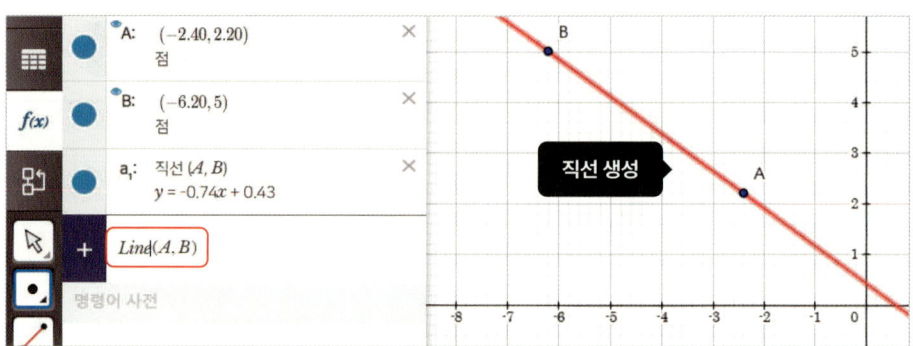

⬆ 그림 229 Line()을 사용하여 두 점 사이에 직선 생성

주어진 두 점을 지나는 직선을 생성한다. 그려진 직선은 도형 도구로 생성한 것과 마찬가지로 직선 아래에 1차 함수 형태로 수식이 자동 표기된다.

(3) Ray(점1, 점2)

점1 : 직선을 만들 첫 번째 점.

점2 : 직선을 만들 두 번째 점.

2.3
대수 도구

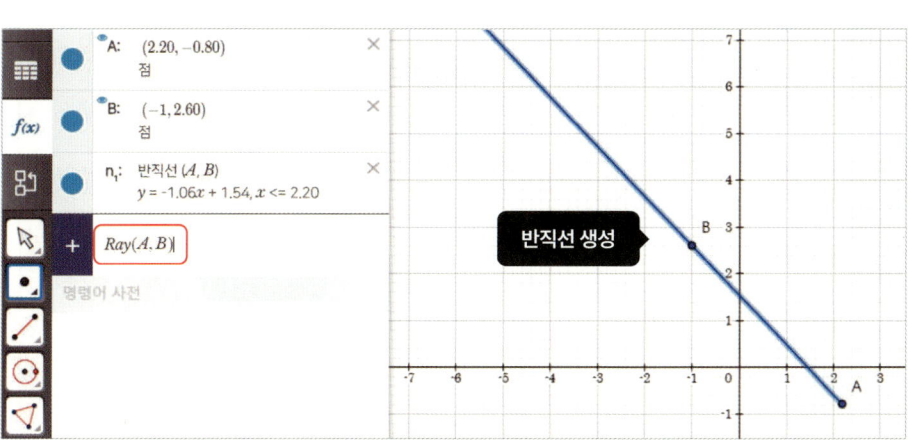

⬆ **그림 230** Ray()를 사용하여 주어진 두 점 사이에 반직선 생성

주어진 두 점을 사용하여 반직선을 생성한다. Line()과 유사하며, 점1부터 시작하여 점2를 포함하는 반직선이 생성된다.

(4) Parallel(점, 선)

점 : 생성될 직선이 지나는 점.

선 : 생성할 직선과 평행한 선.

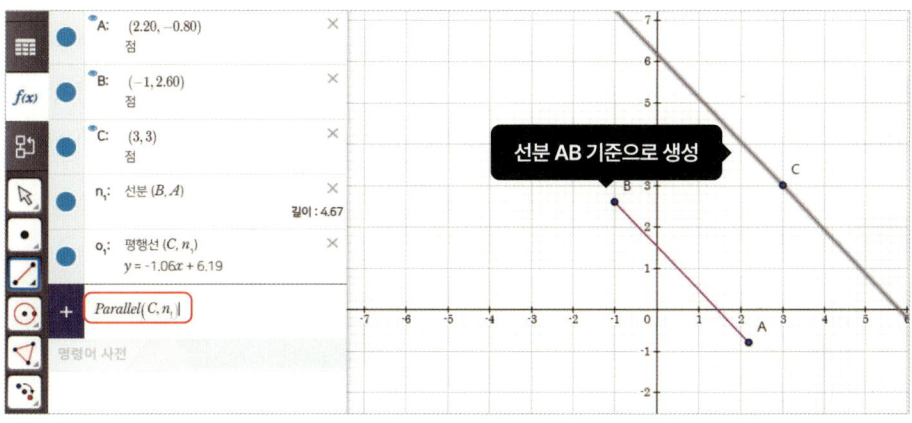

⬆ **그림 231** Parallel()을 사용하여 선분 AB와 평행하고 C를 지나는 직선 생성

주어진 점을 지나고 해당 선과 평행한 직선을 생성한다. 주어진 점을 기준으로 직선이 생성되므로 생성될 직선의 위치를 점의 위치를 통해 결정하면 된다.

2.3 대수 도구

(5) Perp(점, 선)
점 : 수선이 지날 점
선 : 생성할 직선과 직각이 될 대상 선

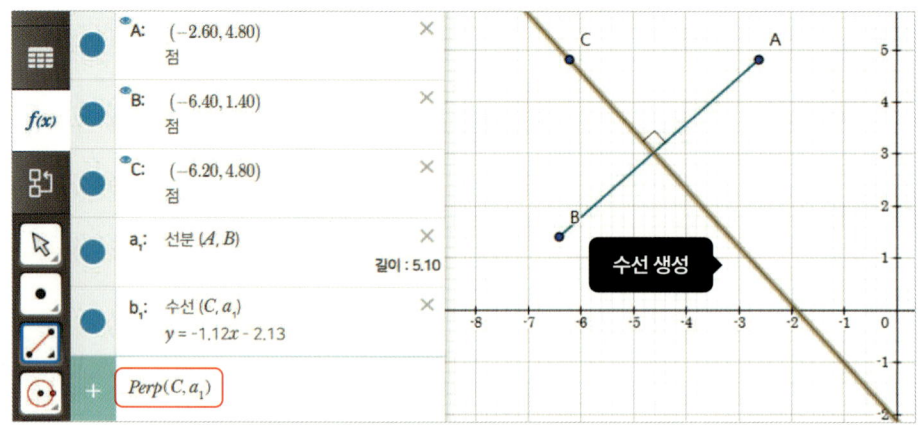

⬆ **그림 232** Perp()를 사용하여 선분 혹은 직선과 수직이며 점을 지나는 선 생성

주어진 점을 지나면서 선분 또는 직선에 대해 수직인 수선을 생성한다. 선분이 주어진 상태에서 생성된 수선이 점과 선분의 위치 관계로 인해 해당 선분과 교차하지 않을 수도 있지만, 수선은 여전히 생성된다. 수선이 선분과 만나지 않더라도 생성이 계속 이루어지며, 이 점을 염두에 두고 작업을 진행해야 한다.

(6) PerpBis(선분) or PerpBis(점1, 점2)
점1, 2 : 수직이등분선을 생성하기 위한 점
선분 : 수직이등분선을 생성하기 위한 선분

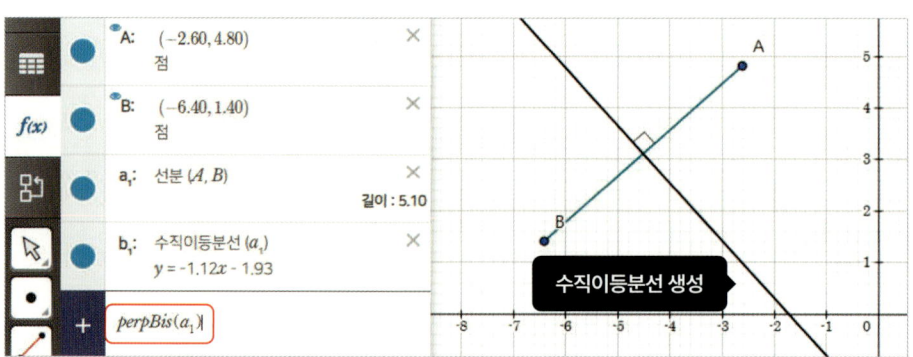

⬆ **그림 233** PerpBis()를 사용하여 선분 AB에 대한 수직이등분선 생성

주어진 점 혹은 선분에 대한 수직이등분선을 생성한다. 점을 통해 생성할 때 선분이 그려지지 않고 두 점 사이의 중간 거리를 구해 수직이등분선을 그리게 된다.

(7) AngleBis(점1, 점2, 점3)
점1, 2, 3 : 각의 이등분선을 생성하기 위한 점

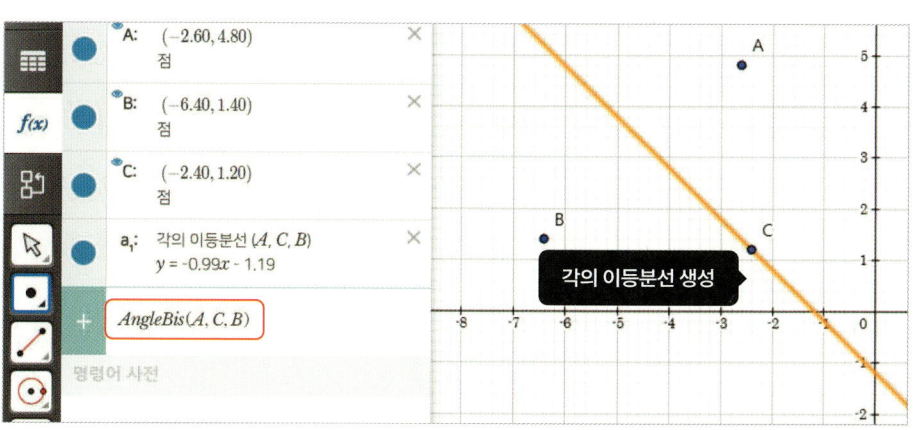

그림 234 AngleBis()를 사용하여 점A, C, B에 대한 각의 이등분선 생성

주어진 세 점을 사용하여 각의 이등분선을 생성할 때는 점1, 점2, 점3을 순서대로 연결하여 각 사이의 이등분선을 생성한다. 명령어 입력 시 점의 순서에 주의하여 정확한 각의 이등분선이 생성되도록 한다.

(8) Tng(점, 원) or Tng(선, 원)
점 : 생성할 접선이 지날 점
선 : 생성할 접선과 평행한 선
원 : 생성할 접선이 접할 원

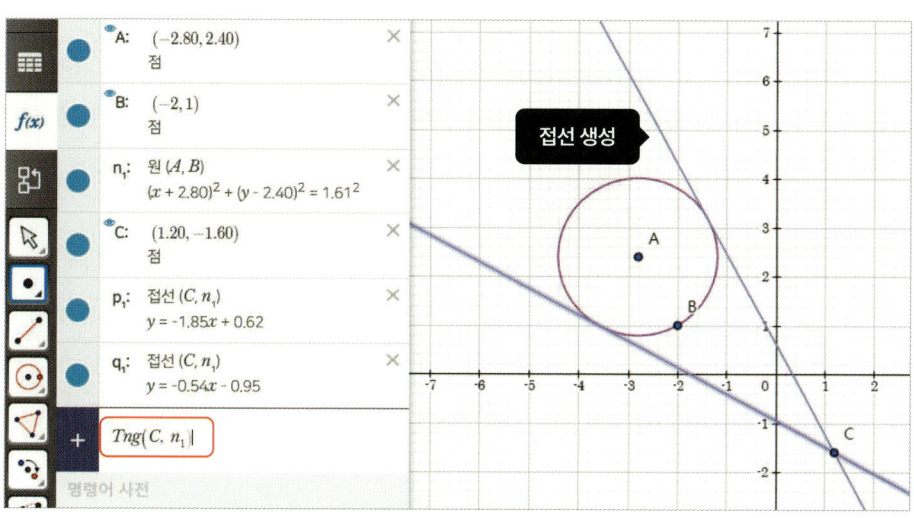

그림 235 Tng()를 사용하여 주어진 원에 접하고 해당 점을 지나는 접선 생성

2.3 대수 도구

주어진 원과 특정 점을 기준으로 접선을 생성하는 방법
1. 점이 원의 내부에 있는 경우: 접선이 생성되지 않는다.
2. 점이 원의 둘레 위에 있는 경우: 하나의 접선이 생성된다.
3. 점이 원의 외부에 있는 경우: 두 개의 접선이 생성된다.

이 규칙을 참고하여 원과 점의 상대적 위치에 따라 접선을 올바르게 생성해야 한다.

(9) Vector(점1, 점2)
점1, 2 : 생성할 벡터의 방향과 크기를 결정할 점

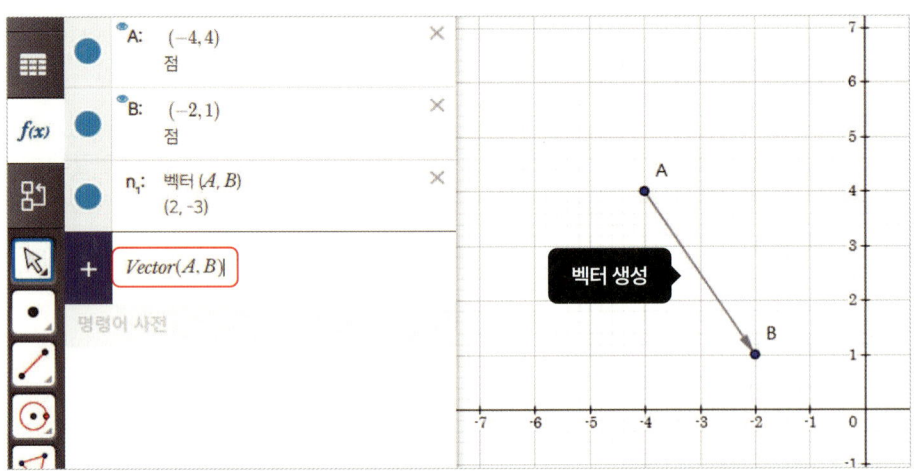

⬆ **그림 236** Vector()를 사용하여 주어진 두 점을 통해 벡터 생성

주어진 두 점을 사용하여 점1에서 점2를 바라보는 방향으로 하고 크기를 점1과 점2 사이의 길이로 가지는 벡터를 생성한다. 생성된 벡터는 점을 움직이는 것으로 방향과 크기를 변경할 수 있다.

3) 원

원, 호, 부채꼴은 기하학적 도형을 정의하고 시각적으로 표현하는 데 유용한 도구이다. 원을 생성하는 다양한 방법은 사용자가 상황에 맞는 최적의 방법을 선택할 수 있게 해 준다. 점과 반지름, 또는 점 세 개를 이용하여 원을 정의하는 기능은 복잡한 기하학적 문제를 해결하는 데 도움을 준다. 또한, 호와 부채꼴 명령어는 특정 범위의 원형 구간을 정확하게 정의할 수 있게 하여 분석 및 시각화 작업에서의 유연성을 제공한다. 이러한 도구들은 직관적인 조작과 다양한 응용 가능성을 통해 기하학적 모델링의 효율성을 높이는 데 기여한다.

2.3
대수 도구

(1) **Circle(점1, 점2) or Circle(점, 반지름 r) or Circle(점1, 점2, 점3)**

점 : 생성할 원의 중심점

반지름 r : 원의 반지름의 크기

점 1, 2, 3 : 생성할 원이 지날 점들

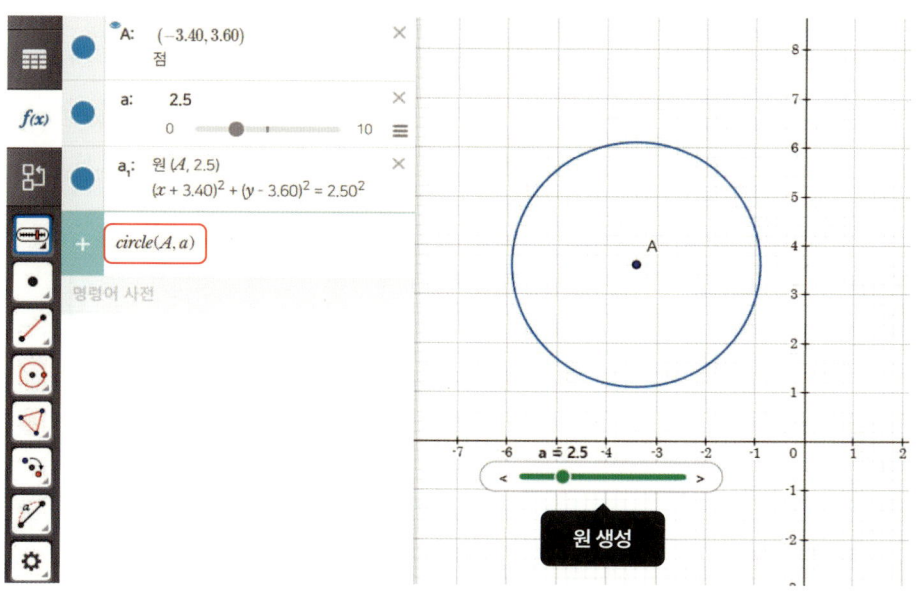

⬆ **그림 237** Circle(점, 반지름)을 사용하여 주어진 점과 슬라이더와 연동되는 원 생성

세 가지 방법으로 원을 생성할 수 있다. 첫 번째 방법은 두 점을 사용하여 원을 생성하는 것으로, 첫 번째 점은 원의 중심으로 하고 두 번째 점을 중심으로부터의 거리로 하여 반지름을 설정한다. 두 번째 점 대신 숫자를 입력하여 반지름을 직접 지정할 수도 있으며, 이 경우 슬라이더 객체의 이름을 지정하여 원의 크기를 조정할 수 있다. 마지막 방법은 세 개의 점을 사용하여 해당 점들을 모두 지나는 원을 생성하는 것이다.

2.3 대수 도구

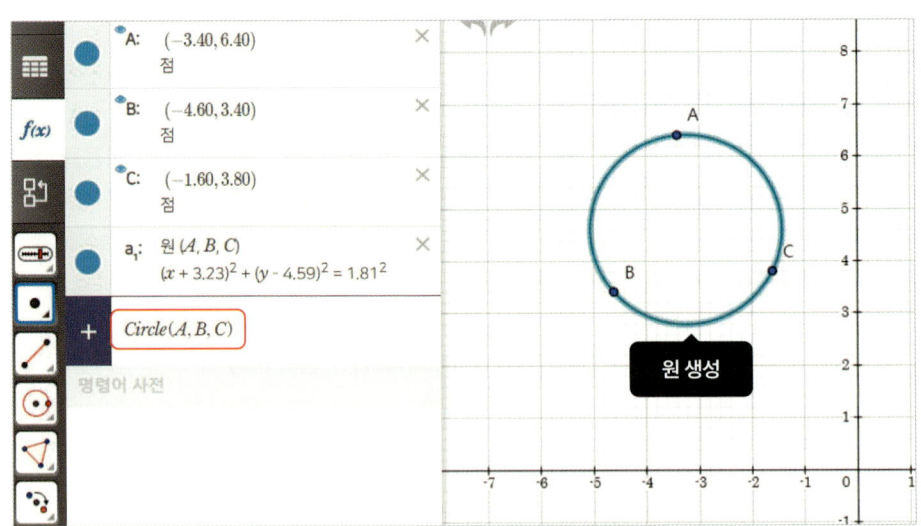

🔼 **그림 238** Circle(점1, 점2, 점3)을 사용하여 세 점을 모두 지나는 원 생성

(2) Compass(점1, 점2, 점3)
점1, 2 : 생성할 원의 반지름으로 사용할 점
점3 : 생성할 원의 중점으로 사용할 점

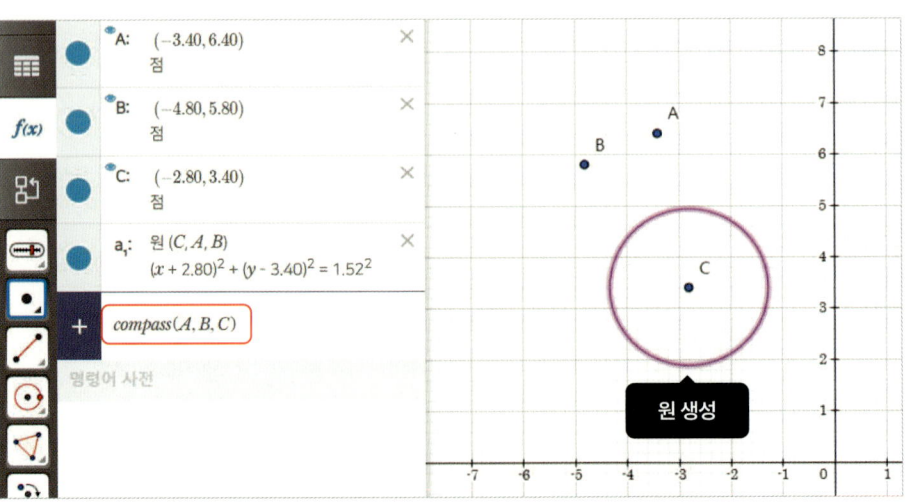

🔼 **그림 239** Compass()를 사용하여 주어진 세 점을 통해 원 생성

주어진 점1, 점2 사이의 길이를 반지름으로 하고 점3을 원의 중심으로 하는 원을 생성한다. 점3이 원의 중심이기 때문에 점3의 위치로 원의 위치를 결정해 줄 수 있다.

(3) **Arc(점1, 점2, 점3)**

점1 : 생성할 호의 중심으로 사용할 점
점2 : 호의 시작으로 사용할 점
점3 : 호의 끝으로 사용할 점

2.3 대수 도구

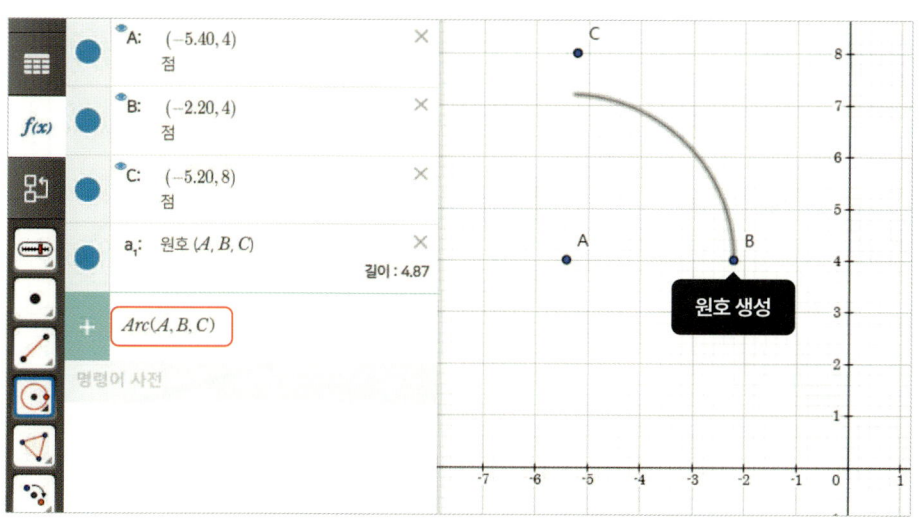

⬆ **그림 240** Arc()를 사용하여 주어진 세 점을 통해 원호 생성

주어진 점을 사용하여 점1을 호의 중심으로 설정하고, 점2와 점1 사이의 거리를 반지름으로 하여 원호를 생성한다. 원호는 점2에서 시계 반대 방향으로 출발하여 점3이 위치하는 지점까지 향한다. 원호가 점3과 닿지 않더라도 정상적으로 생성된다.

2.3 대수 도구

(4) Fan(점1, 점2, 점3)

점1 : 생성할 부채꼴의 중심으로 사용할 점

점2 : 부채꼴의 시작으로 사용할 점

점3 : 부채꼴의 끝으로 사용할 점

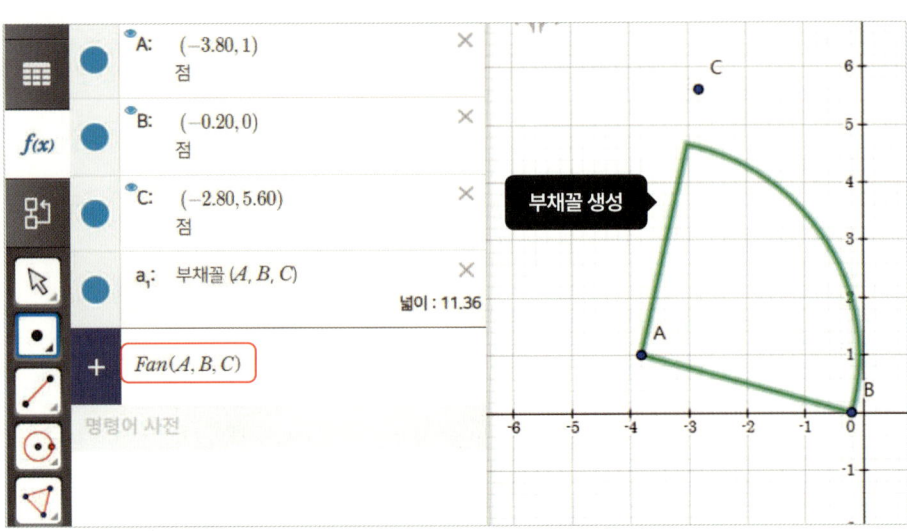

⬆ **그림 241** Fan()을 사용하여 주어진 세 점을 통해 부채꼴 생성

주어진 점을 사용하여 점1을 부채꼴의 중심으로 설정하고, 점2와 점1사이의 거리를 반지름으로 하여 부채꼴을 생성한다. 부채꼴은 점2에서 시계 반대 방향으로 출발하여 점3이 위치하는 지점까지 향한다. 부채꼴이 점3과 닿지 않더라도 정상적으로 생성된다.

4) 도형

도형은 삼각형, 사각형 등 모든 도형의 기본이 되는 중요한 기하학적 형태이다. 대수 명령어를 사용하면 주어진 점들을 연결하여 도형을 생성하거나, 길이가 일정한 정다각형을 손쉽게 만들 수 있다. 이 도구를 활용하면 다양한 종류의 도형을 효과적으로 모델링할 수 있으며, 특히 정다각형을 생성할 때는 두 가지 방법을 제공하여 유연하게 조작할 수 있다. 이러한 기능은 기하학적 분석 및 디자인 작업에서 효율성을 높이고, 사용자가 원하는 도형을 정확하게 구현하는 데 큰 도움을 준다.

2.3
대수 도구

(1) Polygon(점1, 점2, ..., 점n)
점1, 2,...,n : 생성할 도형의 꼭짓점으로 사용할 점

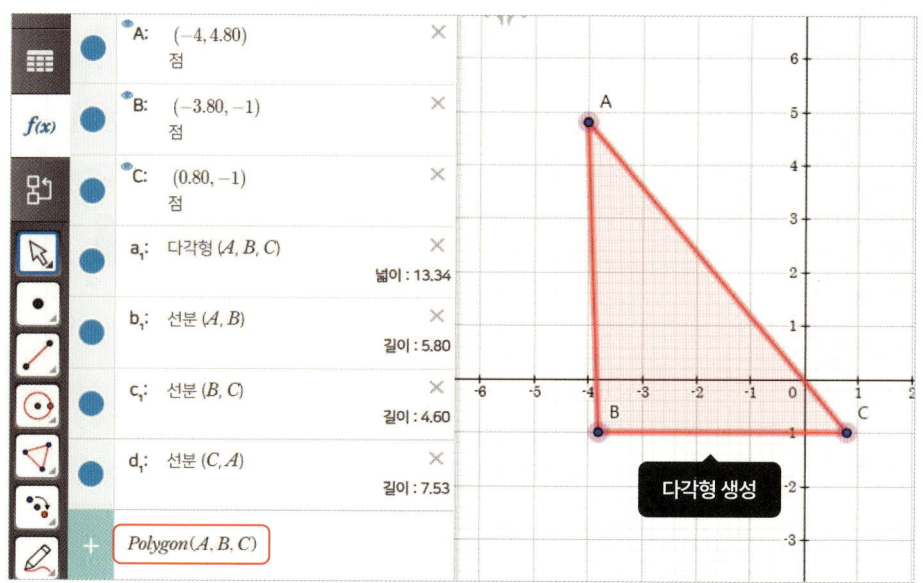

⬆ **그림 242** Polygon()을 사용하여 주어진 점들을 이어 도형 생성

주어진 점들을 순서대로 이어 도형을 생성한다. 입력받은 순서대로 모서리가 생성되므로 연결하는 방향에 유의하여야 한다.

2.3 대수 도구

(2) LRPoly(점1, 점2, 숫자 n)

점1, 2 : 생성할 정다각형의 한 변으로 사용할 점

숫자 n : 생성할 정다각형의 모서리 개수

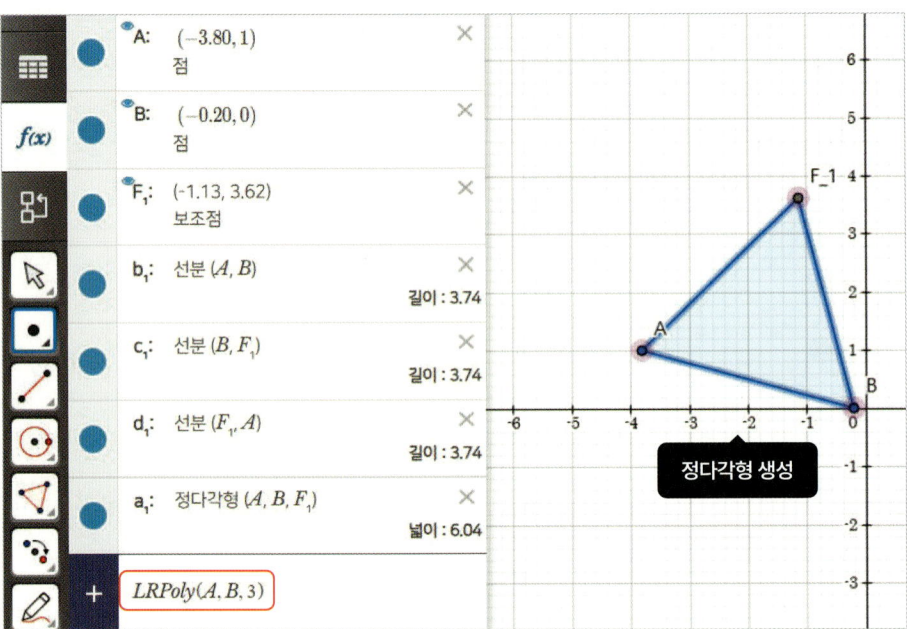

⬆ **그림 243** LRPoly()를 사용하여 주어진 점1, 2를 모서리로 하는 정다각형 생성

주어진 점1, 2를 정다각형의 한 변으로 하고 숫자 n을 모서리 개수로 하는 정다각형을 생성한다. 모서리의 개수는 2 이하로 내려갈 수 없으니 주의하여야 한다.

(3) CPRPoly(숫자 n, 점1, 점2)

숫자 n : 정다각형의 모서리 개수
점1 : 생성할 정다각형의 중심으로 사용할 점
점2 : 정다각형의 꼭짓점으로 사용할 점

2.3
대수 도구

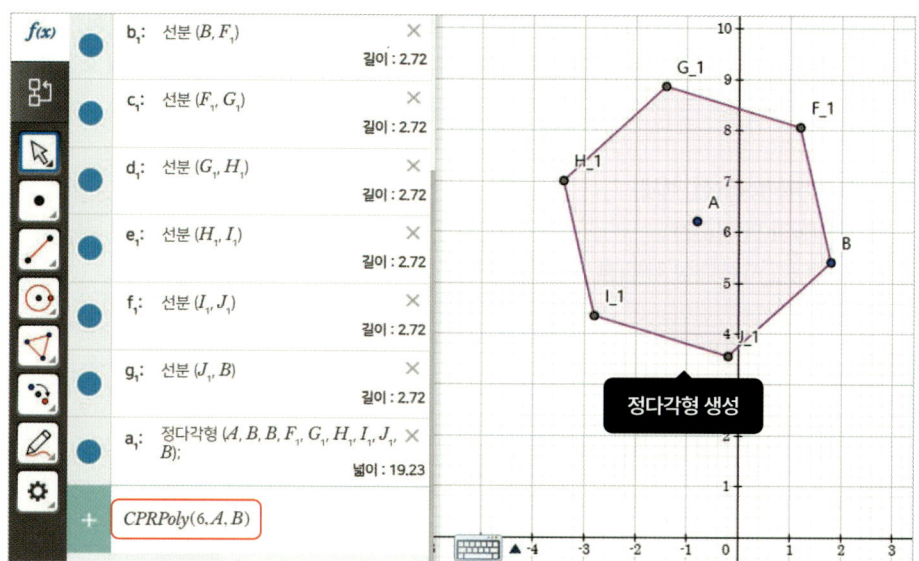

⬆ **그림 244** CPRPoly()를 사용하여 주어진 두 점을 통해 정다각형 생성

주어진 점1을 정다각형의 중심으로 하고 점2를 꼭짓점으로 하는 정다각형을 생성한다. LRPoly()와는 다르게 CPRPoly() 대수 명령어의 경우 한 꼭짓점을 기준으로 정다각형을 생성하므로 모서리의 길이를 기준으로 생성할 때는 LRPoly(), 정다각형의 중심과 꼭짓점을 기준으로 생성할 때는 CPRPoly()를 사용하면 된다.

2.3 대수 도구

5) 변환

변환은 객체를 점대칭, 선대칭, 회전, 평행이동 또는 확대하는 과정으로 새로운 객체를 생성하는 기능이다. 이러한 변환 기능을 통해 기존 객체를 기반으로 다양한 형태의 새로운 객체를 쉽게 만들 수 있다. 변환된 객체는 원본 객체와 특정 관계를 가지므로 원본 객체를 수정하거나 삭제하면 변환된 객체도 함께 영향을 받는다. 이 기능들은 기하학적 모델링과 디자인 작업에서 매우 유용하며, 정밀한 형태 조정과 효율적인 시각화 작업을 가능하게 한다. 특히, 점대칭과 선대칭, 회전, 평행이동, 확대와 같은 다양한 변환 기법을 활용하여 복잡한 도형의 변형과 배열을 정밀하게 조정할 수 있다.

(1) PointReflect(점, 객체)

점 : 점대칭을 할 기준점

객체 : 점대칭 시킬 대상 객체(점, 선, 도형)

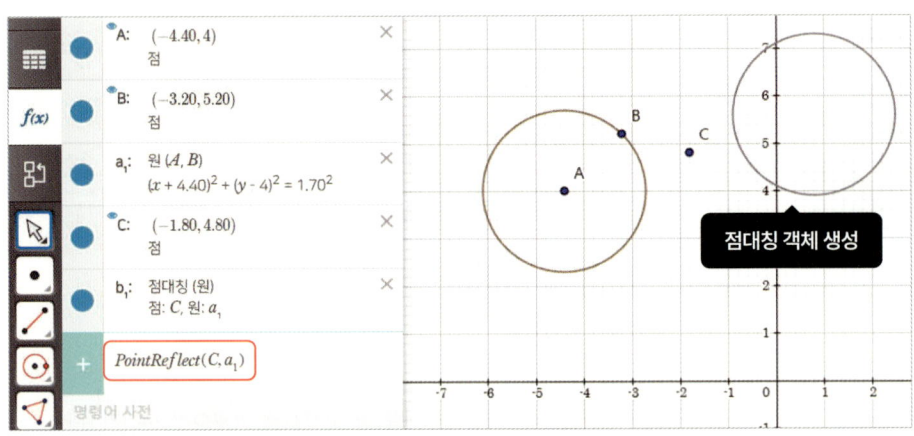

↑ **그림 245** PointReflect()를 사용하여 점대칭 객체 생성

주어진 점에 대해 해당 객체를 점대칭 이동한 객체를 생성한다.

생성된 객체는 점과 객체에 의존적인 관계가 생성되므로 객체와 점의 위치나 크기를 변경할 때 같이 변경되므로 유의하여야 한다.

(2) LineReflect(선, 객체)

선 : 선대칭을 할 기준선

객체 : 선대칭 시킬 대상 객체(점, 선, 도형)

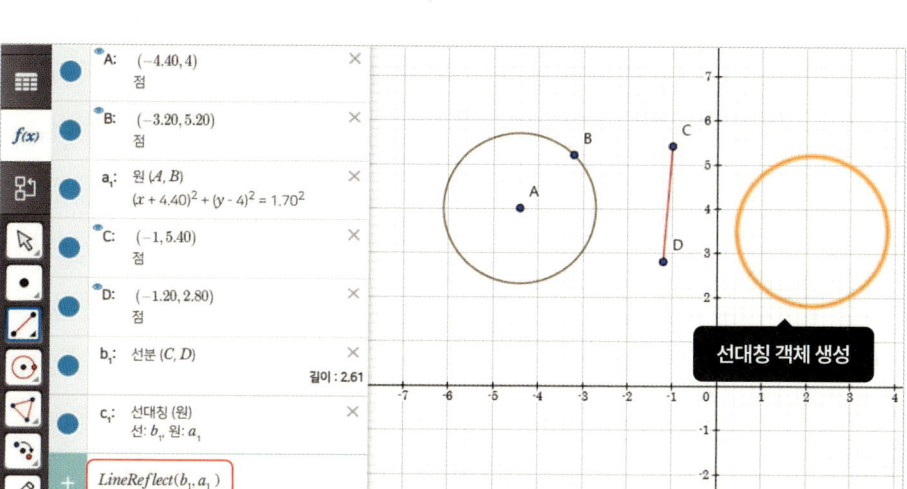

⬆ **그림 246** LineReflect()를 사용하여 주어진 객체를 선대칭 이동한 객체 생성

주어진 점에 대해 해당 객체를 선대칭 이동한 객체를 생성한다. 점대칭 객체와 마찬가지로 만들어진 객체가 기준선과 기존 객체에 의존적이므로 변경, 삭제에 유의하여야 한다.

(3) Rotate(점, 객체, 각도, 1[반시계 방향]) or Rotate(점, 객체, 각도, -1[시계 방향])

점 : 회전시킬 기준점

객체 : 회전시킬 대상 객체

각도 : 회전시킬 각도

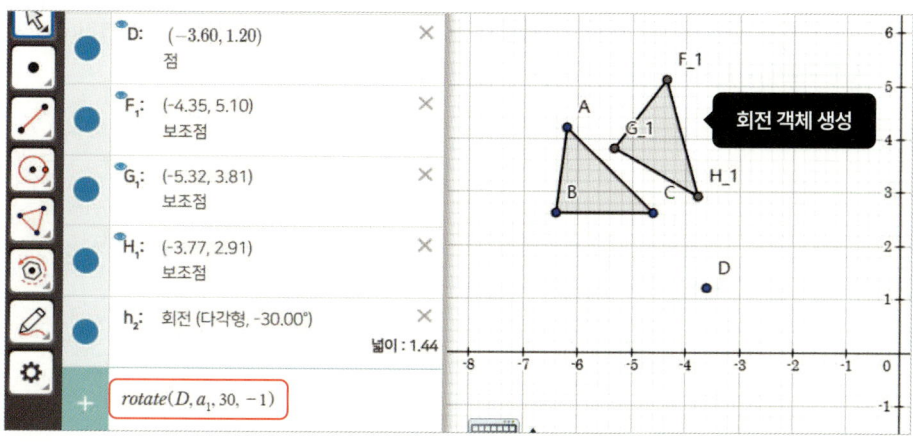

⬆ **그림 247** Rotate()를 사용하여 주어진 객체를 회전한 객체 생성

2.3 대수 도구

주어진 객체를 해당 점을 기준으로 각도만큼 회전시킨다. 회전 방향은 –1 또는 1로 설정해 준다. -1일 경우 시계 방향, 1일 경우 반시계 방향으로 회전한 객체가 생성된다.

생성된 회전 객체를 대수 창에서 클릭하면 각도를 변경할 수 있다. 이때, 각도를 슬라이드 변수로 지정하여 슬라이더와 연동이 가능하다.

(4) ParallelTranslation(객체, 벡터)
객체 : 평행 이동할 대상 객체
벡터 : 평행 이동의 기준이 되는 벡터

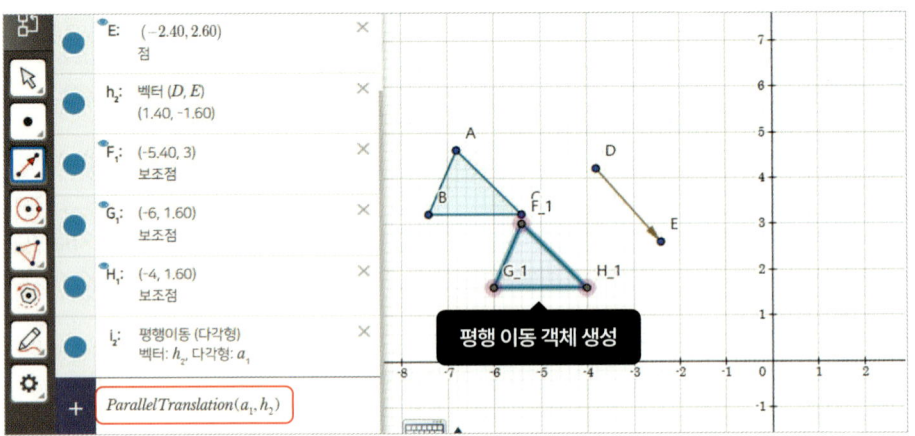

↑ **그림 248** ParallelTranslation()을 사용하여 평행 이동한 객체 생성

주어진 객체를 해당 벡터를 기준으로 평행 이동한 객체를 생성한다. 벡터의 방향과 크기 정보만 사용하므로 입력할 벡터의 현재 위치는 고려하지 않아도 된다.

(5) **ExpandPoint(점, 객체, 숫자) or ExpandPoint(점, 객체, 슬라이더)**
점 : 확대할 기준이 되는 점
객체 : 점을 기준으로 확대할 대상 객체
숫자, 슬라이더 : 확대 비율

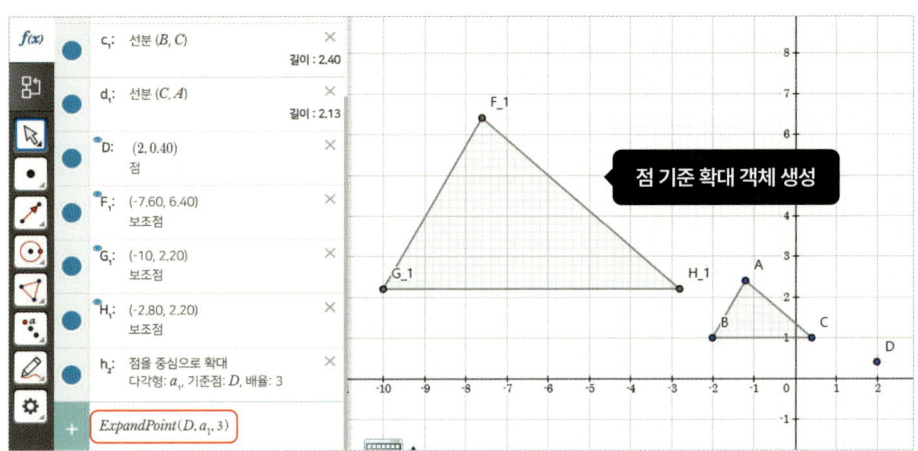

그림 249 ExpandPoint()를 사용하여 점을 기준으로 확대한 객체 생성

주어진 객체를 해당 점을 기준으로 비율 확대한 객체를 생성한다. 위 그림과 같이 점-객체-생성될 객체 순으로 위치하게 된다. 또한 숫자 위치에 슬라이더 객체 이름을 적는 것도 가능하다. 축소의 경우에는 0.5등 0과 1 사이의 소수점 배율을 입력하면 된다. 확대 비율이 음수일 경우 양수의 경우와 반대쪽으로 확대 객체가 생성된다.

2.3 대수 도구

6) 측정

측정에서는 생성된 객체의 길이, 각도, 넓이를 정확하게 측정하는 기능을 제공한다. 다양한 대수 명령어를 사용하여 선분, 도형의 길이와 각도, 넓이를 정밀하게 계산할 수 있다. 이러한 측정 기능은 기하학적 분석 및 디자인 작업에서 필수적이며, 작업의 정확성을 높이고 시각적 정리를 돕는다.

(1) Length(객체) or Length(점1, 점2)

객체 : 길이를 구할 대상 객체(선분, 도형)

점1, 2 : 두 점 사이의 길이를 구할 대상 점

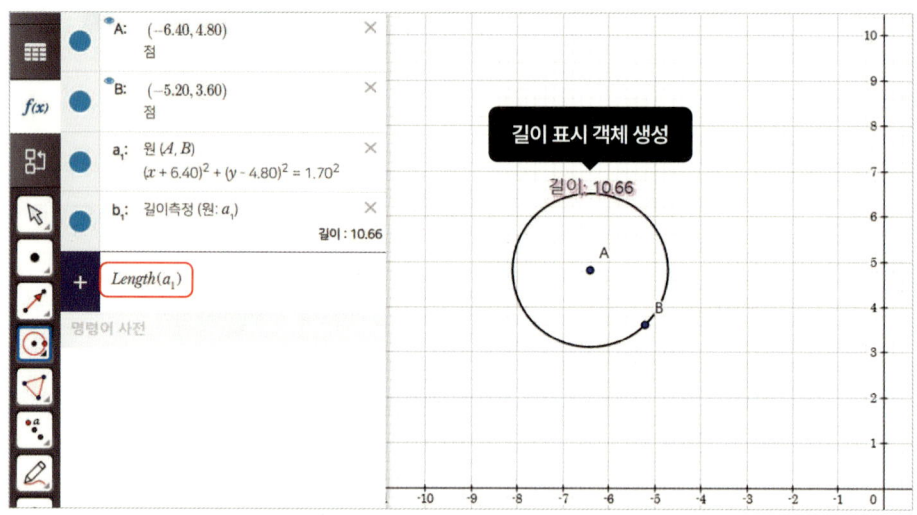

⬆ **그림 250** Length()를 사용하여 주어진 객체의 둘레 길이 표시

주어진 선분의 길이나 두 점 사이의 길이를 측정하여 나타내주는 객체를 생성한다. 도형을 지정할 때 해당 도형의 둘레 길이가 측정된다.

(2) Angle(점1, 점2, 점3)
점1, 2, 3 : 세 점 사이의 각을 구하기 위한 대상 점

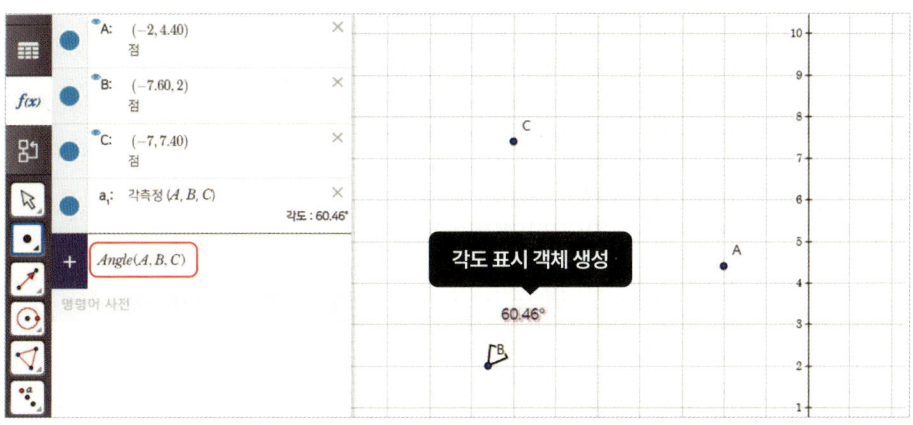

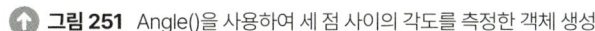
그림 251 Angle()을 사용하여 세 점 사이의 각도를 측정한 객체 생성

세 점이 이루는 각을 측정하고 나타내주는 객체를 생성한다. 입력한 순서대로 점을 연결하여 각을 측정하며 점1과 점2를 잇는 선분의 오른쪽 기준으로 각도가 측정된다. 따라서 반대쪽 각인 켤레각을 알고 싶은 경우 각 점의 위치를 역순으로 입력하면 된다.

(3) Area(대상 객체)
대상 객체 : 도형, 원, 부채꼴

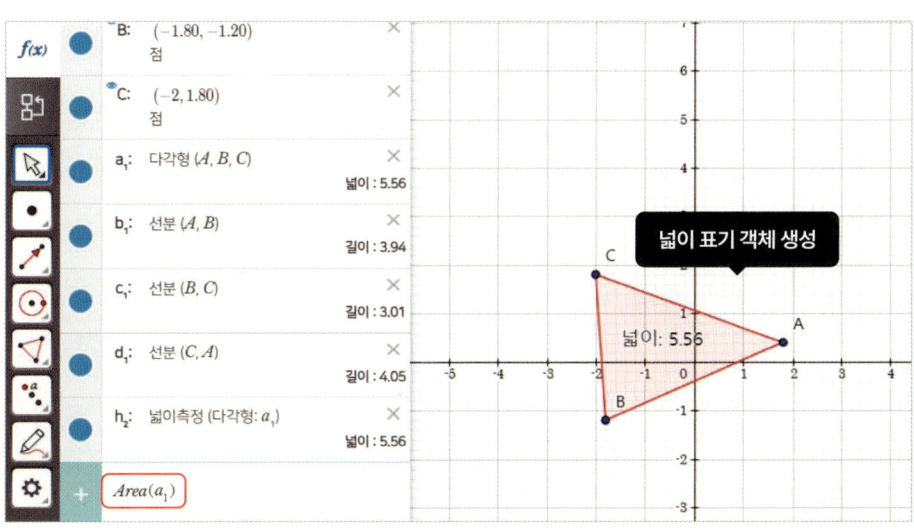

그림 252 Area()를 사용하여 주어진 도형의 넓이를 표기하는 객체 생성

주어진 도형의 넓이를 측정하여 나타내주는 객체를 생성한다. 도형, 원, 부채꼴의 넓이를 구할 때 쓰이는 대수 명령어이다.

2.3 대수 도구

2.3 대수 도구

7) 객체 선택, 이동 및 수정

객체를 선택하고, 이동시키며, 숨기거나 다시 표시하고, 삭제하는 기능을 통해 작업의 효율성을 높일 수 있다. 이러한 명령어들은 객체의 시각적 표현과 위치를 조정하는 데 유용하며, 복잡한 도형 작업에서 중요한 역할을 한다. 각 명령어는 객체의 선택 상태와 시각적 표시를 제어하여 작업 환경을 개선하고, 필요한 경우 객체를 정확히 조작할 수 있도록 돕는다.

(1) Select(객체1, 객체2, ⋯, 객체n)

객체1, 2, ⋯, n : 선택할 대상 객체

주어진 객체를 모두 선택한다. 하나의 객체를 입력하면 단일 선택 기능을 수행하며, 여러 객체를 입력하면 그룹 선택 기능을 수행한다. 이미 선택된 객체 상태에서 Select 명령어를 사용하여 다른 객체를 추가로 선택하면, 모든 선택된 객체가 함께 선택된다.

(2) Hide(객체1, 객체2, ⋯, 객체n)

객체1, 2, ⋯, n : 선택할 대상 객체

객체를 기하 창에서 숨긴다. 다시 나타내려면 대수 창에서 활성화하거나 Show() 대수 명령어를 사용해야 한다.

(3) NameHide()

모든 객체의 객체명만 기하 창에서 숨긴다. 다시 나타내려면 도구에서는 불가능하며 Name Show() 대수 명령어를 사용해야 한다.

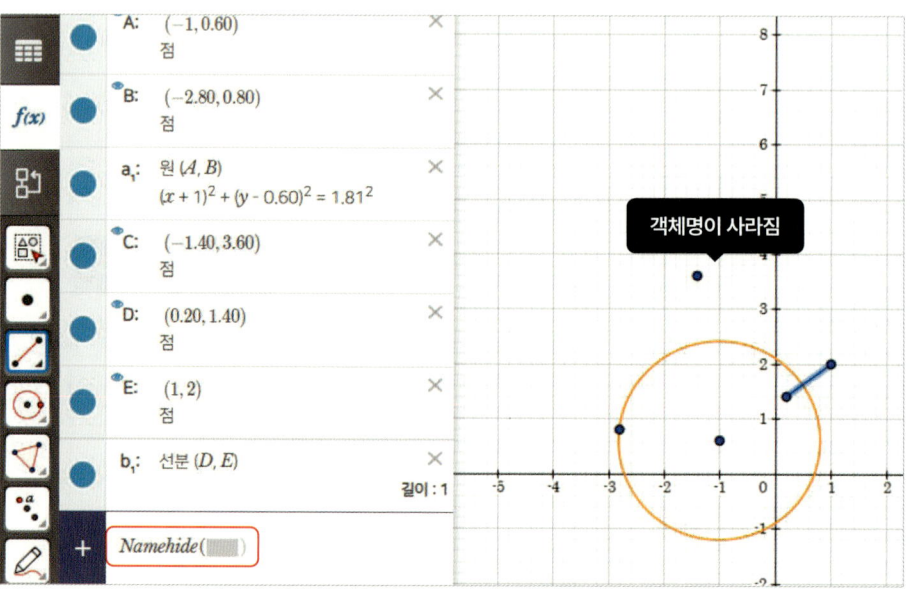

그림 253 NameHide()를 사용하여 객체명 숨기기

(4) DotHide()
모든 점을 기하 창에서 숨긴다. 숨겨진 점은 객체명만 남게 된다.

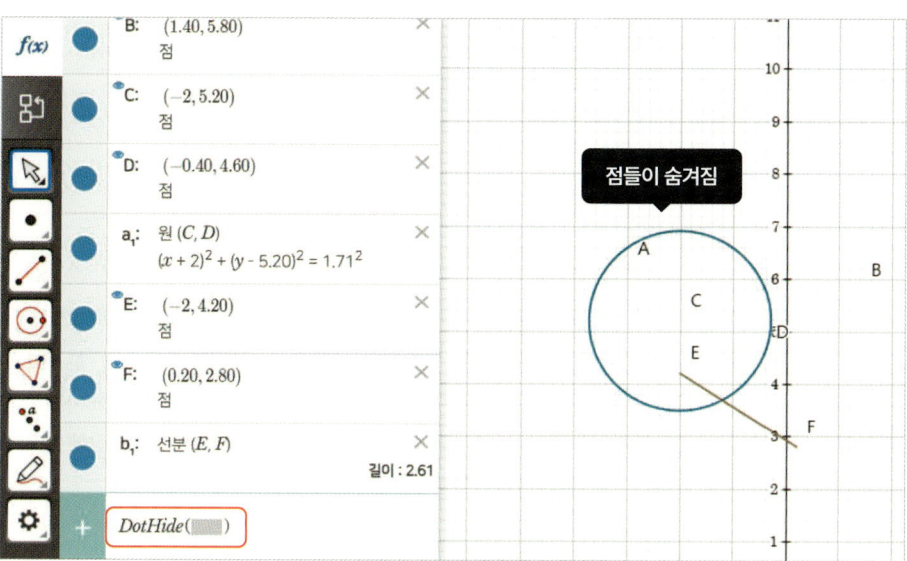

⬆ **그림 254** DotHide()를 사용하여 기하 창의 점만 숨기기

(5) Show(객체명1, 객체명2, ⋯, 객체명n)
객체명1, 2, ⋯, n : 선택할 대상 객체
객체를 기하 창에 나타낸다. 기하 창에서 숨겨진 객체를 드러내게 된다. 이미 기하 창에 그려지고 있는 객체엔 아무런 일도 일어나지 않는다.

(6) NameShow()
모든 객체의 객체명을 기하 창에 다시 그린다. NameHide() 대수 명령어를 통해 객체명만 숨겨진 객체의 객체명을 다시 나타내는데 사용한다.

(7) DotShow()
모든 점들을 기하 창에 나타낸다.
DotHide()에 의해 숨겨진 점들이 다시 기하 창에 나타나게 된다.

(8) Move(객체, x 좌표, y 좌표)
객체 : 움직일 대상 객체
x 좌표, y 좌표 : 현재 위치 기준 움직이고 싶은 거리
주어진 객체를 해당 좌표만큼 현재 위치에서 이동시킨다.

2.3 대수 도구

(9) **MoveTo(객체, x 좌표, y 좌표)**
객체 : 움직일 대상 객체
x 좌표, y 좌표 : 특정 위치의 좌표
주어진 객체를 해당 좌표로 이동시킨다.

(10) **Delete(객체1, 객체2, ···, 객체n)**
객체1, 2,···, n : 삭제할 대상 객체

8) 꾸미기 객체
측정된 도형의 속성을 시각적으로 강조하고 설명하기 위해 다양한 주석과 표시 기능이 필요하다. 이러한 기능들은 도형의 길이, 각도, 평행선 등을 명확하게 표현할 수 있도록 도와주며, 설계나 분석 작업에서 중요한 역할을 한다. 이 장에서는 주석을 추가하고 도형에 다양한 시각적 표시를 추가하는 대수 명령어들을 소개한다. 이 명령어들은 도형의 길이, 각도, 평행선 등을 기하 창에 명확히 나타내어 도형의 특성을 쉽게 이해하고 시각적으로 강조할 수 있게 한다.

(1) **SegmentDeco(객체, x 좌표, y 좌표)**
객체 : 설명선을 지정할 객체
x 좌표, y 좌표 : 설명선 범위를 지정할 좌표

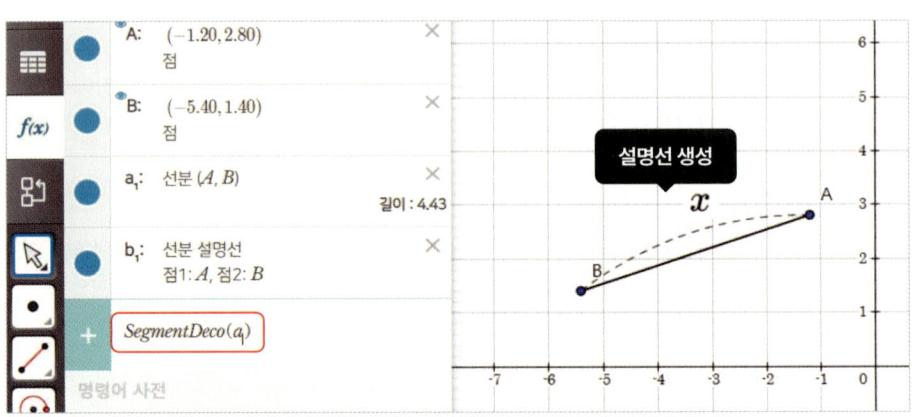

⬆ **그림 255** SegmentDeco()를 사용하여 주어진 선분에 설명선 생성

주어진 객체를 대상으로 설명선을 생성한다. 좌표 설정값을 통해 곡선의 조절점을 조정할 수 있다. 주로 선분의 길이를 기하 창에 나타낼 때 쓰이는 대수 명령어이다.

(2) IsoLengthDeco(선분)
선분 : 같은 길이 표시를 지정할 선분

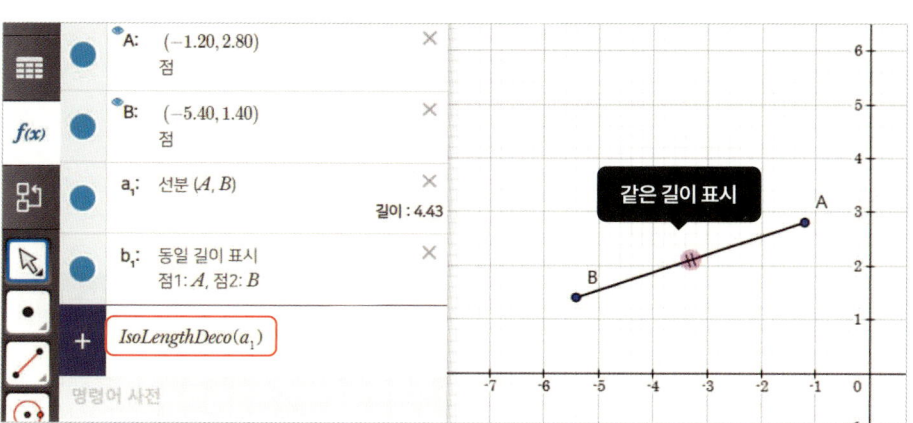

▲ **그림 256** IsoLengthDeco()를 사용하여 선분에 같은 길이 표시

주어진 선분에 같은 길이 표시를 생성한다. 선분의 길이가 같다는 표시를 기하 창에 나타낼 때 사용하는 대수 명령어이다.

(3) IsoAngleDeco(점1, 점2, 점3)
점1, 2, 3 : 같은 각도 표시를 지정할 점들

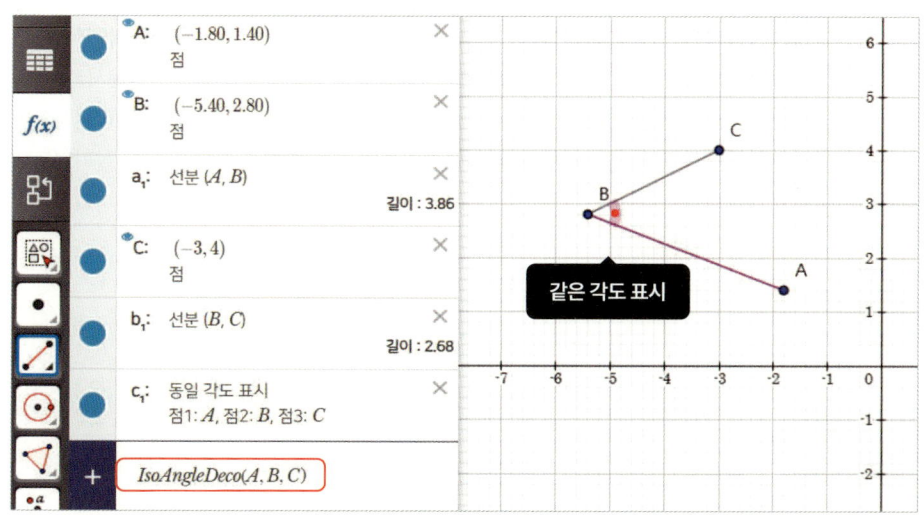

▲ **그림 257** IsoAngleDeco()를 사용하여 세 점 사이의 각에 같은 각도 표시

주어진 점이 이루는 각에 동일 각도 표시를 생성한다. 주로 서로 다른 각이 같은 각도임을 기하 창에 나타낼 때 사용하는 대수 명령어이다.

2.3 대수 도구

2.3 대수 도구

(4) ParallelDeco(선, x좌표, y좌표)

선 : 평행 표시를 지정할 선분

x좌표, y좌표 : 평행 표시를 집어넣을 좌표

⬆ 그림 258 ParallelDeco()를 사용하여 직선에 평행 표시

주어진 선분 혹은 선에 평행 표시를 해당 좌표에서 가장 가까운 곳에 생성한다. 주로 서로 다른 선분 혹은 선이 서로 평행하다는 것을 기하 창에 나타낼 때 사용하는 대수 명령어이다.

9) 거북 기하

거북 기하는 기하 창에 거북이를 생성하고, 거북이의 이동 경로를 설정하거나 이동하여 경로를 시각화하는 기능을 제공한다. 이 기능을 통해 사용자는 거북이의 움직임을 시각적으로 확인하고, 복잡한 도형이나 경로를 그릴 수 있다. 거북 기하 관련 명령어는 거북이를 생성하고, 이동시키며, 회전시키는 등의 작업을 수행할 수 있게 하여, 시각적 피드백을 통해 디자인 작업을 더 직관적으로 진행할 수 있도록 돕는다. 다음 장에서는 이러한 명령어들의 사용 방법과 적용 사례를 살펴보도록 한다.

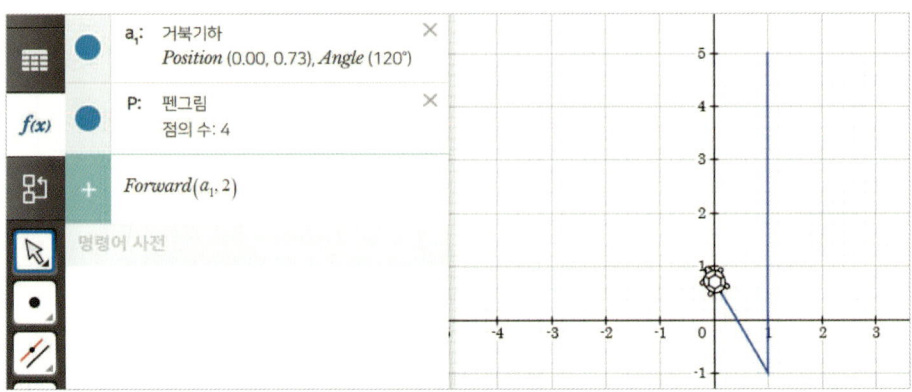

⬆ 그림 259 거북 기하와 거북이

(1) Turtle(x 좌표, y 좌표)

x 좌표, y 좌표 : 거북이를 생성할 좌표

주어진 좌표에 거북이를 생성한다. Turtle() 대수 명령어에 의해 생성된 거북이는 거북이 이동 관련 대수 명령어를 사용하여 움직일 수 있게 된다.

(2) Forward(거북이, 숫자 n)

거북이 : 움직일 거북이의 객체

숫자 n : 움직일 거리

거북이를 현재 바라보고 있는 방향으로 n만큼 앞으로 이동시킨다. 거북이가 이동한 경로에 선이 그려지게 된다.

(3) Backward(거북이, 숫자 n)

거북이 : 움직일 거북이의 객체

숫자 n : 움직일 거리

거북이를 현재 바라보고 있는 방향으로 n만큼 뒤로 이동시킨다. Forward()와 마찬가지로 거북이가 이동한 경로에 선이 그려지게 된다.

(4) Turn(거북이, 각도 d)

거북이 : 움직일 거북이의 객체

각도 d : 회전할 각도

거북이가 바라보고 있는 방향을 각도 d만큼 회전시킨다.

(5) TurnTo(거북이, 각도 d)

거북이 : 움직일 거북이의 객체

각도 d : 회전할 각도

거북이가 바라보고 있는 방향을 각도 d로 변경한다.

(6) TurnLR(거북이, 1, 각도 d) or TurnLR(거북이, -1, 각도 d)

거북이 : 움직일 거북이의 객체

각도 d : 회전할 각도

거북이가 바라보고 있는 방향을 시계 방향(1) 혹은 반시계 방향(-1)으로 각도 d만큼 회전시킨다.

2.3 대수 도구

2.3 대수 도구

10) 대수 명령어 표

(1) 점

Point(x 좌표, y 좌표)	주어진 좌표에 점을 생성한다.
Slider(x 좌표, y 좌표)	주어진 좌표에 슬라이더를 생성한다.
InterPoint(객체명1, 객체명2)	주어진 객체 간의 교점을 생성한다.
PointOnObject(객체명, x 좌표, y 좌표)	대상 객체 위에 주어진 좌표에서 가장 가까운 지점 위에 점을 생성한다.
CenterPoint(점1, 점2)	두 점 사이의 중점을 생성한다.
CenterPoint(선분)	주어진 선분의 중점을 생성한다.
Slider(x 좌표, y 좌표)	주어진 좌표에 슬라이더를 생성한다.

(2) 선분, 선

Segment(점1, 점2)	점1-점2를 잇는 선분을 생성한다.
Line(점1, 점2)	점1-점2를 지나는 직선을 생성한다.
Ray(점1, 점2)	점1에서 시작하여, 점2를 지나는 반직선을 생성한다.
Parallel(점, 선)	점을 지나며 선과 평행한 평행선을 생성한다.
Perp(점, 선)	점을 지나며 선과 수직인 수선을 생성한다.
PerpBis(선분)	주어진 선분에 대한 수직이등분선을 생성한다.
PerpBis(점1, 점2)	주어진 두 점에 대한 수직이등분선을 생성한다.
AngleBis(점1, 점2, 점3)	점1-점2-점3을 지나는 각의 이등분선을 생성한다.
Tng(점, 원)	점을 지나고 원과 접한 접선을 생성한다.
Tng(선분, 원)	선분과 평행하고 원과 접한 접선을 생성한다.
Tng(직선, 원)	직선과 평행하고 원과 접한 접선을 생성한다.
Vector(점1, 점2)	점1에서 점2로 향하는 벡터를 생성한다.

(3) 원, 호, 부채꼴

Circle(점1, 점2)	점1을 중심점으로, 점2까지의 거리를 반지름으로 삼은 원을 생성한다.
Circle(점1, 슬라이더)	점1을 중심점으로, 슬라이더의 값을 반지름으로 삼은 원을 생성한다.
Circle(점, 반지름)	점을 중심점으로 입력한 반지름을 가진 원을 생성한다.
Circle(점1, 점2, 점3)	세 개의 점을 지나는 원을 생성한다.
Compass(점1, 점2, 점3)	점1-점2 간의 거리를 반지름으로 삼아 중심이 점3인 원을 생성한다.
Arc(점1, 점2, 점3)	점1을 중심으로, 점1-점2 간의 거리를 반지름으로 하며, 점2에서 시계 반대 방향으로 출발하여 점3이 있는 곳까지 향하는 원호를 생성한다.
Fan(점1, 점2, 점3)	점1을 중심으로, 점1-점2 간의 거리를 반지름으로 하며, 점2에서 시계 반대 방향으로 출발하여 점3이 있는 곳까지 향하는 부채꼴을 생성한다.

2.3 대수 도구

(4) 도형

Polygon(점1, 점2, ⋯, 점 n)	주어진 점들을 입력한 순서대로 연결하는 도형을 생성한다.
LRPoly(점1, 점2, 숫자 n)	점1, 2를 이은 선분을 모서리로 하는 정(n)각형을 생성한다.
CPRPoly(숫자 n, 점1, 점2)	점 1을 중심으로 하고 꼭짓점 점2를 가지는 정(n)각형을 생성한다.

(5) 변환

PointReflect(점, 객체)	주어진 점에 대한 점대칭을 하여 객체를 생성한다.
LineReflect(선, 객체)	주어진 선에 대한 선대칭을 하여 객체를 생성한다.
Rotate(점, 객체, 각도, -1)	주어진 객체를 점을 기준으로 각도만큼 시계 방향(-1)으로 회전한 객체를 생성한다.
Rotate(점, 객체, 각도, 1)	주어진 객체를 점을 기준으로 각도만큼 반시계 방향(1)으로 회전한 객체를 생성한다.
ParallelTranslation(객체, 벡터)	주어진 객체를 벡터에 대해 평행 이동한 객체를 생성한다.
ExpandPoint(점, 객체, 숫자)	주어진 객체를 점을 중심으로 숫자만큼 확대한 객체를 생성한다.
ExpandPoint(점, 객체, 슬라이더)	주어진 객체를 점을 중심으로 슬라이더값만큼 확대한 객체를 생성한다.

2.3 대수 도구

(6) 측정

Length(도형)	주어진 도형의 길이측정 객체를 생성한다.
Length(점1, 점2)	입력받은 두 점 사이의 길이측정 객체를 생성한다.
Angle(점1, 점2, 점3)	점1-점2-점3을 지나는 각의 각도를 측정하는 객체를 생성한다.
Area(객체)	대상 객체에 대해 면적을 측정하는 객체를 생성한다.

(7) 객체를 선택하거나 움직이고 변경하기

Select(객체1, 객체2, ⋯, 객체 n)	입력받은 모든 객체에 해당하는 객체들을 선택 상태로 바꾼다.
Hide(객체1, 객체2, ⋯, 객체 n)	입력받은 모든 객체에 해당하는 객체들을 숨긴다.
NameHide()	모든 객체의 이름을 숨긴다.
DotHide()	모든 점을 기하 창에서 숨긴다.
Show(객체1, 객체2, ⋯, 객체 n)	입력받은 모든 객체에 해당하는 객체들을 숨김을 해제하고 보여준다.
NameShow()	모든 객체명의 이름을 보여준다.
DotShow()	모든 점을 기하 창에 표시한다.
Color(객체, 색이름)	객체를 주어진 색으로 변경한다.
RGBColor(객체, 숫자 r, 숫자 g, 숫자 b)	객체의 색을, 삼원색(r, g, b)을 사용하여 변경한다.
Move(객체명, x 좌표, y 좌표)	객체를 좌표만큼 이동 시킨다.
MoveTo(객체명, x 좌표, y 좌표)	객체를 좌표로 이동 시킨다.
Delete(객체1, 객체2, ⋯, 객체 n)	입력받은 모든 객체에 해당하는 객체들을 삭제한다.

2.3 대수 도구

(8) 꾸미기

SegmentDeco (객체, x 좌표, y 좌표)	주어진 객체를 대상으로 주어진 좌표가 조절점이 되는 곡선을 가진 설명선을 생성한다.
IsoLengthDeco(선분)	주어진 선분에 같은 길이 표시를 생성한다.
IsoLengthDeco(점1, 점2)	주어진 점 사이에 같은 길이 표시를 생성한다.
IsoAngleDeco(점1, 점2, 점3)	점1-점2-점3을 지나는 각에 동일 각도 표시를 생성한다.
ParallelDeco(선, x 좌표, y 좌표)	주어진 선 위에 주어진 좌표에서 가장 가까운 지점에 평행선 표시를 생성한다.
Text(x 좌표, y 좌표, "텍스트 내용")	주어진 좌표를 왼쪽 아래 지점으로 삼은 텍스트 객체를 생성한다.

(9) 거북 기하

Turtle(x 좌표, y 좌표)	거북이를 주어진 좌표에 생성한다.
Forward(거북이, 실수 n)	거북이를 실수 n만큼 앞으로 이동 후 자취를 남긴다.
Backward(거북이, 실수 n)	거북이를 실수 n만큼 뒤로 이동 후 자취를 남긴다.
Turn(거북이, 각도 d)	거북이를 반시계 방향으로 각도 d만큼 회전시킨다.
TurnTo(거북이, 각도 d)	거북이를 각도 d로 회전시킨다.
TurnLR(거북이, 1 or −1, 각도 d)	거북이를 반시계 방향(−1) 혹은 시계 방향(1)으로 각도 d만큼 회전시킨다.

2.3 대수 도구

2.3.5 여러 가지 함수

여러 가지 함수는 '알지오매스' 플랫폼에서 다양한 형태의 함수 입력을 가능하게 하는 중요한 기능이다. 이 기능을 통해 사용자는 상수함수, 다항함수, 유리함수, 무리함수, 지수함수, 로그함수, 삼각함수, 역삼각함수, 음함수, 매개변수함수 등 여러 가지 함수 유형을 정밀하게 입력하고 분석할 수 있다. 각 함수는 특정한 수학적 관계를 표현하며, 이들 함수를 적절히 활용함으로써 복잡한 수학적 모델을 구축하고 다양한 문제를 해결할 수 있다. 특히, 다양한 함수의 입력 방법을 이해하고 활용하면 수학적 시뮬레이션 및 분석을 더욱 효율적으로 수행할 수 있으며, 이에 따라 데이터 해석 및 함수의 특징 분석에서도 큰 도움을 받을 수 있다.

1) 상수함수

상수함수는 변수의 변화와 관계없이 항상 일정한 값을 반환하는 함수이다. 수학적으로는 주어진 값이 $y=a$의 형태로 나타나며, 여기서 a는 상수이다. 예를 들어, $y=3$이라는 상수함수는 x의 값에 상관없이 y의 값이 항상 3으로 일정하게 유지되는 것을 의미한다.

상수함수는 그래프상에서 x축과 평행한 직선으로 그려지며, 어떤 점에서도 기울기가 0인 특징을 가지고 있다. 알지오매스에서는 상수함수를 쉽게 입력할 수 있으며, 이를 통해 다양한 함수의 성질을 시각적으로 이해할 수 있는 장점이 있다. 또한, 상수함수는 복잡한 함수의 특성을 분석하거나 여러 가지 응용문제를 풀 때 유용하게 활용된다.

예 [y=3] 입력

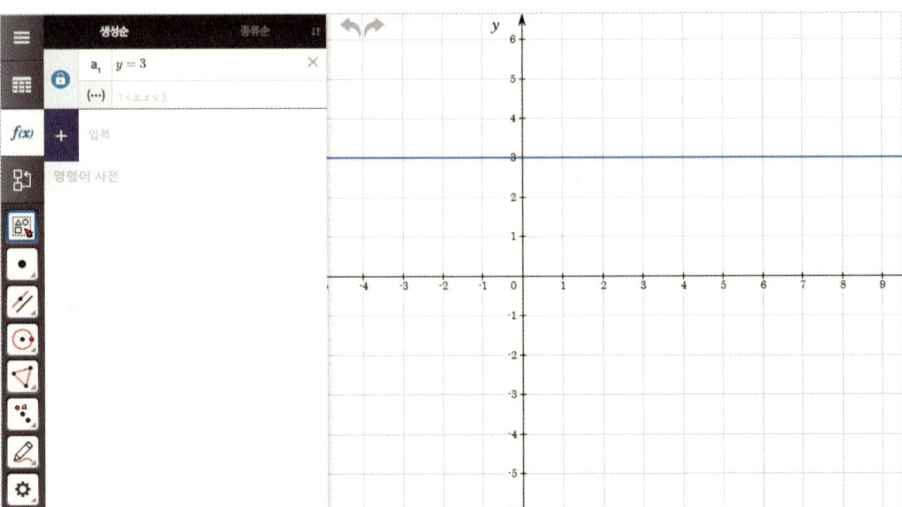

그림 260 상수함수

2) 다항함수

(1) 일차함수

일차함수는 가장 기본적인 형태의 함수로, 직선의 그래프를 나타낸다. 일반적인 일차함수는 $y = ax + b$의 형태를 가지며, 여기서 a는 기울기, b는 y절편을 의미한다. 기울기 a는 직선이 얼마나 가파른지를 나타내며, 양수일 경우 직선은 위로 상승하고, 음수일 경우 아래로 하강한다. y절편 b는 직선이 y축을 어디에서 통과하는지를 결정한다. 알지오매스에서는 일차함수를 입력하여 다양한 기울기와 절편을 가진 직선 그래프를 손쉽게 생성할 수 있다.

2.3
대수 도구

⬆ **그림 261** 대수 창에 직접 입력

(2) 이차함수

이차함수는 포물선 모양의 그래프를 그리는 함수로, 일반적인 형태는 $y = ax^2 + bx + c$이다. 여기서 a, b, c는 각각 상수로, 이차함수의 그래프 모양을 결정한다. 이차항의 계수 a는 포물선의 개방 방향과 폭을 결정한다.

a가 양수일 경우, 포물선은 위로 열린 모양(볼록형)을 띠며, a가 음수일 경우 포물선은 아래로 열린 모양(오목형)을 나타낸다. 이차함수의 그래프는 꼭짓점을 가지며, 이 꼭짓점은 포물선의 최대 또는 최솟값을 나타낸다. 꼭짓점의 위치는 함수의 방정식으로부터 계산할 수 있으며, 좌표는 $(-\frac{b}{2a}, f(-\frac{b}{2a}))$로 구할 수 있다.

또한, 포물선은 축 대칭성을 가지며, 대칭축은 $x = -\frac{b}{2a}$ 로 표현된다.

알지오매스에서는 이차함수의 그래프를 통해 포물선의 개형, 꼭짓점, 대칭축을 시각적으로 확인할 수 있으며, 이를 통해 다양한 함수의 특성을 쉽게 분석할 수 있다.

이차함수 또한 일차함수와 같이 대수 창에 직접 입력하여 생성할 수 있다. 미지수의 차수를 입력할 땐 특수문자(^)를 입력하여 차수를 작성한 뒤, 키보드 화살표(→)를 눌러 위첨자 위치에서 빠져나오면 된다. x를 두 번 연속 입력하여 차수를 표현하는 방법도 있다.

> **예** [y=3] [x^2] [→] [-] [2x] [+] [2] 입력

**2.3
대수 도구**

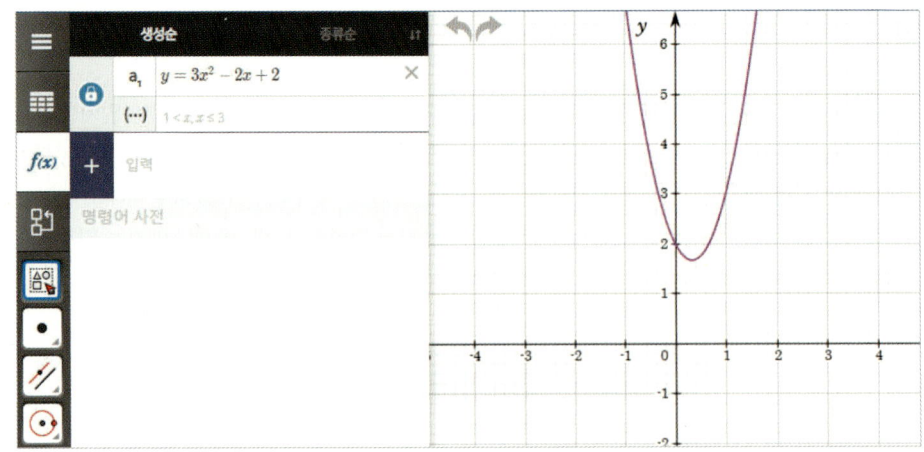

⬆ **그림 262** 이차함수 표현 방법

(3) 삼차함수와 사차함수

삼차함수와 사차함수는 각각 $y = ax^3 + bx^2 + cx + d$ 와 $y = ax^4 + bx^3 + dx + e$ 의 형태로 표현된다. 삼차함수는 최고차항이 3차이며, 사차함수는 최고차항이 4차인 함수이다. 두 함수 모두 복잡한 곡선을 가지며, 극값과 변곡점을 포함한다. 이러한 함수들은 복잡한 곡선 패턴을 나타내며, 다양한 곡선의 모양을 시각적으로 확인할 수 있는 특징을 지닌다.

두 함수 모두 입력 방법은 비슷하며, 알지오매스에서는 다음과 같은 방식으로 입력한다.

* 구분을 위해 [ ] 대괄호를 사용했으며 직접 입력할 때 [ ] 대괄호는 생략하고 입력하면 된다.

① 삼차함수 : [y=] [상수] [x^] [3] [→] [+ 또는 -] [상수] [x^] [2] [→] [+ 또는 -] [상수] [x] [→] [+ 또는 -] [상수]

② 사차함수 : [y=] [상수] [x^] [4] [→] [+ 또는 -] [상수] [x^] [3] [→] [+ 또는 -] [상수] [x^] [2] [→] [+ 또는 -] [상수] [x] [→] [+ 또는 -] [상수]

이 형식에 맞추어 함수를 입력하면 알지오매스에서 정확하게 삼차함수와 사차함수를 생성할 수 있다.

2.3 대수 도구

알지오매스에서 삼차함수와 사차함수뿐만 아니라 그 이상의 차수를 가지는 다항함수도 입력할 수 있다. 다항함수의 차수가 커지더라도 입력 방법은 동일하며, 차수에 따라 x의 지수를 조정하는 방식으로 입력하면 된다.

예를 들어,
n차 함수는 일반적으로
 형태로 나타낼 수 있다. 알지오매스에서 다항함수를 입력하는 방법은 다음과 같다.

n차 함수 : [y=] [상수] [x^] [n] [→] [+ 또는 -] [상수] [x^] [n-1] [→] [+ 또는 -] [상수] [x^] [n-2] [→] + …
예를 들어, 5차 함수는 형태이며, 다음과 같이 입력할 수 있다:

5차 함수 : [y=] [상수] [x^] [5] [→] [+ 또는 -] [상수] [x^] [4] [→] [+ 또는 -] [상수] [x^] [3] [→] [+ 또는 -] [상수] [x^] [2] [→] [+ 또는 -] [상수] [x] [→] [+ 또는 -] [상수]

이와 같은 방식으로 차수가 더 큰 다항함수도 입력할 수 있으며, 사용자가 원하는 만큼의 차수로 확장할 수 있다.

3) 유리함수

유리함수는 두 다항식의 비율로 표현되는 함수로, 알지오매스에서 쉽게 입력할 수 있다. 예를 들어, $\frac{p(x)}{q(x)}$ 와 같은 형태로 표현되는 유리함수는 분자와 분모에 각각 다항식을 입력하여 나타낸다.

알지오매스에서 유리함수를 입력하는 방법은 두 가지가 있다. 첫 번째 방법은 다음과 같다.

예   [y=] [/] [x-3] [↓] [2x-1]

이 방식에서는 다항식을 분자와 분모에 차례로 입력하여 유리함수를 작성한다.

두 번째 방법은 다음 같다:

예   [y=] [(x-3)] [/] [2x-1]

여기서는 괄호를 이용하여 분자를 묶고 그 후에 분모를 입력하는 방식으로 유리함수를 표현할 수 있다.

이 두 가지 방식 모두 유리함수 입력 시 사용되며, 이를 통해 분수 형태의 함수를 쉽게 다룰 수 있다.

2.3 대수 도구

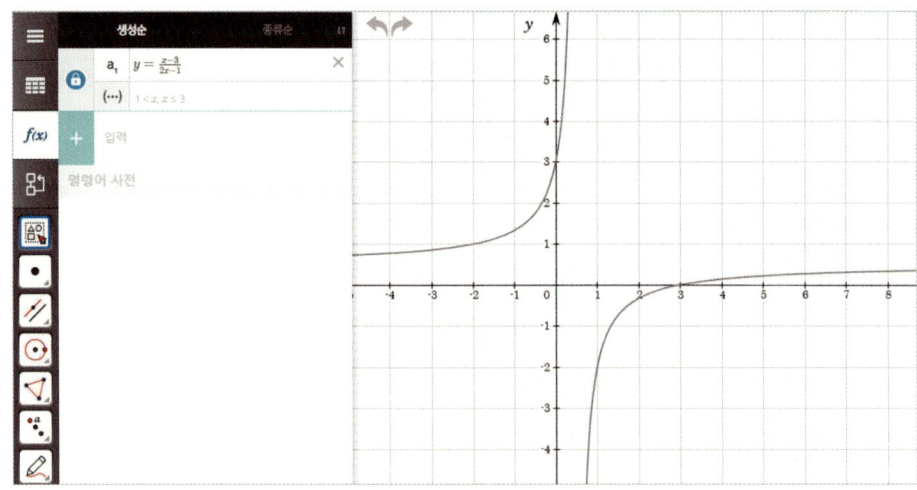

↑ **그림 263** 유리함수

4) 무리함수

무리함수는 루트를 포함한 함수로, 제곱근을 계산할 수 있는 중요한 함수이다. 알지오매스에서는 이러한 무리함수를 간편하게 입력할 수 있다. 예를 들어, $\sqrt{x+1}$ 와 같은 무리함수를 입력하려면, 대수 창에 아래와 같은 형식으로 입력하면 된다:

[y=] [sqrt] [x+1] 이때 'sqrt'는 제곱근을 의미하며, 괄호 안에 있는 $x+1$은 루트의 대상이 되는 식을 나타낸다. 무리함수는 주로 제곱근 그래프를 그리거나 근의 해석을 할 때 유용하게 사용된다.

> **예** [y=] [sqrt] [x+1] 입력

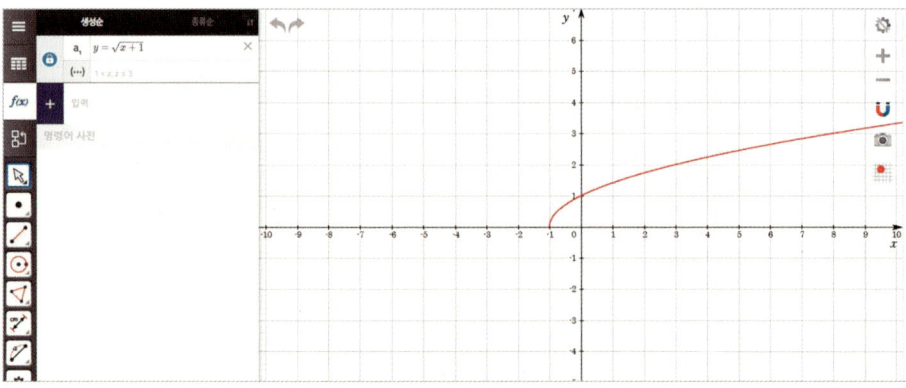

↑ **그림 264** 무리함수

5) 지수함수

지수함수는 밑(base)이 양수이면서 1이 아닌 상수인 지수와 변수의 조합으로 정의된다. 알지오매스에서는 지수함수를 다음과 같은 방식으로 입력할 수 있다.

지수함수의 일반적인 형태는 $y = a \cdot b^x$ 로 나타낸다. 여기서 a는 함수의 범위를 조절하는 상수이며, b는 지수함수의 밑으로, 함수의 기울기와 형태를 결정하는 값이다.
알지오매스에서 지수함수를 입력하는 방법은 다음과 같다.

[y=] [밑(>0)] [^] [x에 관한 식]

예를 들어, $y = 2^x$와 같은 지수함수는 다음과 같이 입력한다.

| 예 | [y=] [2] [^] [x] 입력 |

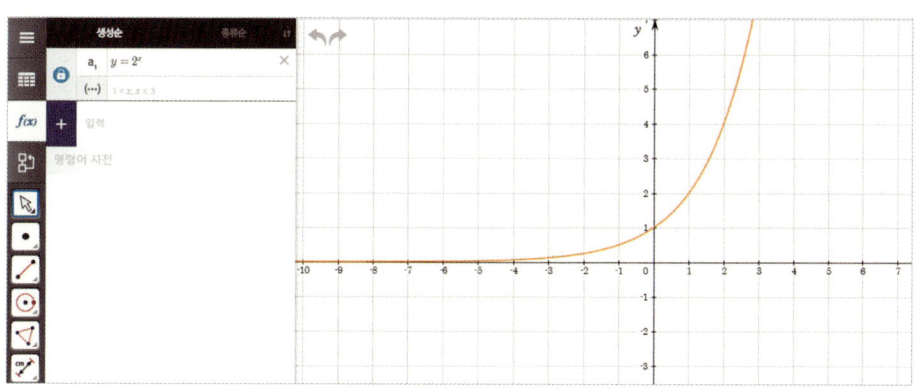

↑ **그림 265** 지수함수

이와 같은 방식으로 지수함수를 입력하면, 알지오매스에서 함수의 그래프를 정확하게 생성하고 분석할 수 있다.

2.3 대수 도구

6) 로그함수

로그함수는 지수함수의 역함수로, 세 가지 주요 형태로 구분된다 : 일반 로그함수, 상용로그 함수, 자연로그 함수. 각각의 로그함수는 특정 밑(base)에 따라 계산되며, 이를 통해 다양한 수학적 문제를 해결할 수 있다.

일반 로그함수는 임의의 밑 b를 사용하여 로그값을 계산하며, 알지오매스를 활용하면 다양한 밑과 진수를 쉽게 설정하고 그 그래프를 실시간으로 시각화할 수 있다. 상용로그 함수는 밑이 10인 로그함수로, 데이터 분석과 과학적 계산에서 널리 사용된다. 알지오매스는 상용로그 함수의 변화를 직관적으로 확인하고, 데이터의 패턴을 명확히 분석하는 데 도움을 준다. 자연로그 함수는 밑이 자연상수 e인 로그함수로, 미적분학과 확률론에서 중요하다. 알지오매스를 사용하면 자연로그 함수의 복잡한 수식도 간편하게 입력하고, 그래프를 명확히 분석하여 수학적 개념을 깊이 이해할 수 있다.

로그함수는 지수함수의 역함수로, 다양한 형태가 있으며 특정 밑(base) 값을 사용하여 로그값을 계산한다. 알지오매스에서는 로그함수를 간편하게 입력하고 활용할 수 있다. 로그함수는 일반 로그함수, 상용로그 함수, 자연로그 함수로, 주로 세 가지 형태로 사용된다.

① 일반 로그함수는 임의의 밑 b를 사용하여 로그값을 계산한다. 알지오매스에서 일반 로그함수를 입력하는 방법은 다음과 같다.

[y=] [log] [_] [밑] [→] [x에 관한 식]

예를 들어, 밑이 2인 로그함수 $y = \log_2 x$는 다음과 같이 입력할 수 있다 :

예 [y=] [log] [_] [2] [→] [x] 입력

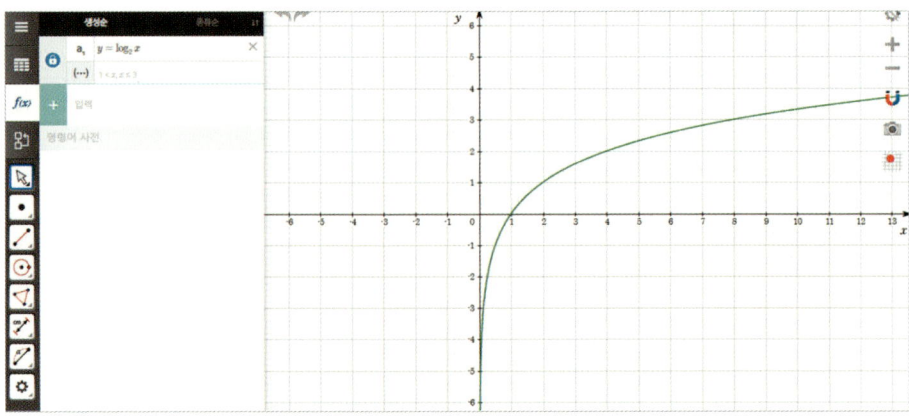

⬆ **그림 266** 로그함수

② 상용로그 함수는 밑이 10인 로그함수로, 데이터 분석과 과학적 계산에서 많이 사용된다. 알지오매스에서 상용로그 함수를 입력하는 방법은 다음과 같다.

[y=] [log] [x에 관한 식]

예를 들어, 상용로그 함수 $y = \log(x)$는 다음과 같이 입력할 수 있다.

예   [y=] [log] [x] 입력

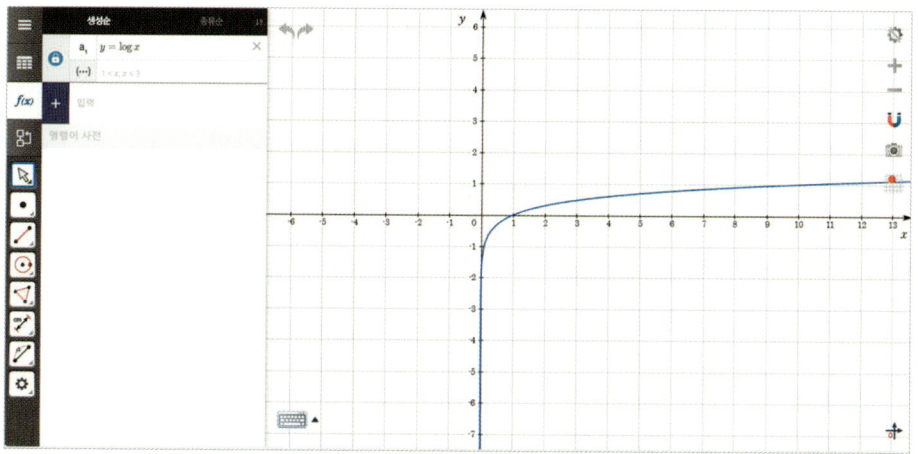

↑ 그림 267 상용로그 함수

③ 자연로그 함수는 밑이 자연 상수 e인 로그함수로, 미적분학 및 확률론에서 중요하다. 알지오매스에서 자연로그 함수를 입력하는 방법은 다음과 같다:

[y=] [ln] [x에 관한 식]

예를 들어, 자연로그 함수 $y = \ln(x)$는 다음과 같이 입력할 수 있다.

예   [y=] [ln] [x] 입력

2.3
대수 도구

2.3 대수 도구

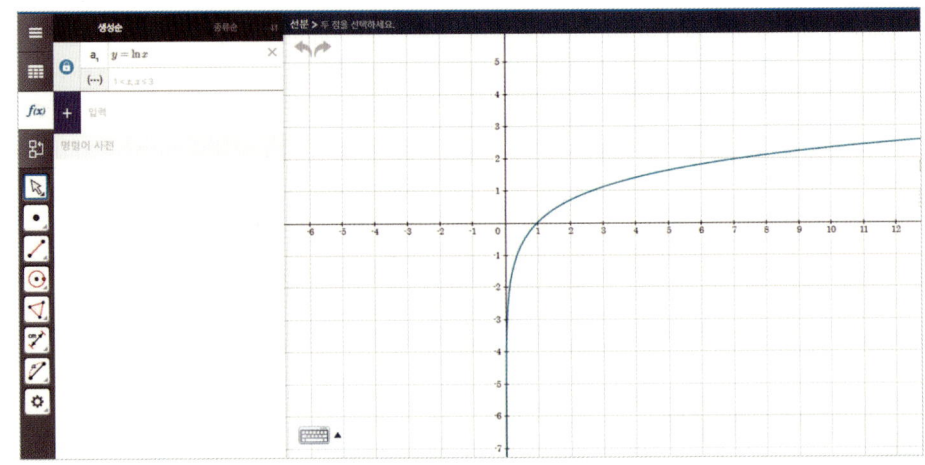

그림 268 자연로그 함수

알지오매스를 활용하면 각 로그함수의 그래프를 실시간으로 시각화할 수 있으며, 복잡한 계산 없이도 다양한 로그함수의 변화를 쉽게 분석할 수 있다. 이를 통해 함수의 특성을 보다 명확히 이해하고 문제를 효과적으로 해결할 수 있다.

7) 삼각함수

삼각함수는 각도와 삼각비를 기반으로 하는 함수로, 주기적인 성질을 가지며, 삼각형의 각도와 변의 비율을 나타낸다. 주요 삼각함수로는 사인($\sin$), 코사인($\cos$), 탄젠트($\tan$) 함수와 이들의 역수인 코시컨트($\csc$), 시컨트($\sec$), 코탄젠트($\cot$) 함수가 있다.

> 삼각비 입력 방법을 참고. [환경설정 > 각도 [단위 설정에서 Radian 표기 설정]] x축에 체크하면 라디안 단위의 삼각함수를 볼 수 있다.

① 사인(sin) 함수는 각도의 사인값을 나타낸다. 알지오매스에서 사인 함수를 입력하는 방법은 다음과 같다.

[y=][sin][x에 관한 식]

예를 들어, $y = \sin(x)$는 다음과 같이 입력할 수 있다.

예   [y=] [sin] [x] 입력

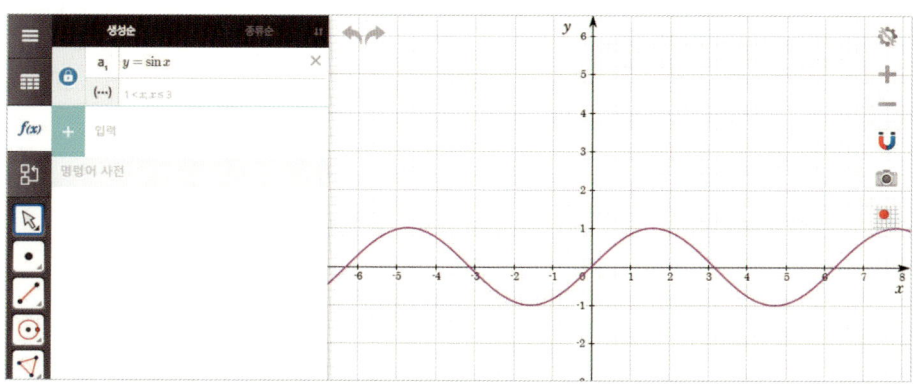

예   [y=] [3] [sin] [2x] 입력

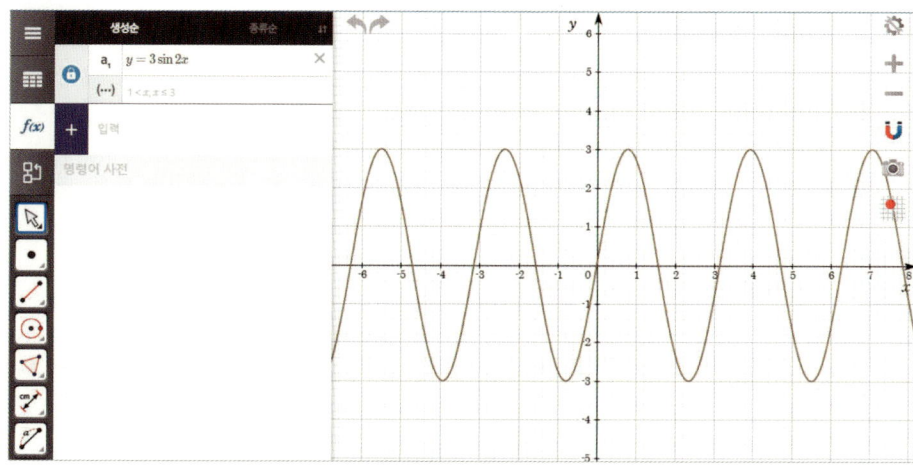

⬆ **그림 269** 사인 함수

2.3 대수 도구

2.3 대수 도구

② 코사인(cos) 함수는 각도의 코사인값을 나타낸다. 알지오매스에서 코사인 함수를 입력하는 방법은 다음과 같다.

[y=] [cos] [x에 관한 식]]

예를 들어, $y = \cos(x)$는 다음과 같이 입력할 수 있다.

예 [y=] [cos] [x] 입력

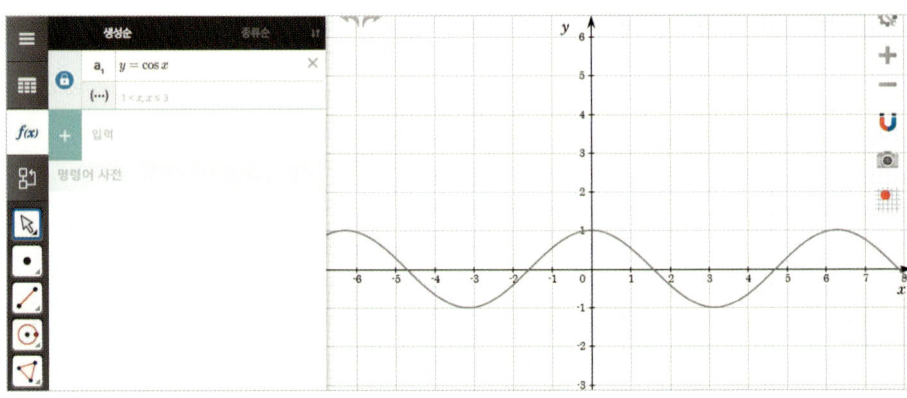

↑ **그림 270** 코사인 함수

③ 탄젠트(tan) 함수는 각도의 탄젠트 값을 나타낸다. 알지오매스에서 탄젠트 함수를 입력하는 방법은 다음과 같다.

[y=] [tan] [x에 관한 식]

예를 들어, $y = \tan(x)$는 다음과 같이 입력할 수 있다.

예 [y=] [tan] [x] 입력

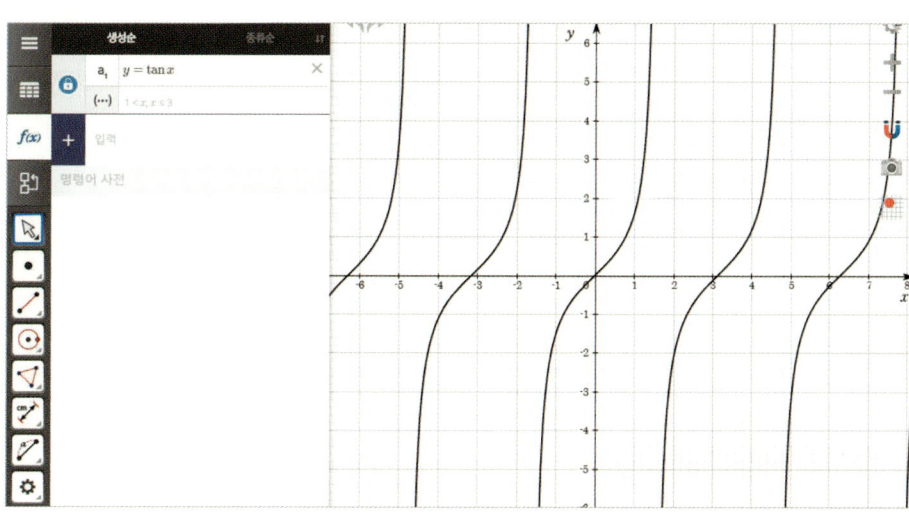

그림 271 탄젠트 함수

④ 코시컨트(csc) 함수는 사인 함수의 역수로, 각도의 코시컨트 값을 나타낸다. 이는 $\csc(x) = \dfrac{1}{\sin(x)}$ 로 정의된다. 알지오매스에서 코시컨트 함수를 입력하는 방법은 다음과 같다.

[y=][csc][x에 관한 식]

예를 들어, $y = \csc(x)$는 다음과 같이 입력할 수 있다.

예 [y=] [csc] [x] 입력

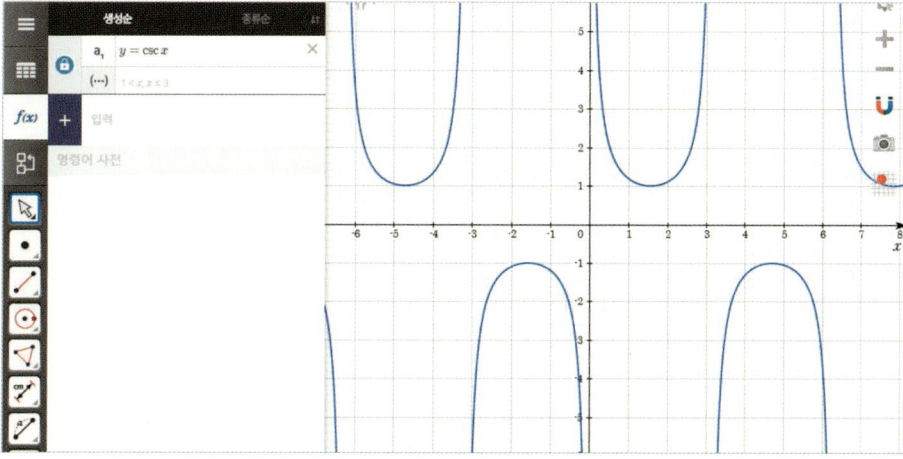

그림 272 코시컨트 함수

2.3 대수 도구

⑤ 시컨트(sec) 함수는 코사인 함수의 역수로, 각도의 시컨트 값을 나타낸다.
이는 $\sec(x) = \dfrac{1}{\cos(x)}$ 로 정의된다. 알지오매스에서 시컨트 함수를 입력하는 방법은 다음과 같다.

[y=] [sec] [x에 관한 식]

예를 들어, $y = \sec(x)$는 다음과 같이 입력할 수 있다.

> **예** [y=] [sec] [x] 입력

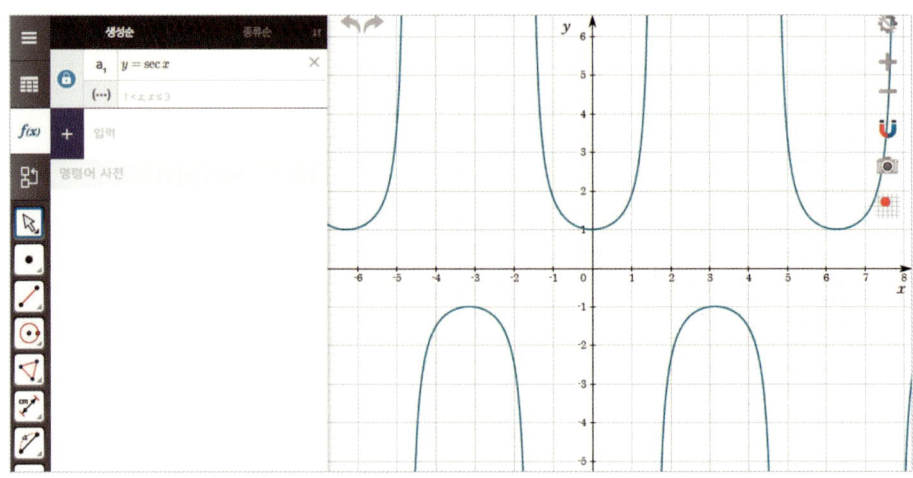

⬆ **그림 273** 시컨트 함수

⑥ 코탄젠트(cot) 함수는 탄젠트 함수의 역수로, 각도의 코탄젠트 값을 나타낸다.
이는 $\cot(x) = \dfrac{1}{\tan(x)}$ 로 정의된다. 알지오매스에서 코탄젠트 함수를 입력하는 방법은 다음과 같다.

[y=] [cot] [x에 관한 식]

예를 들어, $y = \cot(x)$는 다음과 같이 입력할 수 있다.

> **예** [y=] [cot] [x] 입력

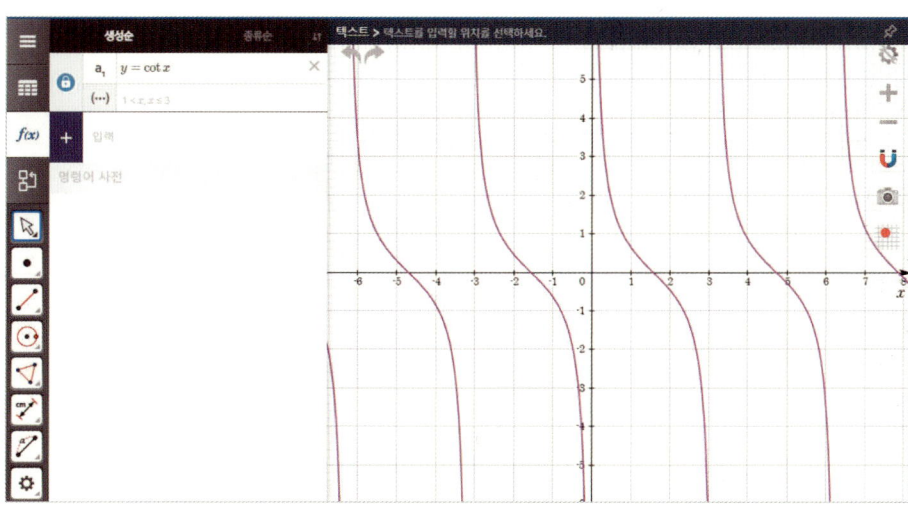

⬆ **그림 274** 코탄젠트 함수

알지오매스를 활용하면 삼각함수의 그래프를 시각적으로 쉽게 확인할 수 있으며, 함수의 주기성과 변화를 직관적으로 이해할 수 있다. 또한, 각도 단위를 라디안으로 설정하여 보다 정확한 계산과 분석이 가능하며, 다양한 삼각함수의 성질을 효과적으로 탐색할 수 있다.

8) 역삼각함수

역삼각함수는 삼각함수의 역함수로, 주어진 삼각비에서 각도를 찾는 데 사용된다. 역삼각함수는 사인, 코사인, 탄젠트의 역함수로 각각 아크사인, 아크코사인, 아크탄젠트가 있으며, 이 외에도 역삼각함수의 역수인 함수를 사용할 수 있다. 각 함수는 삼각비를 통해 각도를 계산하는데 유용하며, 알지오매스에서는 이들 함수를 다음과 같은 방식으로 입력할 수 있다.

(1) 아크사인

아크사인 함수는 주어진 값의 사인값을 가지는 각도를 구한다. 이는 $y = \arcsin x$ 로 정의할 수 있다. 알지오매스에서 아크사인 함수를 입력하는 방법은 다음과 같다.

[y=] [arcsin] [x에 관한 식]

> **예** [y=] [arcsin] [x] 입력

아크사인은 사인의 역함수, 즉 $y = \sin^{-1} x$ 이므로
[y=] [sin] [^] [-1] [→] [x에 관한 식] 로 사용해도 된다.

2.3
대수 도구

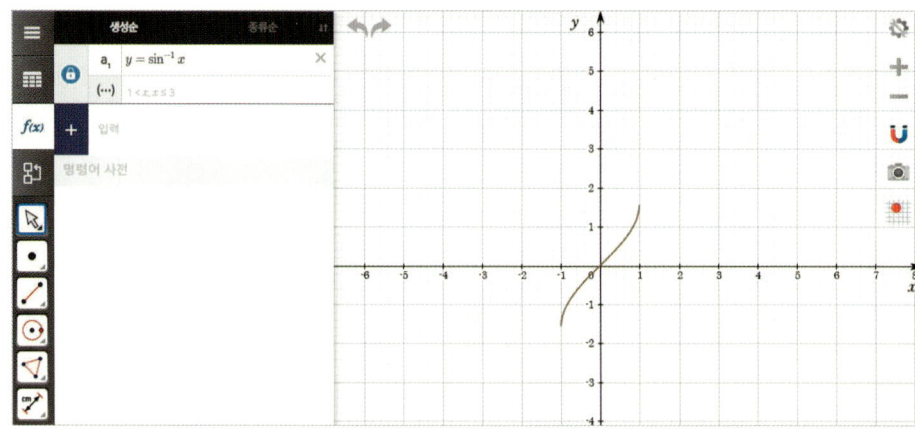

↑ 그림 275 아크사인 함수

(2) 아크코사인
아크코사인 함수는 주어진 값의 코사인값을 가지는 각도를 구한다. 이는 $y = \arccos x$ 로 정의할 수 있다. 알지오매스에서 아크코사인 함수를 입력하는 방법은 다음과 같다.

[y=] [arccos] [x에 관한 식]

| 예 | [y=] [arccos] [x] 입력 |

아크코사인은 코사인의 역함수, 즉 $y = \cos^{-1} x$ 이므로
[y=] [cos] [^] [-1] [→] [x에 관한 식]로 사용해도 된다.

| 예 | [y=] [cos] [^] [-1] [→] [x] 입력 |

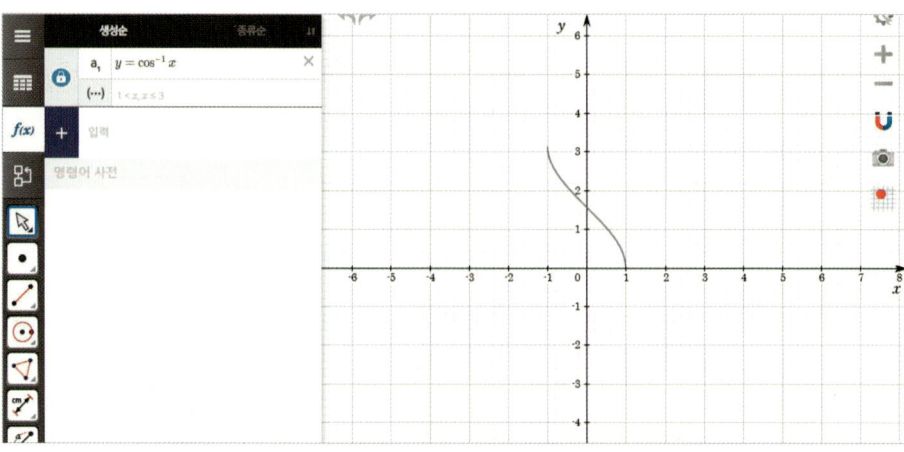

↑ 그림 276 아크코사인 함수

(3) 아크탄젠트

아크탄젠트 함수는 주어진 값의 탄젠트 값을 가지는 각도를 구한다. 이는 $y = \arctan x$ 로 정의할 수 있다. 알지오매스에서 아크탄젠트 함수를 입력하는 방법은 다음과 같다.

[y=] [arctan] [x에 관한 식]

| 예 | [y=] [arctan] [x] 입력 |

아크탄젠트는 탄젠트의 역함수, 즉 $y = \tan^{-1} x$ 이므로
[y=] [tan] [^] [-1] [→] [x에 관한 식]로 사용해도 된다.

| 예 | [y=] [tan] [^] [-1] [→] [x] 입력 |

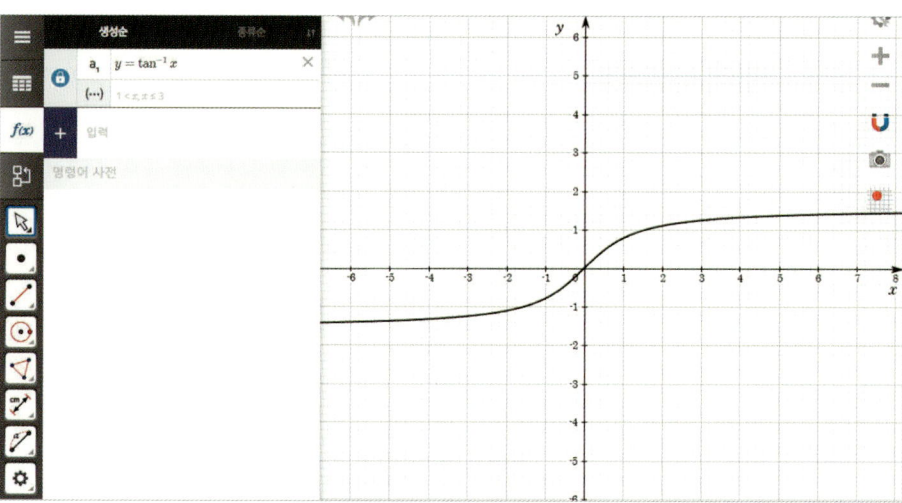

↑ **그림 277** 아크탄젠트 함수

2.3 대수 도구

2.3 대수 도구

9) 음함수

음함수는 x와 y 사이의 관계를 직접적으로 명시하지 않고, 이들 간의 관계를 정의하는 식으로 표현된다. 일반적으로 $F(x, y) =$ 상수 형태로 나타내며, 복잡한 곡선이나 형태를 표현할 때 유용하다. 예를 들어, 원의 방정식 $x^2 + (y-3)^2 = 2$는 음함수의 대표적인 예이다. 이 식은 y를 x의 함수로 직접 표현하지 않고도 원을 정의할 수 있다.

알지오매스에서는 음함수를 다음과 같은 형식으로 입력할 수 있다.

[x, y에 관한 식=상수]

예를 들어, 원의 방정식 $x^2 + (y-3)^2 = 2$를 입력할 때, 알지오매스에서는 다음과 같이 입력한다.

| 예 | [x^2] [→] [+] [(y-3)^2] [→] [=] [2] 입력 |

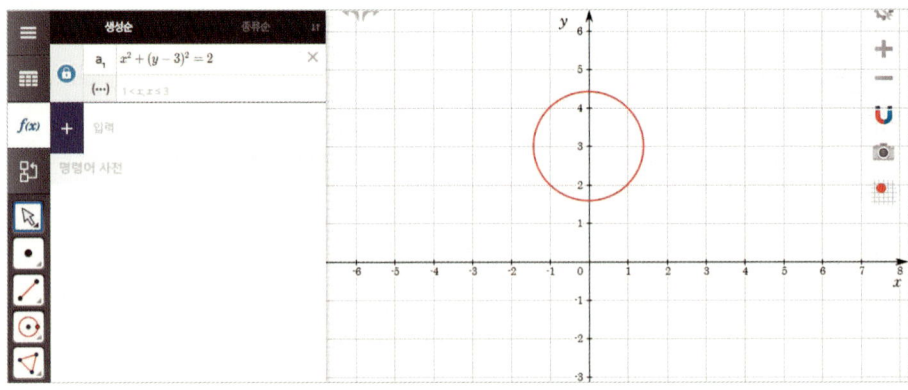

↑ 그림 278 음함수

이렇게 입력하면 알지오매스가 자동으로 해당 곡선의 그래프를 생성하여 시각화한다. 음함수를 사용하면 복잡한 형태의 함수도 간편하게 그래프로 표현할 수 있으며, 함수의 형태를 직관적으로 이해하는 데 도움이 된다. 알지오매스의 이러한 기능은 복잡한 수학적 개념을 쉽게 시각화할 수 있게 해 주며, 학습과 분석을 더욱 효율적으로 만들어준다.

10) 매개변수함수

매개변수 함수는 두 개 이상의 변수를 사용하여 곡선으로 $(f(x), g(x))$으로 정의하는 함수이다. 보통 x와 y를 각각 독립적인 변수로 두기보다는, 하나의 매개변수 t에 대한 함수로 표현한다. 이러한 방식은 복잡한 곡선이나 경로를 더욱 명확하게 나타낼 수 있는 장점이 있다.

알지오매스에서는 매개변수 함수를 다음과 같은 형식으로 입력할 수 있다.

[(x에 관한 식, x에 관한 식)]

예를 들어, 매개변수 방정식 $x = t - \sin t, y = 1 - \cos t$ 는 알지오매스에서 다음과 같이 입력한다.

$[(x - \sin x, 1 - \cos x)]$

이렇게 입력하면, 알지오매스가 자동으로 주어진 매개변수에 따른 그래프를 생성한다. 매개변수 함수는 곡선의 형태를 더 직관적으로 이해할 수 있게 하며, 다양하고 복잡한 경로를 간편하게 표현할 수 있는 기능을 제공한다.

2.3
대수 도구

예   [(x-sinx, 1-cosx)] 입력

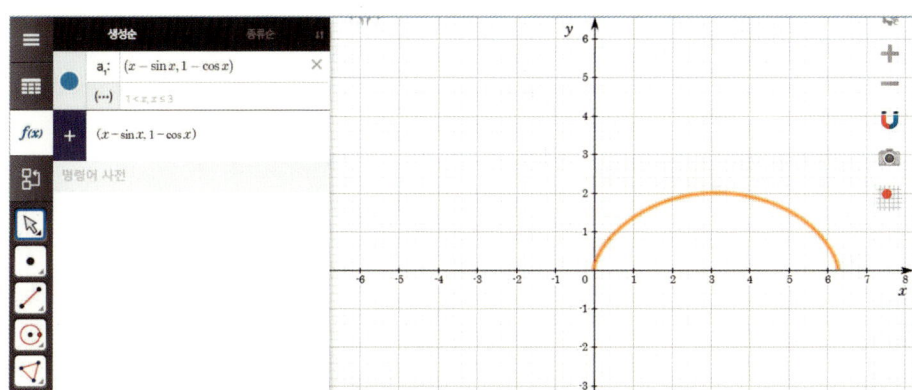

↑ **그림 279**   매개변수함수

2.3 대수 도구

2.3.6 부등식

부등식은 두 값 혹은 두 식의 크기를 비교하는 수학적 표현이다. 알지오매스에서는 부등식을 간단하게 입력할 수 있으며, 다양한 형태의 부등식을 그래프로 나타낼 수 있다. 예를 들어, 특정 영역을 나타내는 부등식을 입력하면 해당 영역이 그래프상에 그려진다.
알지오매스에서 부등식을 입력하는 방법은 다음과 같다,

[f(x)] [> 또는 < 또는 >= 또는 <=] [0]

또한, 두 식이 양쪽에 있을 때도 부등식을 입력할 수 있다. 예를 들어, $x + y > 3$ 과 같은 형태로도 입력 가능하다. 이와 같은 방식으로 알지오매스는 부등식의 영역을 그래프상에 명확하게 표현하며, 복잡한 수식을 쉽게 시각화할 수 있다.

부등식을 입력하면 알지오매스는 자동으로 해당 범위의 영역을 그려주며, 이는 다양한 문제를 시각적으로 확인하고 해석하는 데 유용하다.

> '<' 또는 '>' 부등호를 사용하면, 점선으로 경계가 나타난다.
> '<=' 또는 '>=' 부등호를 사용하면, 실선으로 경계가 나타난다.

예 [x-y<1] 입력

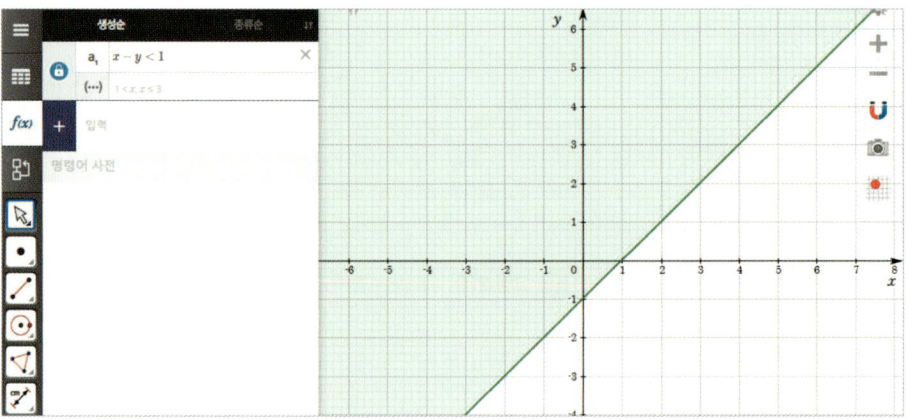

그림 280 부등식 영역

또한, & 기호를 사용하여 두 개 이상의 부등식을 연결함으로써 부등식의 교집합 영역을 시각적으로 표현할 수도 있다. 이 기능은 서로 다른 조건을 동시에 만족하는 영역을 확인하거나 복잡한 문제 상황을 명확히 분석하는 데 매우 유용하다.

2.3
대수 도구

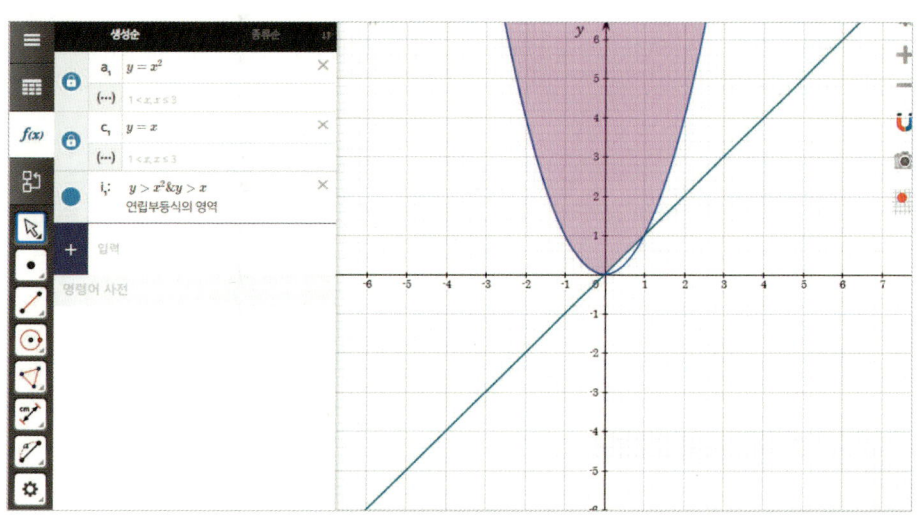

⬆ **그림 281** 부등식의 교집합

이러한 기능은 학생들에게 여러 가지 이점을 제공한다. 먼저, 부등식의 해와 그 의미를 시각적으로 이해할 수 있어, 수학적 개념을 더욱 직관적으로 파악할 수 있다. 또한, 여러 부등식을 동시에 시각화함으로써, 복잡한 문제를 쉽게 비교하고 분석하는 데 도움을 준다. 이러한 접근은 학생들이 문제 해결 능력을 향상하고, 수학적 사고를 깊이 있게 발전시키는 데 크게 기여한다.

2.3 대수 도구

2.3.7 미분과 적분

1) 함수 정의

알지오매스에서는 함수를 정의할 수 있는 미적분 계산기 기능을 제공한다. 함수를 정의하는 기본 형식은 [f(x)=(x에 관한 식)]과 같은 방식으로 입력한다. 즉, 함수 정의 시에는 y 대신 $f(x)$ 형태로 식을 입력해야 한다. 이는 여러 함수를 정의할 때 혼동을 방지하며, 각각의 함수에 고유한 이름을 부여할 수 있게 한다.

한 번 함수를 $f(x)$로 정의하면, 동일한 이름을 다른 함수에 사용할 수 없으며, 다른 함수는 $g(x)$와 같은 다른 문자를 사용하여 정의해야 한다. 이를 통해 여러 함수를 체계적으로 관리할 수 있으며, 다양한 함수와 그 연산을 쉽게 다룰 수 있다.

> **예** [f(x)=x-1] 입력

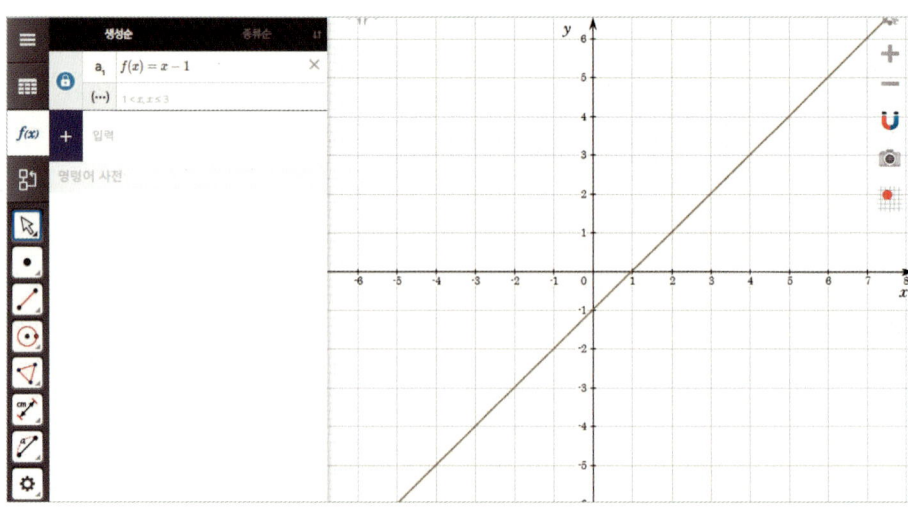

⬆ **그림 282** 함수 정의(y=x-1)

2) 함숫값

알지오매스에서는 함수에 특정한 수나 문자를 대입하여 그에 해당하는 함숫값을 쉽게 구할 수 있다. 먼저 함수를 정의한 후, 원하는 값에 해당하는 함숫값을 입력하여 구할 수 있다. 예를 들어, 함수 $f(x) = x - 1$을 정의한 후, $f(2)$를 입력하면 $x = 2$일 때의 함숫값을 구할 수 있다.

함숫값을 입력할 때는 [f(수)]의 형식을 따르며, 그래프상에서 점을 시각적으로 확인하고자 할 때는 $(x, f(x))$ 또는 슬라이더를 활용하여 입력할 수 있다. 이렇게 함숫값을 구하면, 해당 값이 그래프상에 표시되어 시각적으로도 이해가 쉽다.

| 예 | [f(x)=x-1] 입력 |

| 예 | [f(2)] 입력 |

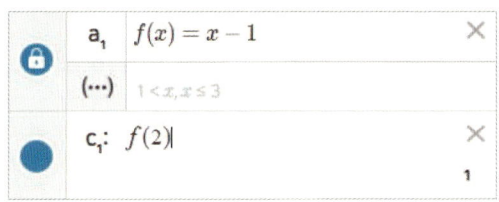

↑ 그림 283 함숫값 입력

3) 함수 연산

알지오매스에서는 두 함수에 대해 상수배, 덧셈, 뺄셈, 곱셈, 나눗셈과 같은 다양한 연산을 수행할 수 있다. 먼저 각각의 함수를 정의한 후, 간단한 연산 기호를 사용하여 여러 함수의 조합을 만들 수 있다.

(1) 상수배

함수 $f(x)$를 정의한 후, 상수를 곱해 [상수][f(x)] 형태로 입력하면 된다.
예를 들어 $g(x) = 2f(x)$와 같이 상수배 함수를 정의할 수 있다.

| 예 | [f(x)=x-1]을 입력 후, 다음 입력창에 [2f(x)]를 입력 |

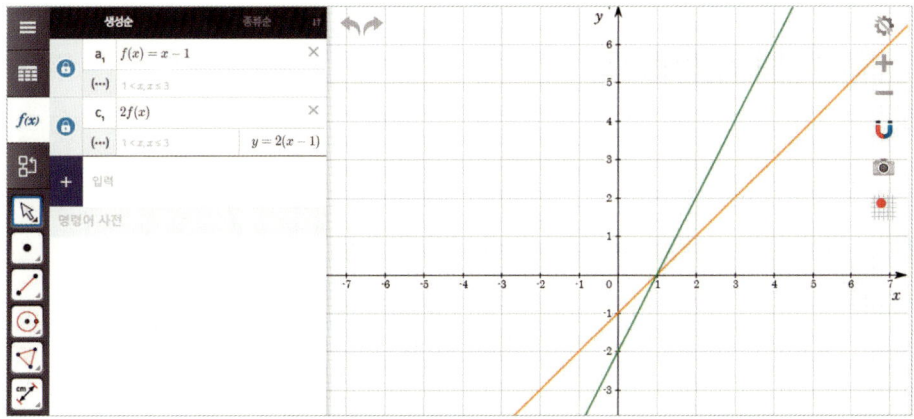

↑ 그림 284 함수의 연산(상수배)

2.3
대수 도구

2.3 대수 도구

(2) 덧셈

두 함수 $f(x), g(x)$를 정의한 $[f(x)+g(x)]$ 형태로 두 함수를 더할 수 있다.

예를 들어 $h(x) = f(x) + g(x)$와 같이 합을 구해 함수로 다시 정의할 수 있다.

예 [f(x)=x-1]와 [g(x)=x^2]를 각각 입력한 후, 다음 입력창에 [f(x)+g(x)]를 입력

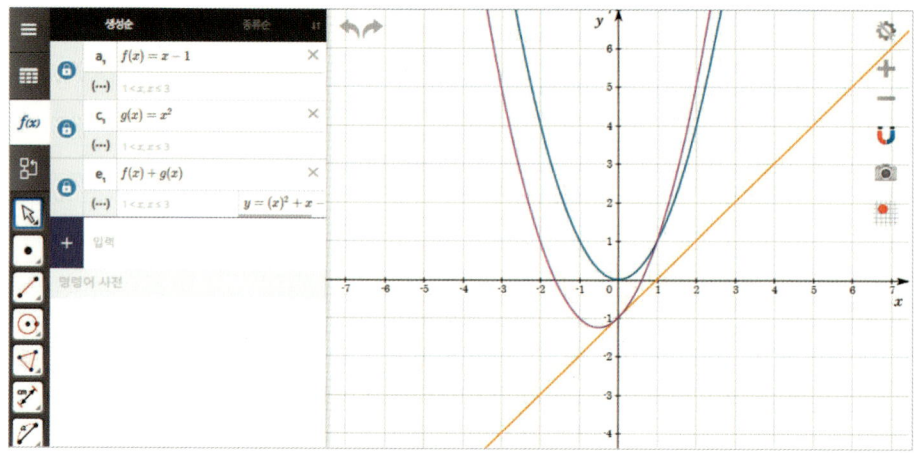

⬆ **그림 285** 함수의 연산(덧셈)

(3) 뺄셈

두 함수 $f(x), g(x)$를 정의한 $[f(x)-g(x)]$ 형태로 두 함수를 뺄 수 있다.

예를 들어 $h(x) = f(x) - g(x)$와 같이 차를 구해 함수로 다시 정의할 수 있다.

예 [f(x)=x-1]와 [g(x)=x^2]를 각각 입력한 후, 다음 입력창에 [f(x)-g(x)]를 입력

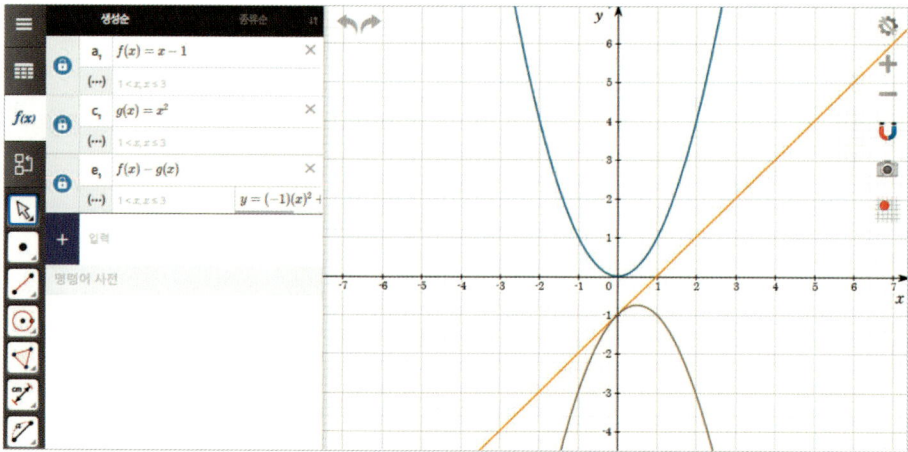

⬆ **그림 286** 함수의 연산(뺄셈)

(4) 곱셈

두 함수 $f(x), g(x)$ 를 정의한 $[\,f(x)\,g(x)\,]$ 형태로 두 함수를 곱할 수 있다.
예를 들어 $h(x) = f(x)\,g(x)$ 와 같이 곱하여 함수로 다시 정의할 수 있다.

> 예 [f(x)=x-1]와 [g(x)=x^2]를 각각 입력한 후, 다음 입력창에 [f(x)g(x)]를 입력

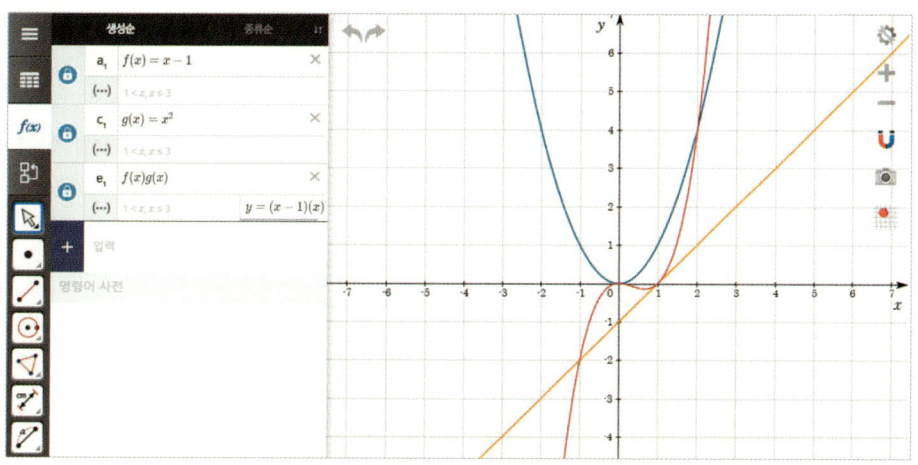

🔼 **그림 287** 함수의 연산 (곱셈)

(5) 나눗셈

두 함수 $f(x), g(x)$ 를 정의한 $[\,f(x)/g(x)\,]$ 형태로 두 함수를 나눌 수 있다.
예를 들어 $h(x) = f(x)/g(x)$ 와 같이 나누어 함수로 다시 정의할 수 있다.

> 예 [f(x)=x-1]와 [g(x)=x^2]를 각각 입력한 후, 다음 입력창에 [f(x)/g(x)]를 입력

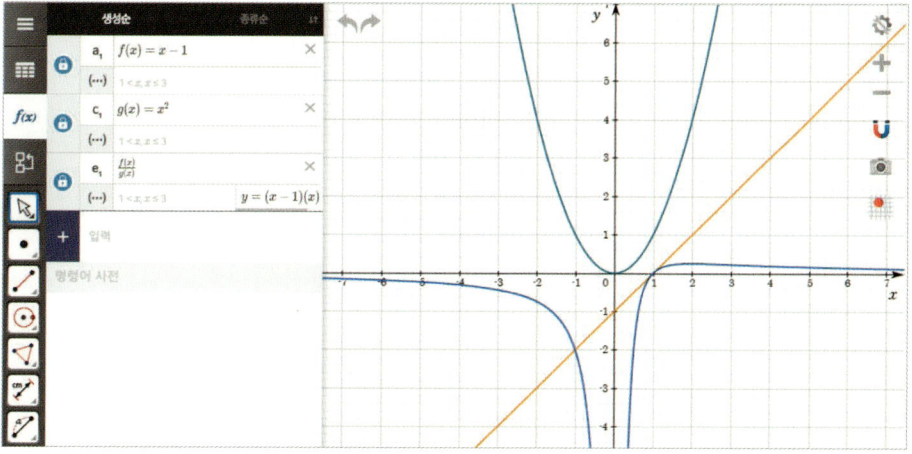

🔼 **그림 288** 함수의 연산(나눗셈)

2.3
대수 도구

4) 합성 함수

합성 함수는 두 함수를 연결하여 하나의 함수로 만드는 과정으로, 수학적으로는 $f(g(x))$와 같은 형태로 표현된다. 여기서 함수 f는 외부 함수, g는 내부 함수로서, 먼저 $g(x)$를 계산하고 그 결과를 다시 f에 대입하여 최종 결과를 얻는 방식이다. 이 과정은 여러 함수의 관계를 효율적으로 분석할 수 있어 복잡한 수학적 문제를 해결할 때 매우 유용하다.

예를 들어, 사용자가 두 함수를 정의한 후 $[f(g(x))]$를 입력하면 즉시 결과를 확인할 수 있으며, 이를 그래프상에서 명확하게 확인할 수 있다. 그래프를 통해 함수의 변화를 직관적으로 파악할 수 있으므로 학생들은 복잡한 함수의 관계를 쉽게 이해할 수 있다. 또한, 합성함수를 새로운 함수로 다시 정의하고 활용하는 과정도 간편하게 수행할 수 있어 반복적인 계산을 피하고 수학적 개념을 더욱 체계적으로 다룰 수 있다.

알지오매스에서 합성함수를 사용하는 방법은 $[f(x)], [g(x)]$를 정의한 후 $[f(g(x))]$를 입력하여 구할 수 있다. 이를 다시 정의하려면 $[h(x) = f(g(x))]$와 같이 입력하면 된다.

예 [f(x)=x-1] [g(x)=x^2]를 각각 입력한 후, 다음 입력창에 [f(g(x))]를 입력

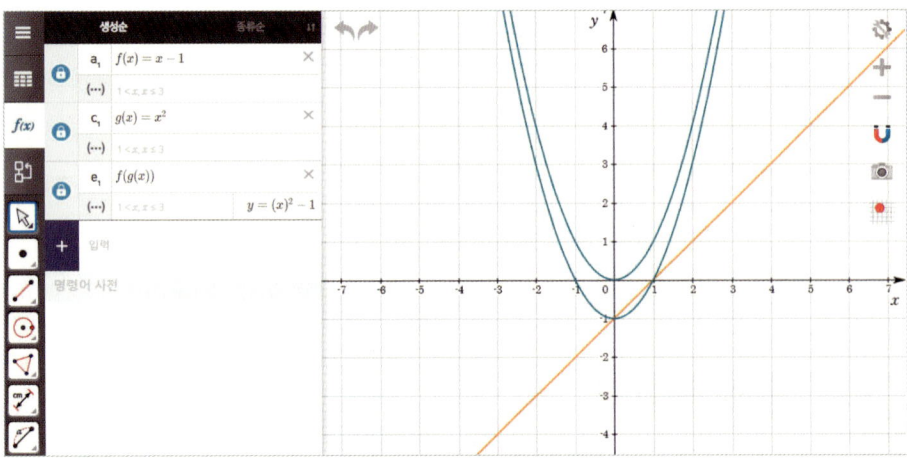

↑ **그림 289** 합성함수

5) 역함수

역함수는 주어진 함수의 출력값을 입력값으로 바꿔주는 함수로, 함수와 역함수는 $y = x$에 대해 대칭이 된다. 알지오매스에서는 역함수를 간단하게 시각화할 수 있다. 함수 $f(x)$를 먼저 정의한 후, [$inverse(f)$]를 입력하면 역함수의 그래프가 화면에 표현된다. 이를 통해 역함수의 성질을 직관적으로 이해할 수 있으며, 복잡한 계산 없이 그래프상에서 확인할 수 있다.

> **예** [f(x)=x^2]를 입력한 후, 다음 입력창에 [inverse(f)]를 입력

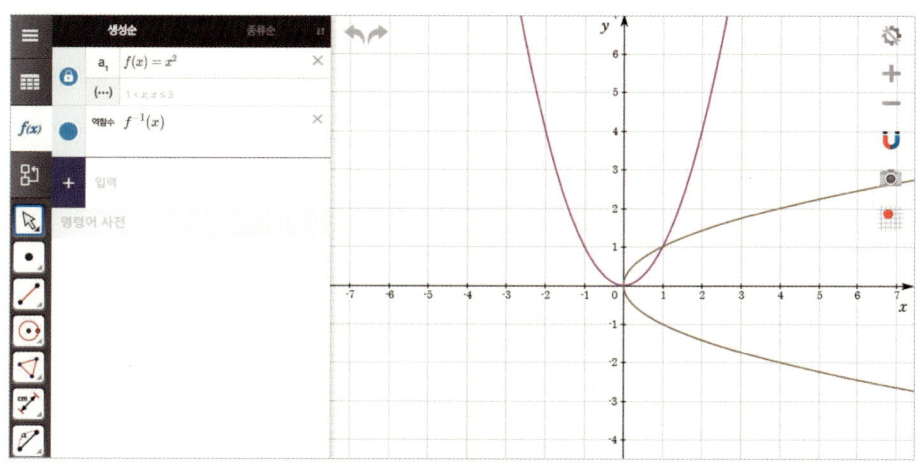

⬆ **그림 290** 역함수

2.3 대수 도구

6) 미분(도함수)

미분은 함수에서 변숫값이 변할 때, 그에 따라 함숫값이 얼마나 변하는지를 나타내는 개념으로 곡선이 있는 그래프에서 특정 지점에서의 기울기를 구하는 과정이다. 예를 들어, 직선의 기울기는 일정하지만, 곡선에서는 지점마다 기울기가 달라질 수 있다. 미분은 이러한 변화율을 계산해 주는 도구라고 생각할 수 있다.

알지오매스를 통해 미분을 빠르고 정확하게 계산할 수 있으며, 도함수의 그래프도 시각적으로 확인할 수 있다. 이를 통해 복잡한 계산 과정을 단순화하고, 그래프상에서 함수의 기울기 변화를 직관적으로 파악할 수 있다.

먼저 함수 $f(x)$를 정의한 후 [$f'(x)$]를 입력하면 해당 함수의 도함수를 구할 수 있으며, 이를 그래프로 시각화할 수 있다. 또한, 도함수를 새로운 함수로 정의하려면 [$h(x) = f''(x)$]와 같이 입력한다. 더 나아가, 이계도함수는 [$f''(x)$]를 입력해 구할 수 있으며, 삼계도함수, 사계도함수 등 n계도함수까지도 동일한 방식으로 구할 수 있어 복잡한 미분 과정을 간단하게 처리할 수 있다.

2.3 대수 도구

> **예** [f(x)=x^2]를 입력한 후, 다음 입력창에 [f'(x)]를 입력

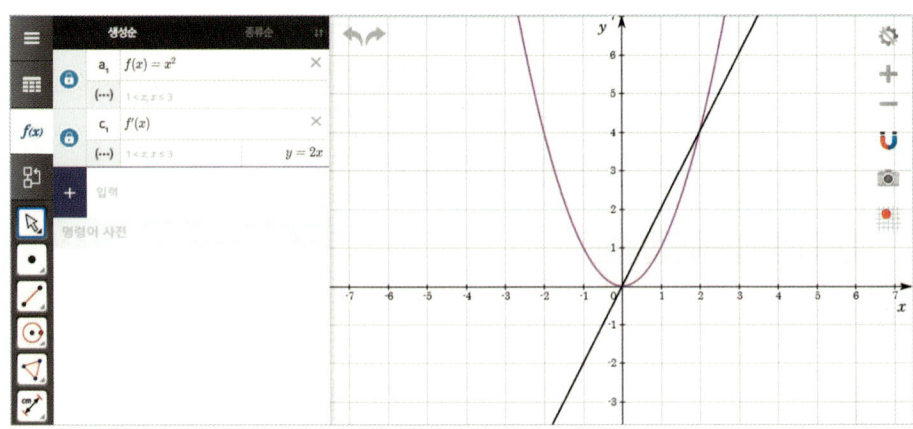

⬆ **그림 291** 미분(도함수)

7) 적분

적분은 함수의 면적을 구하거나 함수의 변화율을 이해하는 데 중요한 수학적 기법이다. 적분은 미분의 역연산으로, 함수의 곡선 아래 면적을 계산하는 데 사용된다. 적분은 여러 가지 형태로 표현될 수 있으며, 각기 다른 문제에 적합한 방법을 제공한다.

(1) 부정적분

부정적분은 함수 $f(x)$의 원시 함수를 찾는 과정이다. 원시 함수는 주어진 함수의 도함수를 원래의 함수로 되돌리는 함수로, 일반적으로 $F(x)$로 표현된다. 부정적분은 다음과 같은 형태로 나타낼 수 있다.

$$\int f(x)dx = F(x) + C$$

여기서 C는 적분상수로, 무한히 많은 원시 함수가 존재할 수 있음을 나타낸다. 알지오매스에서는 함수 $f(x)$를 정의하고 $[integral(f)]$을 입력하면 $f(x)$의 부정적분을 구할 수 있으며, 적분상수 C는 슬라이더 형태로 제공되어 다양한 값을 시각적으로 확인할 수 있다.

예 [f(x)=x-1]를 입력한 후, 다음 입력창에 [integral(f)]를 입력

2.3 대수 도구

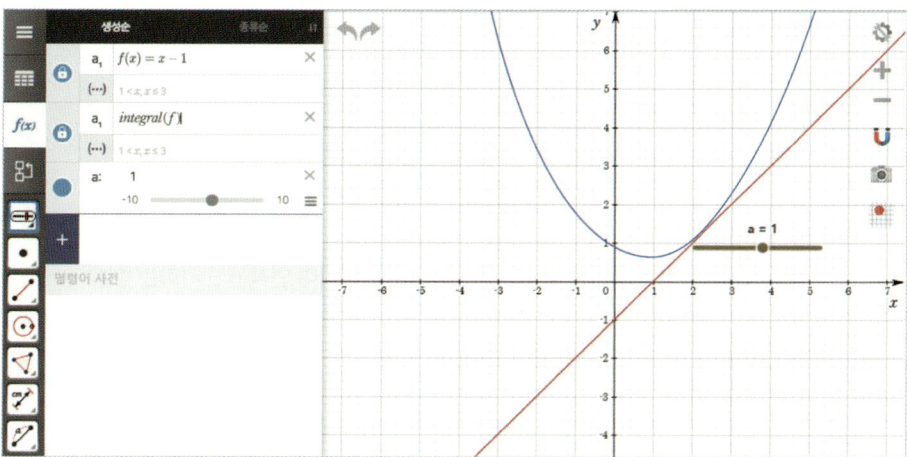

↑ **그림 292** 슬라이더를 활용한 부정적분

(2) 정적분

정적분은 함수 $f(x)$의 주어진 구간 $[a, b]$에서의 면적을 계산하는 방법이다. 정적분은 다음과 같은 형태로 나타낼 수 있다.

$\int_a^b f(x)dx$ 이 과정은 함수 곡선 아래 x축과 구간 $[a, b]$ 사이의 면적을 계산한다. 알지오매스에서 함수 $f(x)$를 정의하고 [integral(f,a,b)]을 입력하면 a에서 b까지의 정적분 값을 구할 수 있으며, 이때 x축 사이의 영역이 그래프에 표시되어 결과를 시각적으로 확인할 수 있다.

예 [f(x)=x^2]를 입력한 후, 다음 입력창에 [integral(f, 0, 2)]를 입력

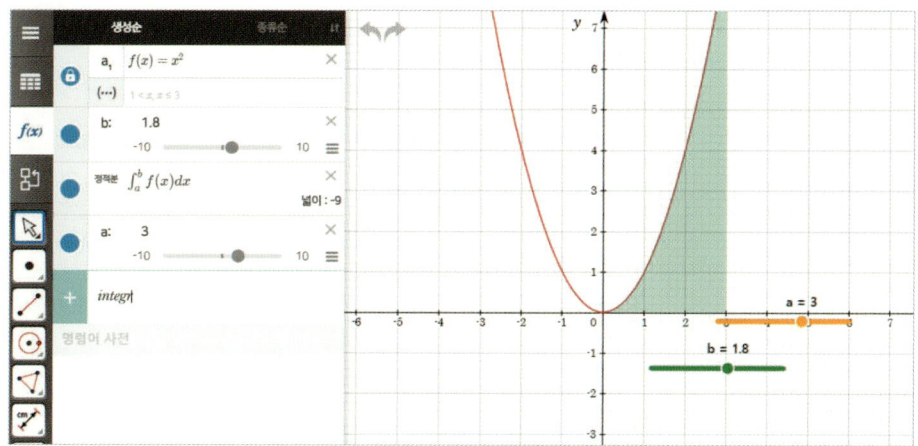

↑ **그림 293** 정적분

2.3 대수 도구

(3) 구분구적법

구분구적법은 함수 $f(x)$의 면적을, 직사각형을 사용하여 근사하는 방법이다. 구분구적법은 주어진 구간을 일정한 개수의 직사각형으로 나누어 함수의 면적을 근사한다. 이 방법은 두 가지 형태로 나타낼 수 있다.

① 상합 (Upper Sum):
각 구간에서 직사각형의 높이를 함수의 최댓값으로 설정하여 면적을 근사하는 방법.

② 하합 (Lower Sum):
각 구간에서 직사각형의 높이를 함수의 최솟값으로 설정하여 면적을 근사하는 방법.

구분구적법 표현은 다음과 같은 형태로 나타낼 수 있다 :

$$\int_a^b f(x)dx \approx$$

알지오매스에서는 함수 $f(x)$를 정의한 후 [integral(f, a, b, n, p)]을 입력하여 구분구적법 표현을 확인할 수 있다.

p는 상합 또는 하합을 지정하는 값으로 p를 'high'로 입력하면 상합으로, 'low'로 입력하면 하합으로 구분구적법이 적용되며 면적이 계산된다. 예를 들어, [f(x)=x^2]를 입력하여 함수를 정의한 후, [integral(f, -2, 2, 50, high)]을 입력하면 상합 결과를, [integral(f, -2, 2, 50, low)]을 입력하면 하합 결과를 확인할 수 있다.

> 직사각형의 개수를 나타내는 n은 슬라이더를 사용하면 n의 값에 따른 넓이의 변화를 시각적으로 확인할 수 있다.

2.3.8 함수의 그래프 꾸미기

알지오매스에서는 함수의 그래프를 자유롭게 꾸미고, 시각적으로 더욱 명확하게 표현할 수 있는 다양한 기능을 제공한다. 사용자는 함수의 그래프 색상, 모양, 그리고 대수식을 원하는 대로 설정하여 자신만의 스타일로 커스터마이징할 수 있다. 또한, 그래프의 평행이동, x 및 y 범위 설정, 그리고 영역 끝 꾸미기와 같은 다양한 기능을 통해 그래프를 더욱더 직관적이고 깔끔하게 표현할 수 있다.

이러한 기능을 통해 복잡한 수학적 개념을 명확하게 시각화할 수 있으며, 그래프의 세부 요소들을 간편하게 조정함으로써 학습자가 더욱 쉽게 그래프의 특징을 파악할 수 있다. 알지오매스를 활용하면 함수 그래프의 세부적인 조작이 가능하여, 수학적 분석과 시각적 표현이 조화를 이루는 학습 경험을 제공한다.

1) 속성 설정
알지오매스에서는 함수의 그래프 속성을 자유롭게 변경할 수 있다. 사용자는 그래프를 클릭하면 나타나는 속성 변경 창을 통해 그래프의 색상, 모양, 대수식 표시 등을 설정할 수 있다. 색상 설정에서는 원하는 색상을 선택하여 그래프를 구분하거나 강조할 수 있고, 모양 설정에서는 실선, 점선, 선의 두께, 투명도 등 다양한 스타일을 적용할 수 있다. 또한, 대수식 표시 기능을 통해 그래프의 대수식을 기하 창에 나타낼 수 있으며, 수식의 크기나 글씨체는 LaTeX 체크 옵션을 사용해 조정할 수 있다.

(1) 색상 설정 : 그래프를 클릭하면 속성 변경 창이 나타난다. 속성 변경 창에서 색상을 변경할 수 있다.

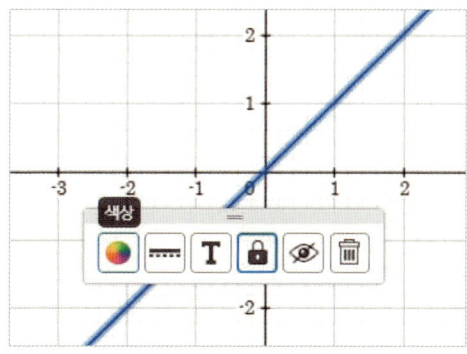

↑ **그림 294** 색상 설정

2.3 대수 도구

(2) 모양 설정 : 그래프를 클릭하면 속성 변경 창이 나타난다. 속성 변경 창에서 모양을 변경할 수 있다. 모양은 실선, 점선, 선 두께, 투명도 등이 있다.

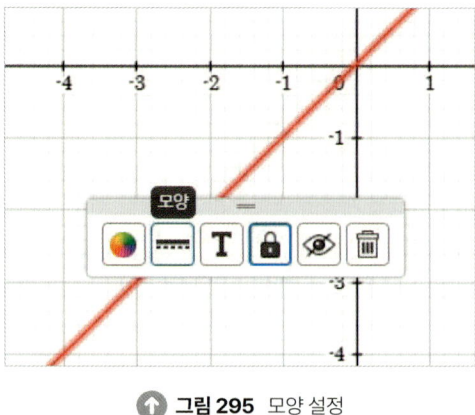

⬆ **그림 295** 모양 설정

(3) 대수식 표시 : 그래프를 클릭하면 속성 변경 창이 나타난다. 속성 변경 창에서 대수식 표시를 할 수 있다. 대수식 표현을 누르면 그래프의 대수식이 기하 창에 나타난다.

⬆ **그림 296** 대수식 표시

2) 평행이동

알지오매스에서는 함수의 그래프를 마우스로 드래그하여 손쉽게 평행 이동할 수 있다. 그래프를 이동시키면, 그에 따라 함수식도 자동으로 갱신되어 대수 창에 표시된다. 이 기능은 그래프를 직관적으로 조작하면서 함수의 변화를 실시간으로 확인할 수 있어, 함수의 이동이나 변환을 시각적으로 이해하는 데 매우 유용하다.

2.3
대수 도구

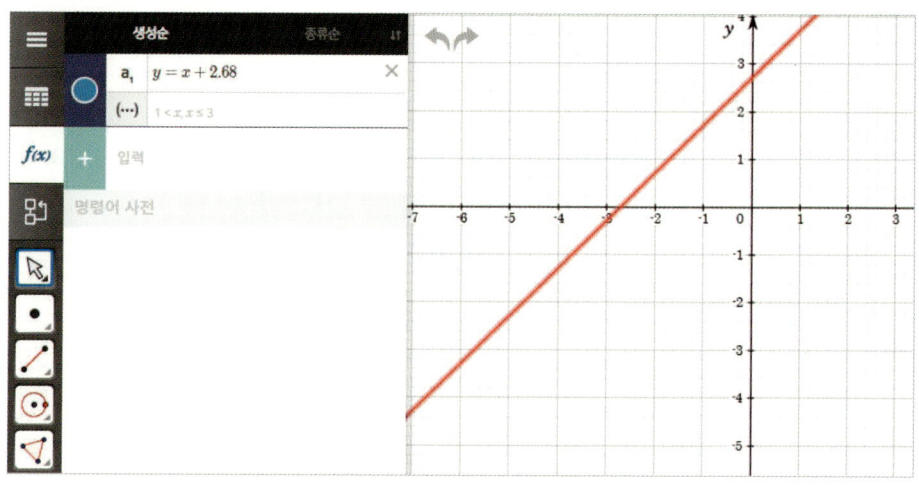

⬆ **그림 297** 평행이동

3) 범위 설정

알지오매스에서는 함수 그래프의 x축과 y축 범위를 사용자가 원하는 대로 제한할 수 있다. 범위를 설정하면 함수의 특정 구간만 그래프에 나타나도록 하여 분석에 집중할 수 있다. 범위를 설정하는 방법은 다음과 같다.

2.3 대수 도구

(1) x범위 설정: [a<x<b] 형식으로 입력하여 x축의 범위를 제한할 수 있다.

> 예 [y=x^3-2x+1]를 입력한 후, 범위 설정 칸에 [0<x<2]를 입력

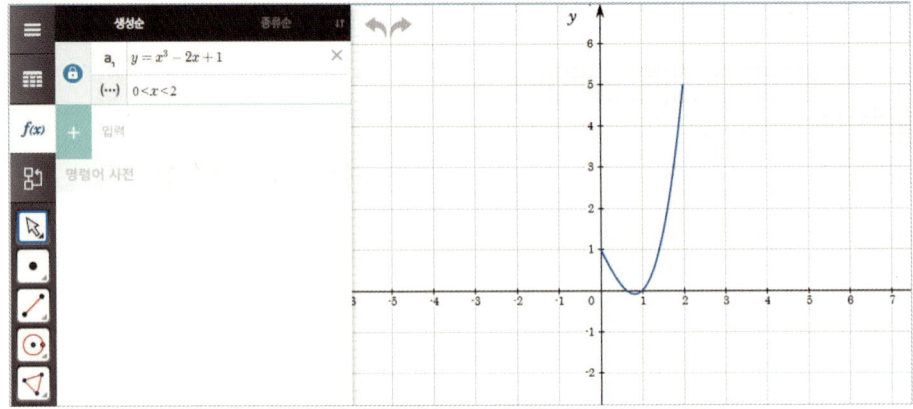

↑ **그림 298** x범위 설정하기

(2) y범위 설정: [a<y<b]로 y축의 범위를 설정할 수 있다.

> 예 [y=x^3-2x+1]를 입력한 후, 범위 설정 칸에 [-1<y<4]를 입력

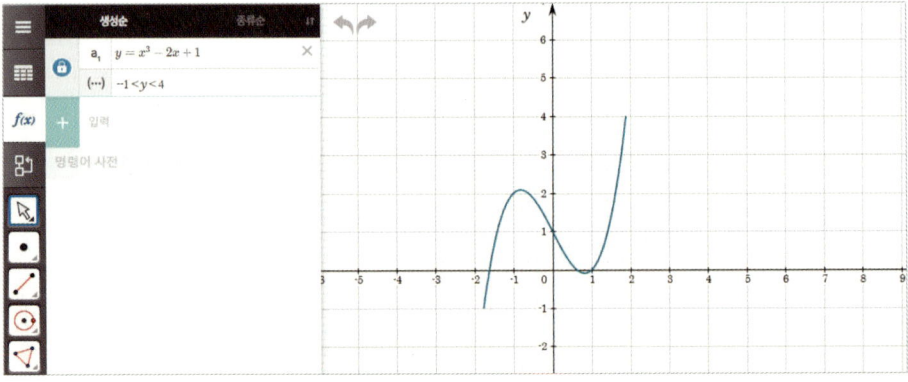

↑ **그림 299** y범위 설정하기

(3) x, y 범위 동시 설정 : 범위 설정 칸에 [a<x<b, c<y<d] 와 같이 x 범위와 y 범위를 [,]로 연결하여 x, y 범위를 동시에 설정할 수 있다.

| 예 | [y=x^3-2x+1]를 입력한 후, 범위 설정 칸에 [-2<x<2, -2<y<2]를 입력 |

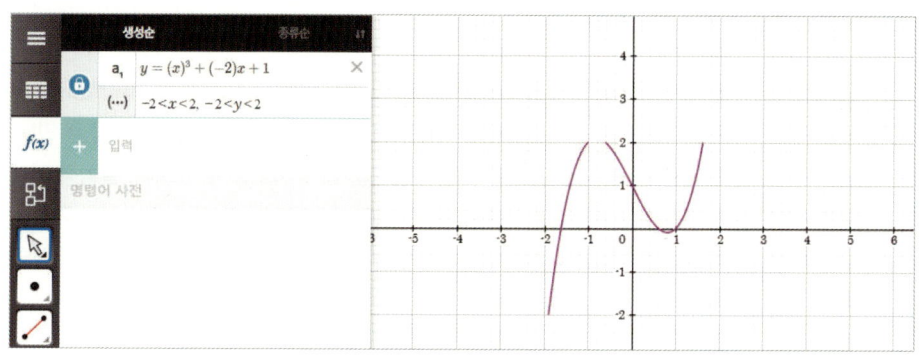

↑ **그림 300** x, y 범위 설정하기

2.3 대수 도구

4) 영역 끝 꾸미기 설정

알지오매스에서는 함수 그래프의 끝을 꾸미는 옵션도 제공한다. [환경설정 > 대수]에서 영역 끝 꾸미기 설정을 할 수 있으며, 범위의 끝부분을 원 모양으로 표시할 수 있다. 이때, 범위 내에 끝점이 포함되면 온점으로, 포함되지 않으면 빈점으로 표시된다. 이 기능은 그래프의 끝부분을 명확히 시각화하는 데 유용하며, 그래프 해석의 정확도를 높여준다.

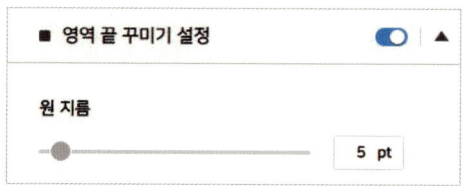

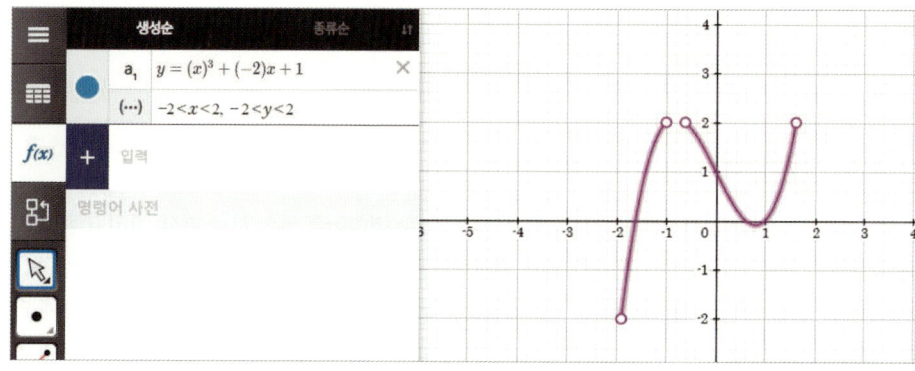

↑ **그림 301** 영역 끝 꾸미기

2.4 통계 도구

알지오매스의 통계 도구 단원은 데이터 분석과 시각화를 효과적으로 수행할 수 있는 다양한 기능을 제공한다. 통계 도구를 활용하면 자료를 표 형태로 입력하고, 그 데이터를 바탕으로 그래프나 차트를 쉽게 생성할 수 있어 데이터의 패턴과 관계를 명확하게 파악할 수 있다. 예를 들어, 자료 입력창을 통해 데이터를 관리하고 편집할 수 있으며, 다양한 함수 명령어를 사용하여 복잡한 계산을 간편하게 수행할 수 있다. 이러한 기능은 학생들이 데이터의 분포나 상관관계를 시각적으로 이해하고, 중요한 통찰을 얻는 데 도움을 준다.

통계 도구는 학생들과 교사 모두에게 유용한 학습 도구가 된다. 학생들은 데이터를 시각화하여 통계적 개념을 직관적으로 이해하고, 실시간으로 데이터를 조작해 보며 결과를 바로 확인할 수 있다. 교사들은 이 도구를 통해 수업 중 다양한 데이터 분석 활동을 쉽게 시도할 수 있으며, 실험적 데이터를 효과적으로 활용하여 학생들의 참여를 유도할 수 있다. 특히, 차트와 확률 모의실험 기능을 통해 복잡한 개념을 더욱 쉽게 설명하고 학습할 수 있어 수업의 효율성과 학습 효과를 크게 향상할 수 있다.

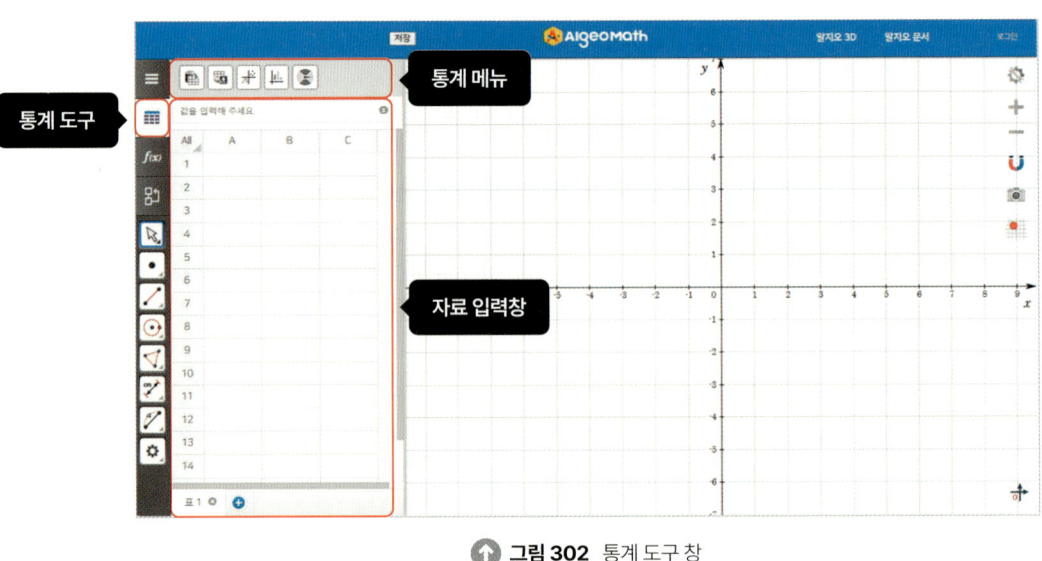

그림 302 통계 도구 창

2. 4. 1. 자료 입력창

자료 입력창은 셀 값 입력 및 편집, 표 추가 및 삭제, 함수 명령어를 통한 자료 분석, 그리고 점 생성 등의 다양한 기능을 제공한다. 이 기능들을 활용하면 데이터를 효과적으로 관리하고, 복잡한 계산과 분석을 간편하게 수행할 수 있다. 예를 들어, 슬라이더와 연동된 변숫값을 실시간으로 셀에 반영하거나, 표의 값을 기반으로 좌표평면에 점을 나타낼 수 있다. 이를 통해 학습 효율성을 높이고, 데이터 분석을 체계적으로 진행할 수 있다.

1) 셀 값 입력 및 편집

표의 셀에 값을 입력할 수 있고 행/열 삽입 및 삭제, 열 이름 바꾸기, 값 복사하기/붙여넣기 등을 할 수 있다.

(1) 열 편집

열 위에서 마우스 오른쪽 버튼 클릭

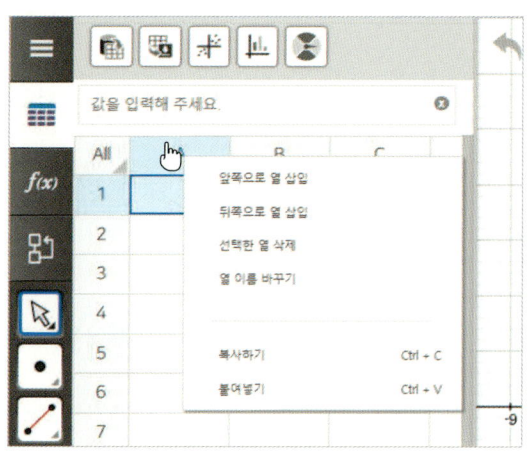

⬆ **그림 303** 열 편집

(2) 행 편집

행 위에서 마우스 오른쪽 버튼 클릭

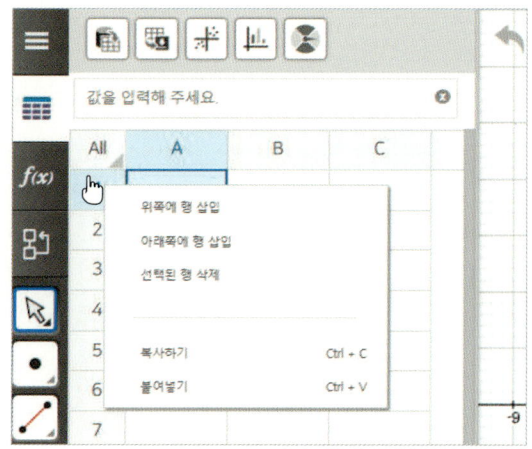

⬆ **그림 304** 행 편집

2.4 통계 도구

(3) 값 자동 입력

수를 입력한 후 셀 오른쪽 하단의 흰색 네모를 더블 클릭하거나 드래그 앤 드롭하여 수열을 자동 완성할 수 있다. (흰색 네모 위에서 마우스 좌측 버튼 클릭)

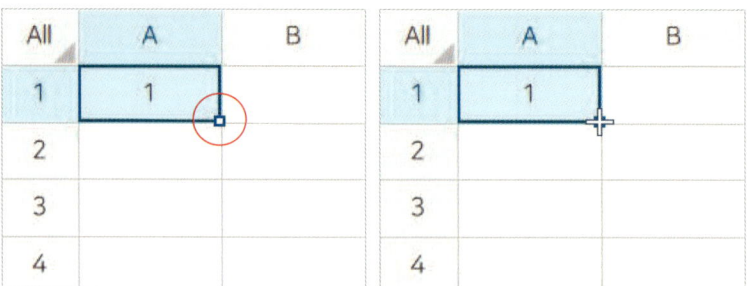

↑ 그림 305 값 자동 입력

(4) 변숫값 입력

[=V("슬라이더 이름")] 구문을 이용해 슬라이더 변수의 값을 셀에 입력할 수 있다. 이때, 슬라이더값이 변경되면 연결된 셀 값도 변경된다.

① 기하 창에 슬라이더를 생성한다.
② 슬라이더값을 입력할 셀을 선택하고 =V("슬라이더 이름") 이라고 입력하고 엔터를 친다.
③ 슬라이더의 값을 변경하며 셀의 값을 확인한다.

2) 표 추가 및 삭제하기

자료 입력창 하단의 ➕ 를 클릭하여 새로운 표를 추가하고, ✖ 를 클릭하여 해당 표를 삭제할 수 있다.

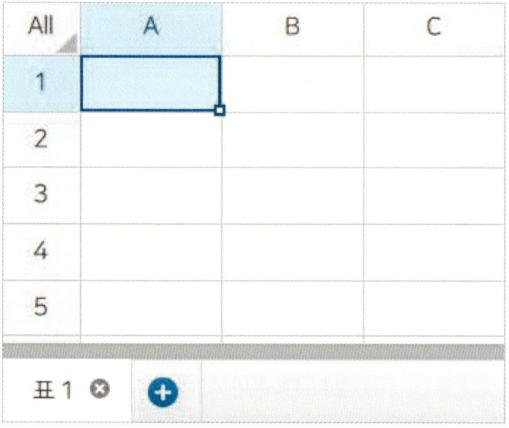

↑ 그림 306 표 추가 및 삭제

3) 함수 명령어

자료 입력창 상단의 수식 입력줄 혹은 해당 셀에 함수 명령어를 직접 입력하여 통계 분석을 할 수 있다. 이때 자료가 입력된 셀의 주소를 이용한다. 예를 들어, A2부터 A4까지의 합은 [=SUM(A2:A4)]을 입력하고, 평균은 [=AVERAGE(A2:A4)], 표준편차는 [=STDEVA(A2:A4)]를 입력하여 구할 수 있다.

2.4 통계 도구

> 함수 명령어 입력 시, 맨 앞에 등호(=)를 적어야 한다.

함수(문법)	이름	예시
사칙연산 +	더하기	=A1+B1
사칙연산 -	빼기	=A1-B1
사칙연산 *	곱하기	=A1*B1
사칙연산 %	나누기	=A1/B1
ABS(number)	절댓값 함수	=ABS(A1)
AVERAGE(range)	평균값	=AVERAGE(A1:A10)
COUNT(range)	숫자가 포함된 셀의 개수	=COUNT(A1:A10)
LARGE(range, k)	k번째 큰 값	=LARGE(A1:A10, 1)
MAX(range)	최댓값	=MAX(A1:A10)
MIN(range)	최솟값	=MIN(A1:A10)
RADIANS(number)	라디안값	=RADIANS(A1)
PI()	파이값	=PI()
POWER(number, power)	거듭제곱	=POWER(A1,n)
POS_X('objectName')	대수 점의 x좌푯값	=POS_X('A')
POS_Y('objectName')	대수 점의 y좌푯값	=POS_Y('A')
SMALL(range, k)	k번째 작은 값	=SMALL(A1:A10, 1)
SQRT(number)	거듭제곱근	=SQRT(A1)

2.4 통계 도구

SQRT(number)	거듭제곱근	=SQRT(A1)
SUM(number1,number2)	합	=SUM(A1:A10)
STDEVA(number1,number2)	표준편차 값	=STDEVA(A1:A10)
INT(number)	내림 함수	=INT(A1)
SIN(number)	sin 함수	=SIN(PI())
COS(number)	cos 함수	=COS(PI()/2)
TAN(number)	tan 함수	=TAN(RADIANS(32))
LN(number)	자연로그 함수	=LN(A1)
LOG10(number)	상용로그 함수	=LOG10(A1)
EXP(number)	e^n 함수	=EXP(A1)

4) 점 생성하기

좌표평면에 점을 나타내고 수정하는 과정은 데이터 시각화의 중요한 기법 중 하나이다. 이 과정에서는 표에 입력된 값을 순서쌍으로 변환하여 좌표평면에 점을 위치시키고, 표의 값을 변경하면 점의 좌표도 실시간으로 업데이트되도록 할 수 있다. 이를 통해 데이터를 시각적으로 이해하고 분석하는 데 도움을 줄 수 있다.

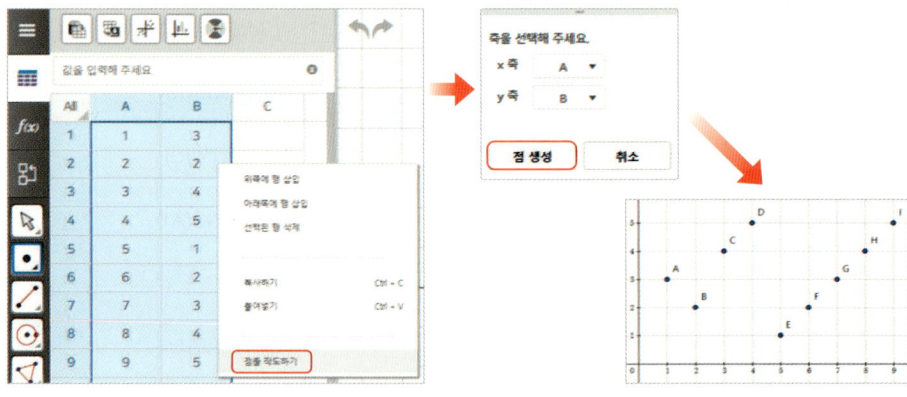

⬆ **그림 307** 점 생성하기

① 표의 두 열에 순서쌍으로 나타낼 자료를 나란히 입력한다.
② 해당 부분을 드래그한 후 마우스 우측 버튼을 클릭한다. 이때 나타난 팝업창에서 '점을 작도하기'를 선택하면 좌표평면에 점이 생성된다.
③ 생성된 점을 대수 창에서는 [tcell(표 번호, 열 번호, 행 번호)]의 형태로 확인할 수 있다.

2.4.2 통계 메뉴

통계 메뉴 단원에서는 데이터 불러오기 / 내보내기, 산점도 및 다양한 차트 그리기, 확률실험 등의 기능을 제공한다. 이를 통해 사용자는 외부 데이터를 손쉽게 불러오고, 다양한 방식으로 시각화하며, 통계 분석을 수행할 수 있다. 특히, 공 뽑기와 회전판을 활용한 확률 모의실험은 복잡한 개념을 직관적으로 이해하는 데 큰 도움을 준다. 이러한 기능들은 학습과 연구에서 데이터를 더욱 효율적으로 관리하고 분석할 수 있게 해 준다.

2.4
통계 도구

	데이터 불러오기	xlsx, CSV 형식의 외부 자료를 표로 불러올 수 있다.
	데이터 내보내기	표의 데이터를 xlsx, CSV 형식으로 내보낼 수 있다.
	산점도 그래프 그리기	기하 창에 산점도 그래프를 나타낼 수 있다.
	차트 그리기	표의 자료를 막대 차트, 꺾은선 차트, 파이 차트, 방사형 차트, 도넛 차트로 나타낼 수 있다.
	확률실험 열기	공 뽑기, 회전판이 관련된 확률 모의실험을 할 수 있다.

1) 데이터 불러오기
통계 메뉴의 데이터 불러오기에서는 xlsx 또는 CSV 형식의 외부 자료를 불러올 수 있다.

① 데이터 불러오기 클릭

⬆ **그림 308** 데이터 불러오기

2.4 통계 도구

② 해당 파일을 클릭한 후 열기(또는 해당 파일을 자료 입력창으로 드래그 앤 드롭)

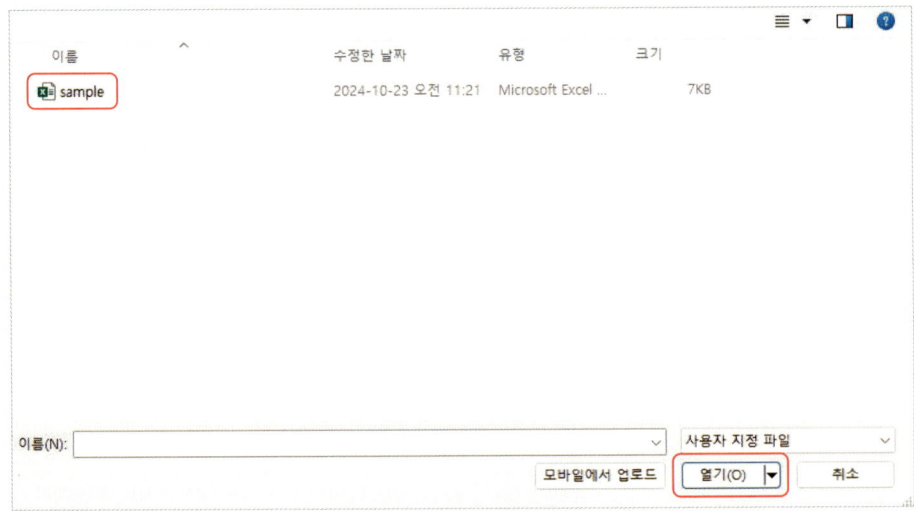

그림 309 파일 불러오기

2) 데이터 내보내기
통계 메뉴의 데이터 내보내기에서는 표에 입력된 자료를 xlsx 또는 CSV 형식의 파일로 내보낼 수 (저장할 수) 있다.

① 데이터 내보내기를 클릭한다.

그림 310 데이터 내보내기

② 내보낼 파일 형식을 선택한다. (파일 형식을 클릭하면 파일이 바로 생성되고 다운로드 됨)

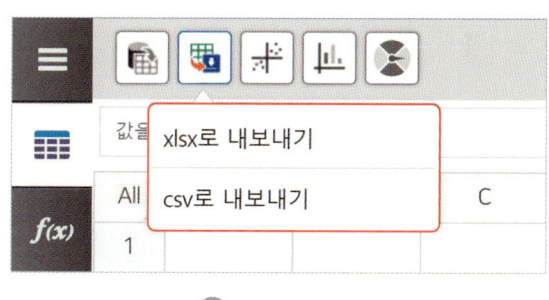

2.4
통계 도구

⬆ **그림 311** 파일 형식

3) 산점도 그래프 그리기
산점도는 데이터의 분포와 상관관계를 시각적으로 분석하는 데 유용한 도구이다. 이 기능을 활용하면 데이터 사이의 관계를 명확하게 파악하고, 패턴이나 이상치를 쉽게 식별할 수 있다. 산점도를 통해 데이터가 어떻게 분포하는지, 변수 간의 상관관계는 어떤지 시각적으로 표현할 수 있어, 데이터 분석과 의사 결정 과정에서 중요한 통찰을 제공한다. 또한, 산점도는 데이터의 추세를 파악하거나, 집단 간의 차이를 분석하는 데 효과적이며, 데이터의 시각적 표현을 통해 복잡한 정보를 직관적으로 이해할 수 있게 해 준다.

① 자료를 입력한 뒤 차례대로 산점도 그래프 그리기와 새 산점도를 클릭한다.

⬆ **그림 312** 산점도 그래프 그리기

2.4 통계 도구

② 팝업창이 나타나면 각 축에 넣을 자료 및 점의 모양, 크기, 색상을 선택한 후 확인을 누른다.

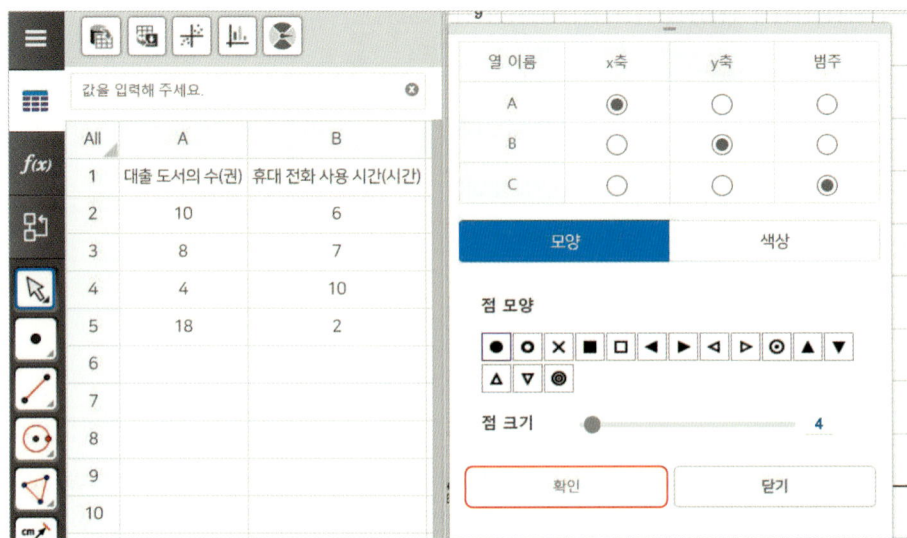

그림 313 색상, 모양, 크기 변경하기

③ 산점도 그래프 그리기를 다시 클릭하면 작성한 산점도 목록이 나타난다. 이때 해당 산점도를 선택하여 삭제할 수 있다.

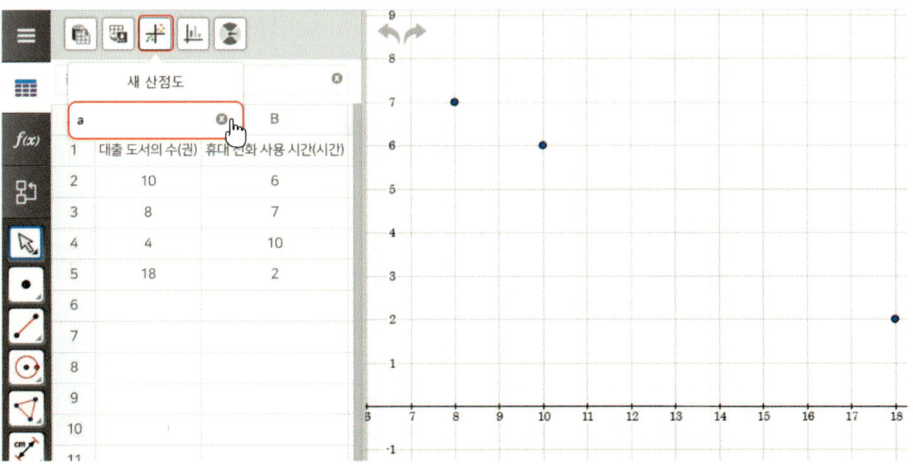

그림 314 산점도 삭제

4) 차트 그리기

차트 기능을 활용하면 데이터를 다양한 형태로 시각화하여 더 효과적으로 분석하고 이해할 수 있다. 표의 자료를 선택한 후 차트 그리기 옵션을 통해 막대 차트, 꺾은선 차트, 파이 차트, 방사형 차트, 도넛 차트 등 다양한 차트를 생성할 수 있다. 이를 통해 데이터의 추세, 비율, 관계 등을 시각적으로 파악할 수 있으며, 복잡한 정보를 쉽게 이해하고 분석할 수 있다. 이러한 차트들은 데이터 기반 의사 결정을 지원하는 데 중요한 도구로 활용될 수 있다.

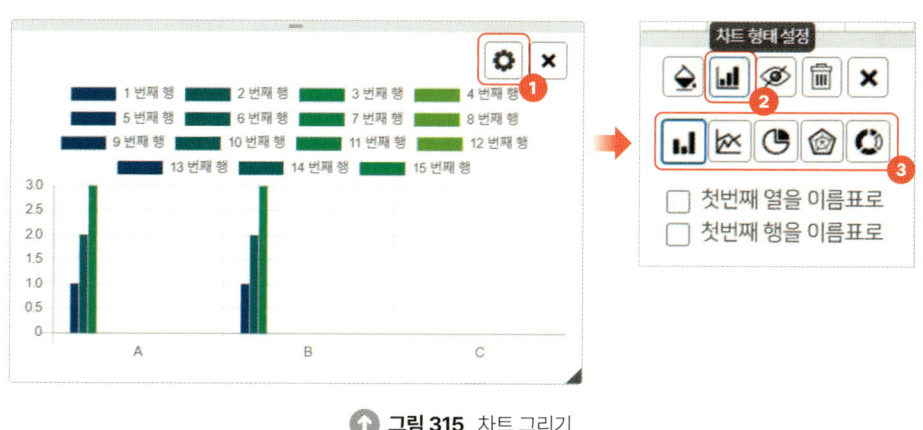

↑ **그림 315** 차트 그리기

① 다음 팝업창이 나타나면, 설정 사항을 클릭한다.
② 팝업창 메뉴에서 '차트 형태 설정'을 선택하면 막대 차트, 꺾은선 차트, 파이 차트, 방사형 차트, 도넛 차트 중 한 가지를 선택하여 나타낼 수 있다.

5) 확률실험 열기

확률실험 기능은 확률 개념을 시각적으로 학습할 수 있는 도구로, '공 뽑기'와 '회전판' 실험을 제공한다. 공 뽑기에서는 표본 크기, 추출 방식, 공의 개수 등을 설정하여 실험을 진행하며, 결과는 표로 나타나 분석이 가능하다. 회전판 기능은 분할 영역, 추출 횟수, 회전 방식 등을 설정하여 확률실험을 수행하며, 사건의 확률을 직접 설정할 수 있다. 이를 통해 이론적 확률과 실험적 확률을 비교하며, 복잡한 확률 개념을 직관적으로 이해할 수 있다. 이러한 실험은 확률 분포를 분석하고 통계적 결론을 도출하는 데 유용하다.

2.4 통계 도구

2.4 통계 도구

(1) 공 뽑기

확률실험 열기 클릭 후 아래 화면과 같은 팝업 메뉴에서 공 뽑기의 속도, 추출 아이템 수(표본 크기), 표본 추출 반복 횟수(표본 개수), 복원/비복원추출 여부, 공의 개수(+, - 버튼으로 조절), 공의 이름을 설정할 수 있다. 공 뽑기를 시작하면 결과가 표의 형태로 나온다.

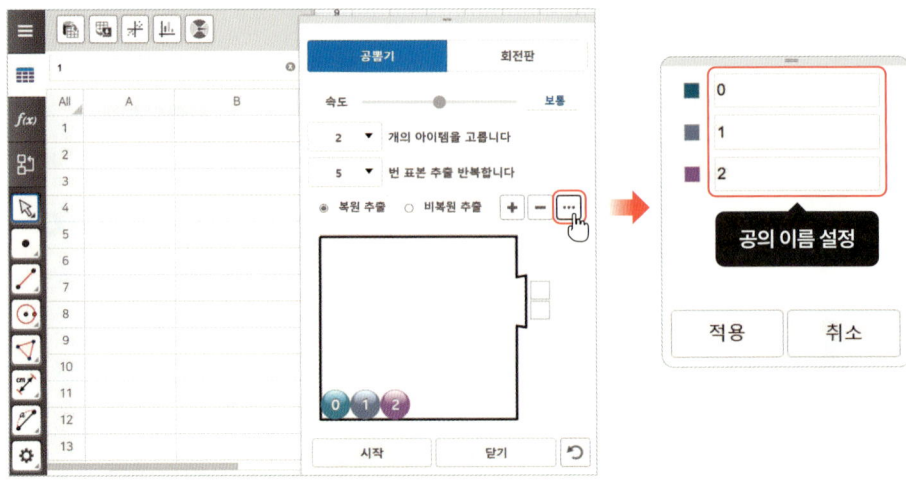

↑ 그림 316 공 뽑기 기능

(2) 회전판 기능

확률실험 열기 클릭 후 아래 화면과 같은 팝업 메뉴에서 회전판을 선택한다. 회전판은 속도, 추출 아이템 수(표본 크기), 표본 추출 반복 횟수(표본 개수), 분할 영역 개수, 이름을 설정할 수 있고 바늘이 회전할지, 판이 회전할지를 선택할 수 있다. 회전판을 시작하면 결과가 표의 형태로 나온다. (사건의 확률을 직접 설정 가능)

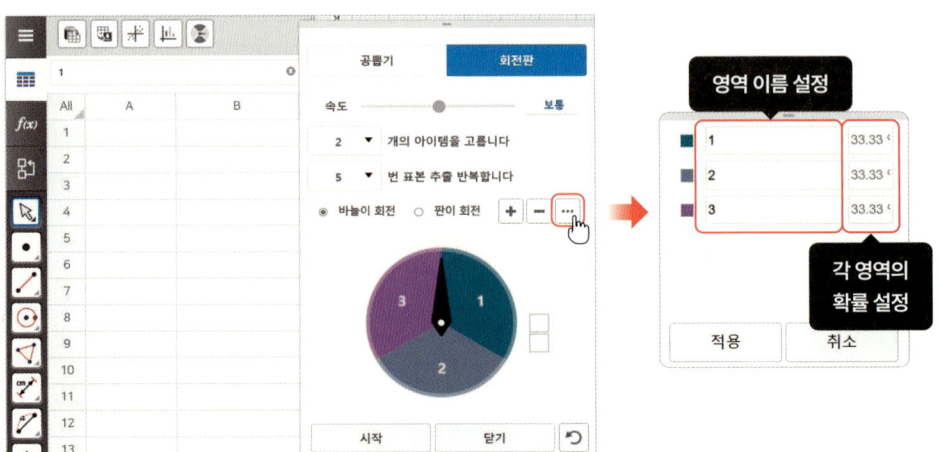

↑ 그림 317 회전판 기능

Chapter 03

알지오 도구 : 3D

3 알지오 도구 : 3D

3.1 알지오 3D 실행하기

이 챕터에서는 다양한 입체도형을 생성할 수 있는 알지오 3D 만들기를 다룬다. 알지오 3D를 실행하려면 홈페이지 상단의 [알지오 도구]에서 [알지오 3D]를 선택하면 된다.

↑ 그림 1 알지오 3D 실행

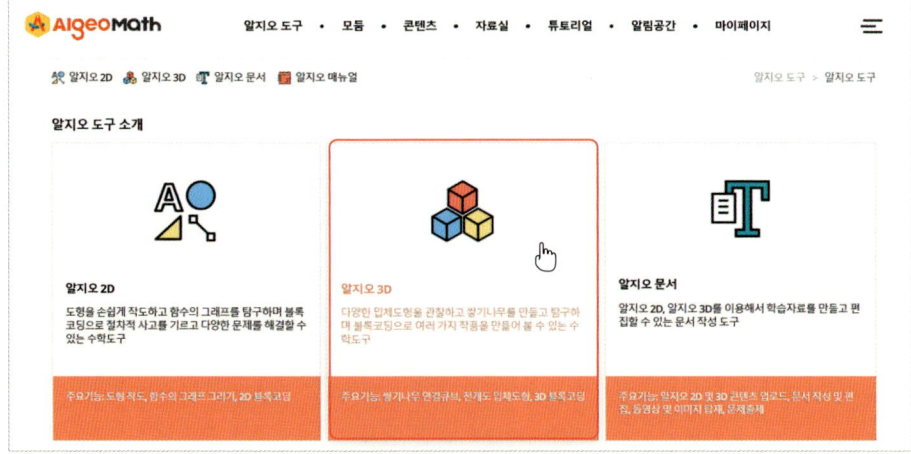

↑ 그림 2 알지오 3D 실행

3.1.1 헤더 영역

그림3에서 빨간색 표시된 영역을 각각 클릭하면 다음과 같이 실행된다.

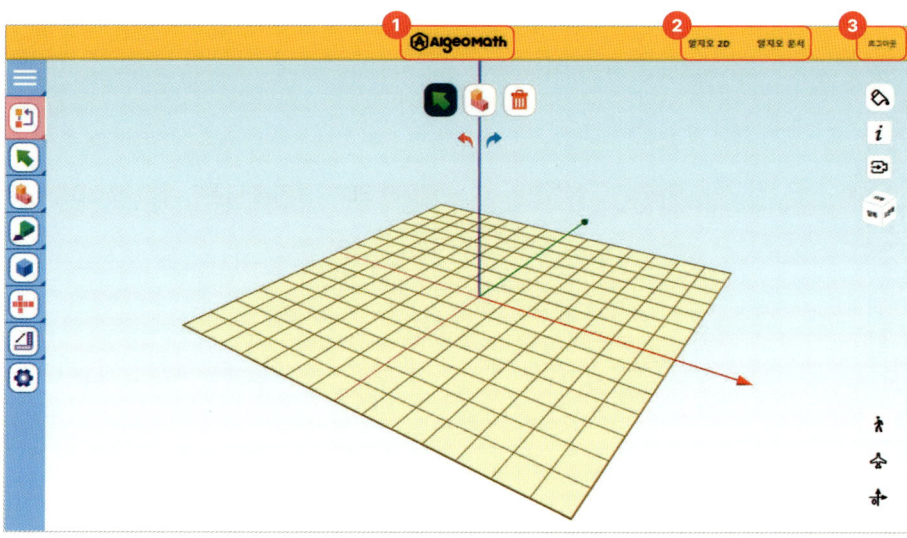

그림 3 헤더 영역

① **알지오매스 로고**   메인 페이지로 돌아간다.
② **알지오 2D/문서**   2D 만들기 페이지 또는 문서 만들기 페이지로 이동한다.
③ **로그인/로그아웃**   로그인 또는 로그아웃을 할 수 있다.

3.1 알지오 3D 실행하기

3.1.2 툴바 영역

그림4에서 빨간색 표시된 영역을 툴바 영역이라고 한다.

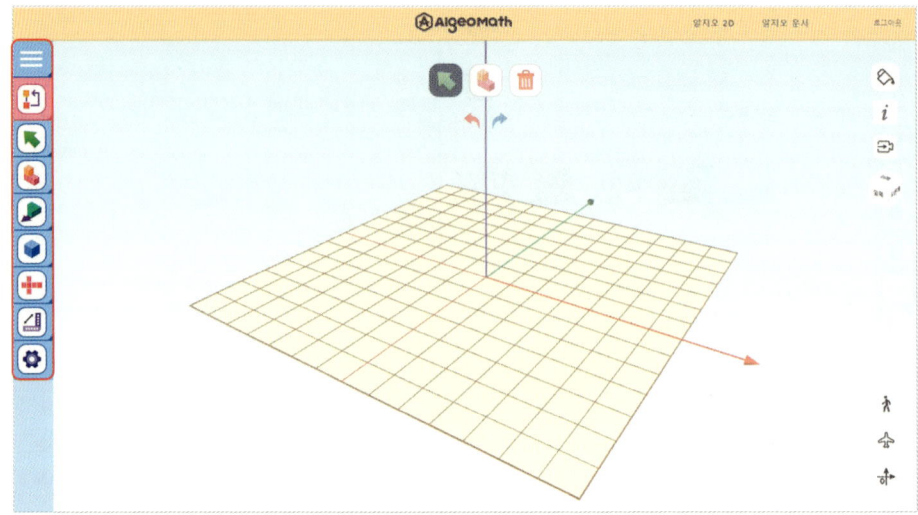

↑ **그림 4** 툴바 영역

각 기능은 그림5에 소개되어 있고, 필요할 때 사용할 수 있다.

↑ **그림 5** 툴바 영역의 기능

파일 메뉴에 대하여 살펴보자. 툴바 영역에서 해당 단추를 클릭하면 그림6과 같이 6개의 기능이 존재한다.

3.1
알지오 3D
실행하기

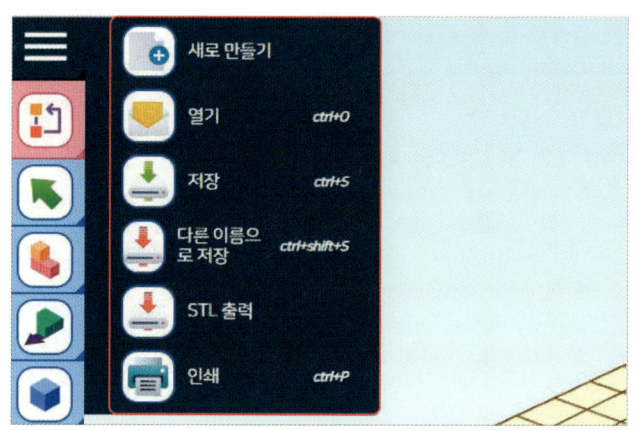

⬆ **그림 6** 파일 메뉴

각 기능에 대한 설명은 그림7과 같고, 익숙해지면 단축키를 사용해도 된다.

새로 만들기	입체도형 만들기를 새로 시작할 수 있다.	
열기	기존에 작성 후 저장한 파일을 불러올 수 있다.	
	단축키 : Ctrl + O	
저장	작성 중인 입체도형을 저장할 수 있다.	
	단축키 : Ctrl + S	
다른 이름으로 저장	작성 중인 도형을 다른 이름으로 저장할 수 있다.	
STL 출력	만든 파일을 3D 형태로 출력할 수 있다.	
인쇄	만든 파일을 인쇄할 수 있다.	
	단축키 : Ctrl + P	

⬆ **그림 7** 파일 메뉴 기능 설명

입체도형 도구는 모두 7개의 카테고리로 분류되어 있는데, 그림5의 맨 위부터 '선택 그룹', '쌓기나무', '연결 큐브', '입체도형 도구', '다각형 도구', '측정 도구' '도구 설정'으로 분류되어 있다.

**3.1
알지오 3D
실행하기**

1) 새로 만들기

새로운 작업을 시작할 수 있으며 작성 중인 내용이 있었다면 모든 내용을 초기화할 수 있다.

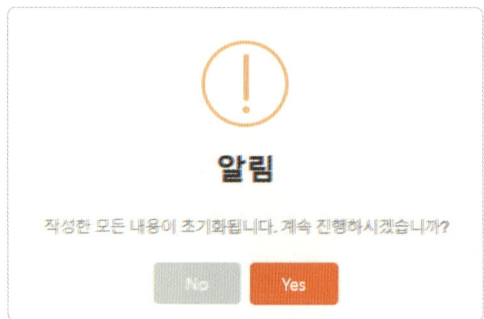

2) 열기

온라인 서버나 작업 중인 PC에 저장된 알지오 3D 파일을 불러온다.

① 파일을 불러올 위치를 선택한다(온라인 서버/내 PC).

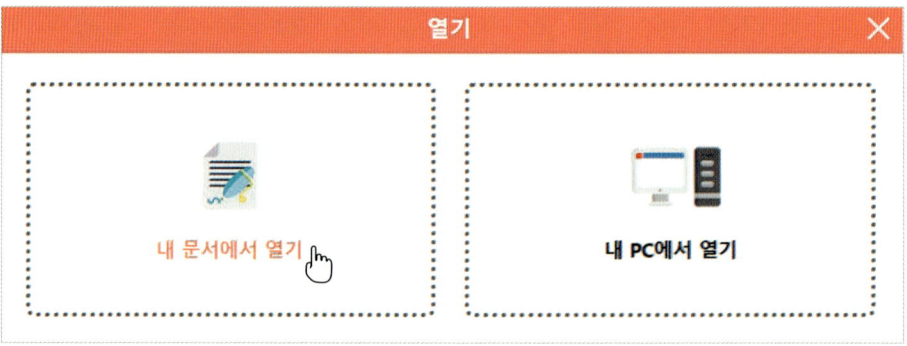

② 온라인 서버 또는 PC에서 원하는 파일을 선택한 뒤 적용을 클릭한다.

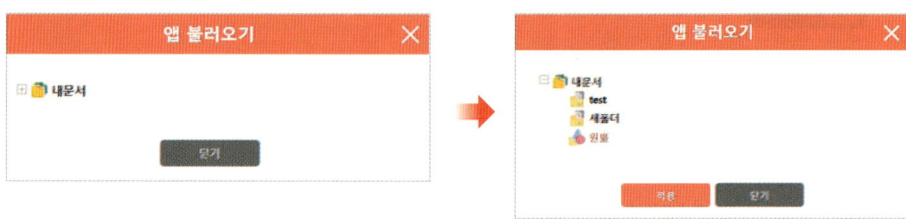

3) 저장

작업한 내용을 온라인 서버나 작업 중인 PC에 저장할 수 있다. 오프라인 파일로 내 PC에 저장할 때는 로그인 없이도 가능하지만, 온라인 서버(내문서)에 저장할 때는 반드시 로그인을 해야 한다.

(1) 서버에 저장하기
　① [내문서 저장]을 선택한다.

　② 파일 이름, 저장 위치, 학교급, 학년, 공개 여부 등을 입력하고 저장을 클릭한다.

저장 위치는 내문서로 기본 설정된다. 태그를 입력하면 자료를 검색하는데 도움이 된다.

**3.1
알지오 3D
실행하기**

③ 저장한 파일은 [마이페이지] > [나의 콘텐츠] 또는 [내문서]에서 확인할 수 있다.

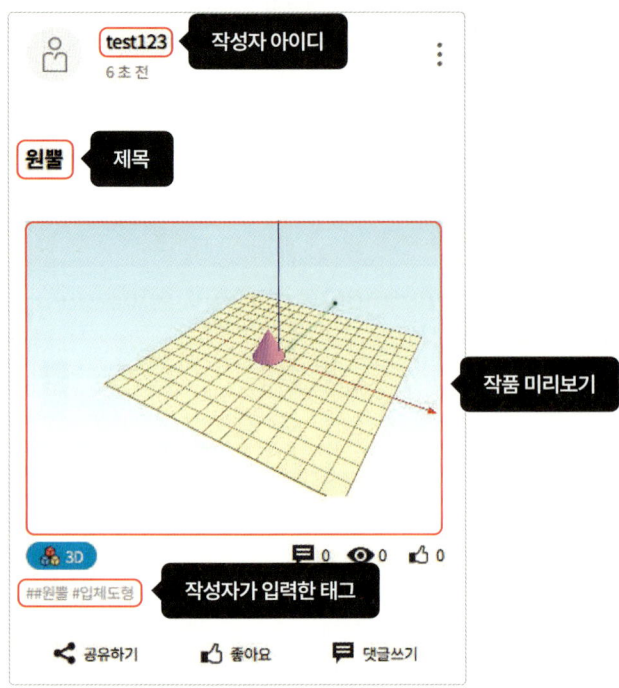

(2) PC에 저장하기
① [내 PC 저장]을 선택한다.

② 작업한 내용이 화면 하단에 오프라인 파일(.algeo3d)로 저장된 것을 확인할 수 있다.

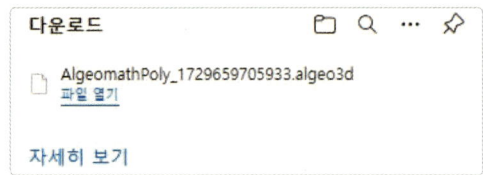

4) 다른 이름으로 저장
파일을 다른 이름으로 저장할 수 있다. 방법은 [저장]과 동일하다.

5) STL 출력

알지오 3D에서 만든 작품을 STL 파일로 저장한 뒤, 3D 프린터로 출력할 수 있다.

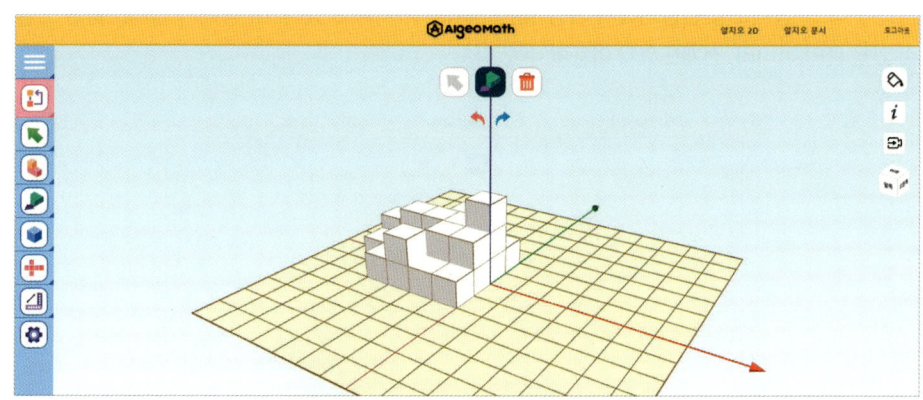

3.1
알지오 3D
실행하기

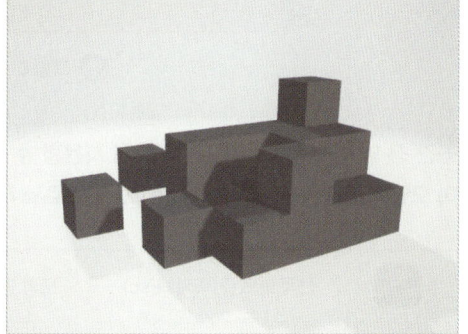

6) 인쇄

화면을 pdf로 저장하거나 프린터로 출력할 수 있다.

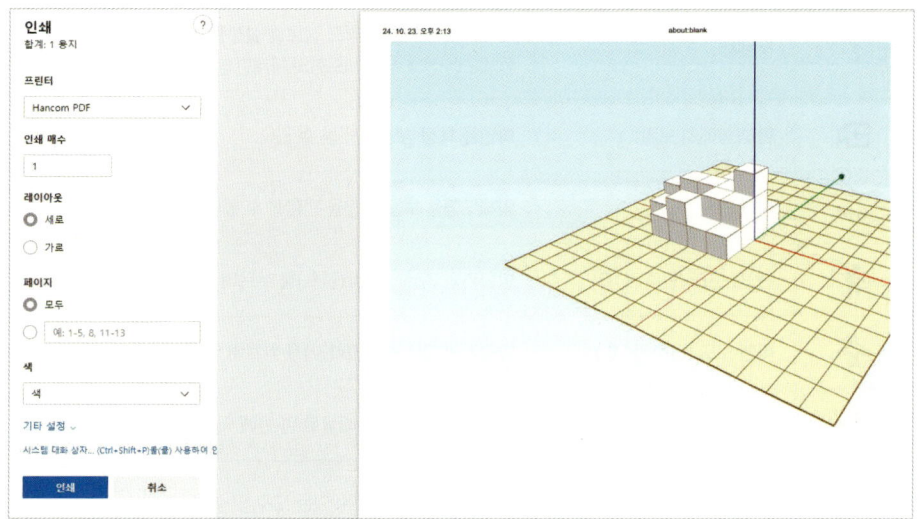

3.1 알지오 3D 실행하기

3.1.3 공간 창 영역

그림8에서 빨간색 표시된 영역을 공간 창 영역이라고 한다. 공간 창은 입체도형을 그리는 모눈의 역할을 하고, 입체도형 만들기에서 가장 넓은 영역을 차지하고 있다. 이 창에서 입체도형을 그릴 수 있을 뿐만 아니라, 전개도까지 이용할 수 있다.

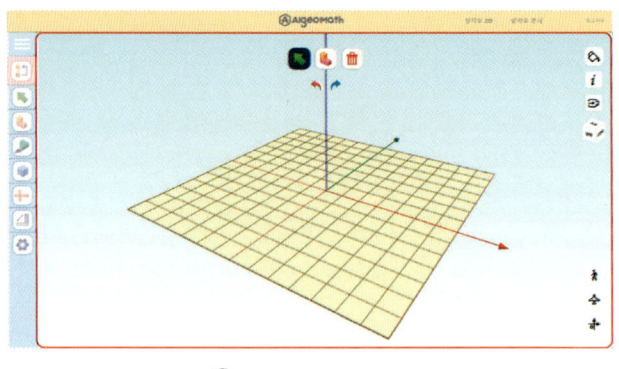

↑ **그림 8** 공간 창 영역

공간 창 영역에는 이외에도 편리하게 사용할 수 있는 몇 가지 도구들이 버튼 형태로 존재하는데, 이 모양은 좌측 상단부터 시계 반대 방향으로 소개하고, 각 기능은 그림9와 같다.

	기능	설명
	선택 모드 (단축키 : Esc)	도형 만들기의 기하 창 선택 도구와 기능이 같다.
	쌓기나무	공간 창에 클릭하면 쌓기나무가 생성된다.
	삭제 모드 (단축키 : Delete)	공간 창의 입체도형을 클릭하여 삭제할 수 있다.
	환경설정 메뉴	색상, 재질, 배경, 그리드를 설정할 수 있다.
	정보창	카메라의 위치와 그리드 정보를 설정할 수 있으며, 입체도형 선택 시 입체도형의 자세한 정보 등을 확인할 수 있다.
	한 방향에서 보기	화면을 특정 방향에서 볼 수 있다.
	시점 변환 큐브	입체도형을 보는 방향을 전환할 수 있다.
	1인칭 모드 (단축키 : 8)	방향키와 Space Bar(점프)를 누르며 입체도형을 볼 수 있다.
	비행 모드 (단축키 : 9)	방향키와 Q(상승), E(하강)를 누르며 입체도형을 볼 수 있다.
	원점 복귀 (단축키 : 0)	원점의 위치와 초기 배율로 한 번에 이동할 수 있다.

↑ **그림 9** 공간 창 영역에서 편리하게 사용할 수 있는 도구 및 설명

1) 환경설정 메뉴

환경설정 메뉴에 대해서는 여기서 조금 더 자세히 다루어 보자.

클릭하면 그림10과 같이 5가지의 메뉴가 생성되고, 각각의 기능은 다음과 같다.

그림 10 환경설정 메뉴를 클릭했을 때의 메뉴

(1) 색상 : 쌓기나무를 제외한 모든 입체도형의 색상이 변경된다.

그림 11 색상

(2) 재질 : 연결 큐브의 재질을 변경할 수 있으며 총 8가지 버전이 있다.

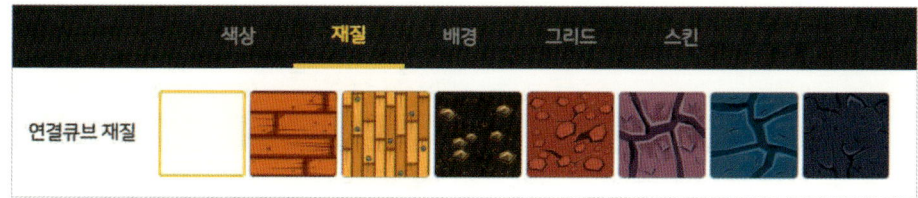

그림 12 재질

(3) 배경 : 공간 창 영역의 색을 변경할 수 있으며 총 5가지 색상이 있다.

그림 13 배경

3.1
알지오 3D
실행하기

(4) 그리드 : 격자무늬의 가로, 세로 개수가 변경된다. 예를 들어, 크기를 16으로 설정하면 가로와 세로 각각 16개씩의 격자무늬가 생겨 모두 256개의 격자무늬가 생긴다.

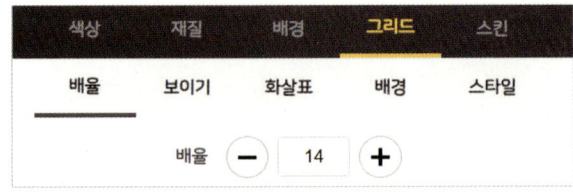

⬆ 그림 14 그리드

✔ **좌표평면의 속성 변경하기(배율, 보이기, 화살표, 배경, 스타일)**

- 배율 : 배율은 평면의 가로, 칸수를 원하는 수를 입력하거나 -, + 버튼을 클릭하여 배율을 조절할 수 있다. (2~100까지 설정 가능)
- 보이기, 화살표 : 버튼을 눌러 평면, 축, 화살표, 원점을 각각 숨기거나 보이게 할 수 있다. 축의 화살표 크기를 3단계(작게, 중간, 크게)로 조절할 수 있다.
- 배경, 스타일 : 배경에서는 평면의 바탕색을 변경하고, 스타일에서는 격자의 색상을 변경할 수 있다.

(5) 스킨 : 스킨은 총 2가지 버전으로 제공되며 노란색/하늘색으로 설정할 수 있다.

⬆ 그림 15 노란색 스킨

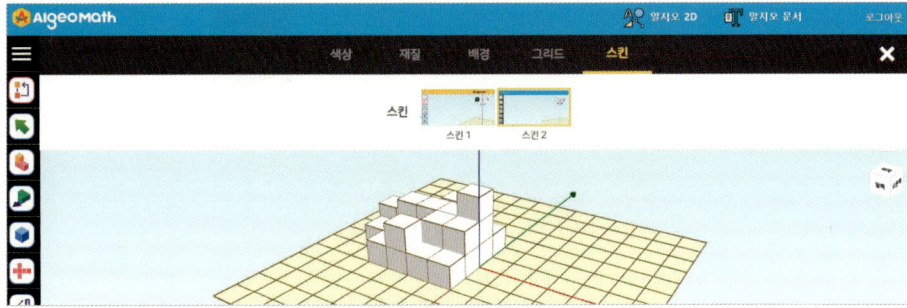

⬆ 그림 16 하늘색 스킨

2) 정보창

화면의 오른쪽에는 시점, 좌표평면, 도형 등에 대한 정보를 확인할 수 있는 정보창이 있으며, 화면 오른쪽 위의 정보창 버튼(i)을 클릭하여 접근할 수 있다. 이 정보창에서는 현재 카메라(시점)의 위치와 좌표평면에 관한 여러 정보를 확인할 수 있으며, 입체도형을 선택한 상태에서 정보창을 열면 해당 도형의 이름, 색상, 위치 등 다양한 정보를 확인하고 수정할 수 있다.

3.1
알지오 3D
실행하기

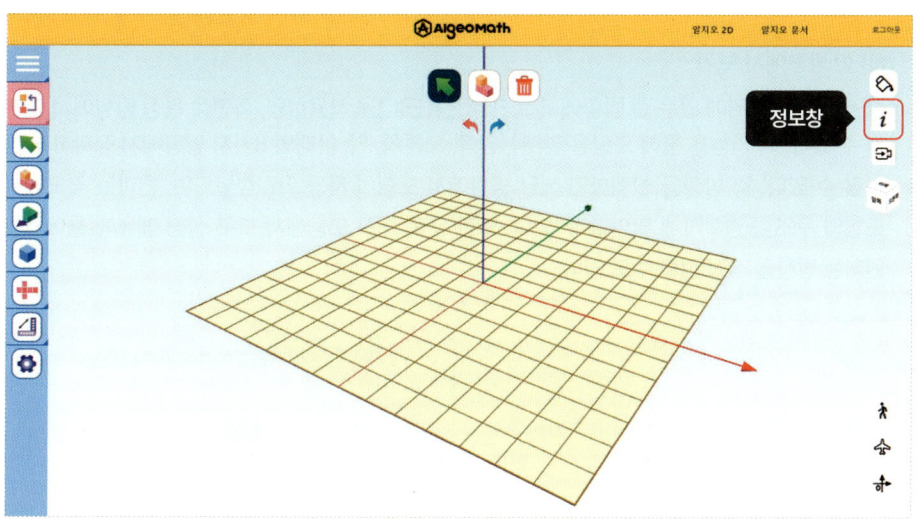

✓ 입체도형을 선택한 상태에서 정보창을 클릭하면 대상에 대한 정보(이름, 색상, 위치 등)를 확인하고 수정할 수 있다.

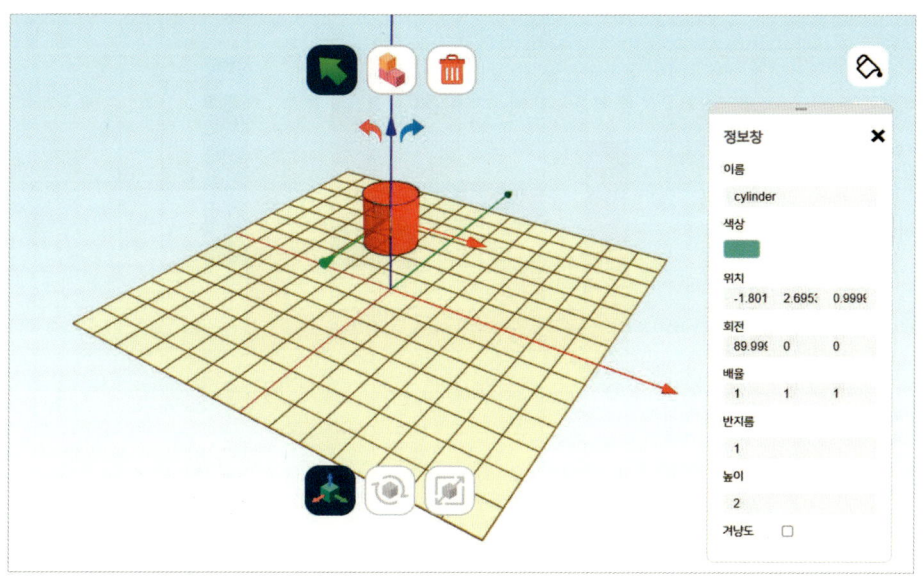

3.1 알지오 3D 실행하기

3) 시점 변환 도구

시점 변환 도구는 알지오 3D에서 입체도형을 다양한 시점에서 관찰하고 조작할 수 있도록 도와주는 중요한 기능이다. 이 챕터에서는 한 방향에서 보기, 시점 변환 큐브, 1인칭 모드, 비행 모드, 원점 복귀, 그리고 마우스를 활용한 시점 변경 등 다양한 시점 변환 도구들을 소개하고, 각 도구의 활용 방법을 상세히 설명한다. 이를 통해 사용자는 원하는 각도와 방향에서 도형을 자유롭게 탐색하며 작업할 수 있다.

(1) 한 방향에서 보기

화면의 오른쪽 위에 있는 한 방향에서 보기 버튼(⬀)을 사용하면, 화면을 특정 방향에서 쉽게 볼 수 있다. 이 기능을 통해 도형을 앞, 뒤, 왼쪽, 오른쪽, 위, 아래의 6가지 방향에서 정확하게 관찰할 수 있다. 각 방향을 선택하면 해당 방향에서 도형이 자동으로 정렬되며, 원하는 각도에서 도형의 구조를 명확하게 확인할 수 있다. 또한 왼쪽 도구 모음에서 도구 설정 메뉴에 들어가면 원하는 방향을 직접 정할 수도 있다.

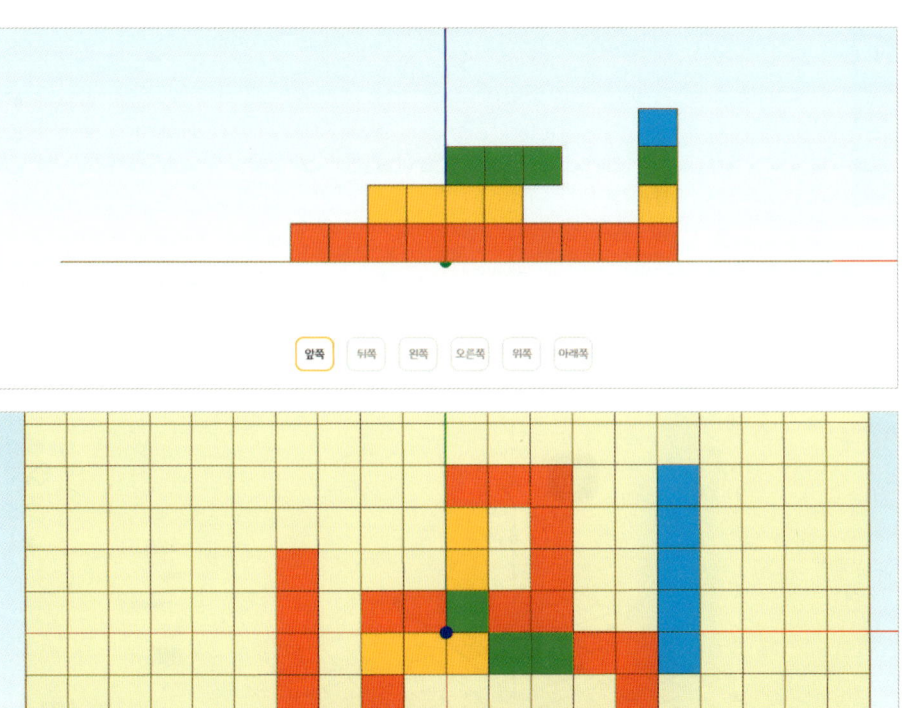

⬆ **그림 17** 한 방향에서 보기

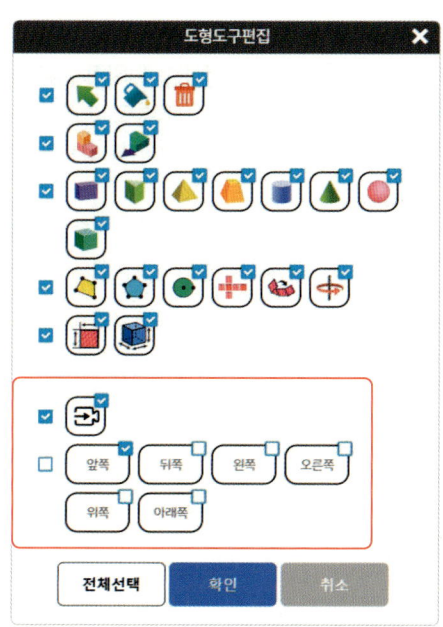

↑ **그림 18** 도형 도구 편집에서 한 방향에서 보기 선택

(2) 시점 변환 큐브

시점 변환 큐브( )는 화면의 오른쪽 위에 위치하며, 큐브의 면을 클릭하거나 큐브를 드래그하여 화면의 시점을 조정할 수 있는 도구다. 큐브의 특정 면을 클릭하면 화면이 그 방향으로 고정되며, 도형을 다양한 각도에서 쉽게 관찰할 수 있다. 드래그를 통해 자유롭게 시점을 변경하면서 도형을 입체적으로 분석할 수 있다.

(3) 1인칭 모드

1인칭 모드( )는 화면의 오른쪽 아래에 위치하며, 이 기능을 통해 1인칭 시점으로 전환하여 도형을 탐색할 수 있다. 키보드의 W, A, S, D 키로 이동하며, Spacebar로 점프, Esc 키로 모드를 해제할 수 있다. 1인칭 시점에서는 마치 도형 내부에 들어간 것처럼 가까이에서 자세한 부분을 확인할 수 있어 몰입감 있는 탐색이 가능하다.

✓ **조작 방법(키보드)**

- 앞으로 이동 : W
- 뒤로 이동 : S
- 왼쪽으로 이동 : A
- 오른쪽으로 이동 : D
- 점프하기 : Spacebar
- 1인칭 모드 해제하기 : Esc

3.1 알지오 3D 실행하기

3.1 알지오 3D 실행하기

(4) 비행 모드

비행 모드( )는 화면의 오른쪽 아래에 위치하며, 다양한 시점에서 도형을 자유롭게 탐색할 수 있는 기능이다. 키보드의 W, A, S, D 키로 이동하고, Q 키로 상승, E 키로 하강하며, Esc 키를 눌러 모드를 해제할 수 있다. 이 모드를 통해 도형 주위를 비행하듯이 돌아다니며, 입체적인 시각에서 도형의 구조를 관찰할 수 있다.

✓ **조작 방법(키보드)**

- 앞으로 이동 : W
- 뒤로 이동 : S
- 왼쪽으로 이동 : A
- 오른쪽으로 이동 : D
- 하늘로 상승 : Q
- 바닥으로 하강 : E
- 비행 모드 해제하기 : Esc

(5) 원점 복귀

원점 복귀( )는 화면의 오른쪽 아래에 위치하며, 화면의 시점을 처음 상태로 되돌릴 수 있는 기능이다. 도형을 다양한 각도에서 관찰한 후 원래의 시점으로 돌아가고 싶을 때 이 버튼을 클릭하면 된다. 이를 통해 작업 중 혼란스러울 수 있는 시점을 초기화하여, 다시 처음부터 도형을 관찰할 수 있다.

(6) 마우스로 시점 변경하기

마우스를 사용하여 시점을 자유롭게 조정할 수 있다. 좌측 버튼을 클릭한 상태에서 드래그하면 화면이 회전하고, 휠 스크롤을 사용하면 화면을 확대하거나 축소할 수 있다. 또한 우측 버튼을 클릭한 상태에서 드래그하면 화면 전체를 이동시킬 수 있다. 이 기능을 통해 마우스 조작만으로도 손쉽게 도형의 시점을 변경하고 조정할 수 있다.

✓ **조작 방법(마우스)**

- 화면 회전 : 좌측 버튼 클릭 후 드래그
- 화면 확대/축소 : 휠 스크롤
- 화면 전체 이동 : 마우스 우측 버튼 클릭 후 드래그

3.2.1 선택 도구 소개

3.1.2의 그림5에서 입체도형 도구에 대하여 언급하였다. 입체도형 도구의 가장 위에 있는 버튼에 마우스 포인터를 갖다 대면 그림19와 같이 3개의 가장 기본이 되는 도구를 사용할 수 있다. 이제부터 이를 선택 도구라 하고, 단축키는 굵은 글씨를 참조하면 된다. 각각의 기능은 다음과 같다.

3.2
입체도형 도구

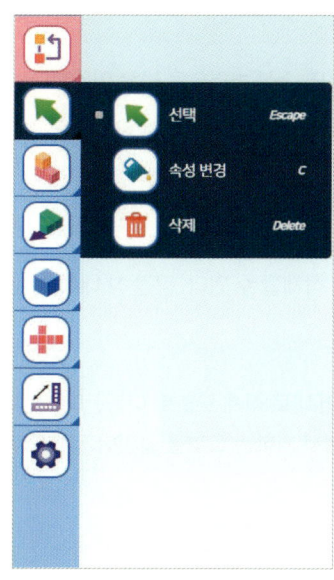

⬆ **그림 19** 선택 도구

(1) 선택 (단축키 Esc)

공간 창 내에 있는 대상 중 쌓기나무와 연결 큐브를 제외한 입체도형을 선택하고 이동하고, 회전하고, 크기를 변경할 때 사용하는 기능이다. 공간 창 내에 있는 선택 모드와 그 기능이 같다.

> 빠른 도구( ) 를 클릭하면 바로 선택 모드로 이동한다.
> 도형을 조작할 때는 선택 도구를 클릭한 상태에서 원하는 도형을 클릭해야 한다.
> 선택 도구는 이전에 선택된 메뉴를 해제하는 기능을 하기도 한다.

3.2 입체도형 도구

(2) 속성 변경 (단축키 C)

공간 창 내에 있는 환경설정 메뉴와 기능이 같다. 입체도형의 색상, 연결 큐브의 색상/재질을 변경할 수 있으며, 배경이나 좌표평면의 속성도 변경할 수 있다. 원하는 색상/재질을 선택한 뒤에 연결 큐브를 클릭하면, 해당하는 연결 큐브의 색상/재질이 변경된다. 단, 쌓기나무는 색상/재질을 바꿀 수 없다.

> 빠른 도구( )를 클릭하면 속성 변경으로 바로 이동한다.

(3) 삭제 (단축키 Delete)

공간 창에 있던 입체도형들을 삭제할 수 있다. 공간 창 내에 있는 삭제 모드와 기능이 같다.

> 빠른 도구( )를 클릭하면 바로 삭제 모드로 이동한다.
> 삭제 도구를 클릭한 상태에서 원하는 도형을 클릭하거나 드래그하여 삭제한다.

3.2.2 쌓기나무, 연결 큐브 소개

1) 쌓기나무 (단축키 G)

입체도형 도구의 위에서 두 번째 버튼에 마우스 포인터를 갖다 대면 그림20과 같이 쌓기나무 도구를 사용할 수 있다. 그러나 아래층에 쌓기나무가 쌓여 있지 않으면 그 위로는 절대로 쌓기나무를 쌓을 수 없다.

⬆ **그림 20** 쌓기나무

예를 들어, 쌓기나무를 각각 4개와 5개 사용하여 원하는 입체도형을 만들면 각각 그림21, 그림22와 같다.

3.2
입체도형 도구

⬆ **그림 21** 쌓기나무 4개 사용

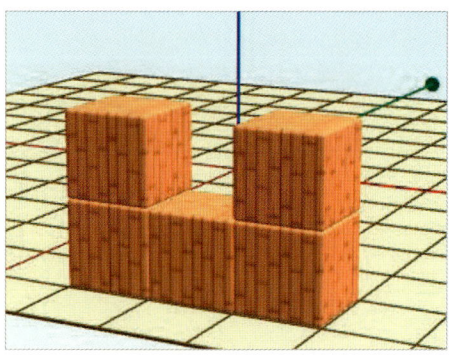

⬆ **그림 22** 쌓기나무 5개 사용

2) 연결 큐브 **(단축키 H)**

입체도형 도구의 위에서 세 번째 버튼에 마우스 포인터를 갖다 대면 그림23과 같이 연결 큐브 도구를 사용할 수 있다. 그림24와 같이 아래층에 연결 큐브가 없어도, 큐브만 있다면 연결할 수 있다.

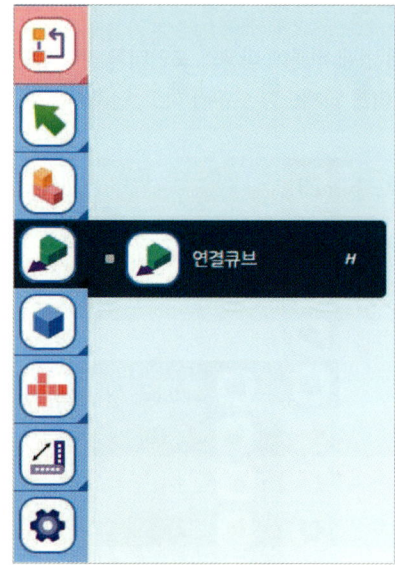

⬆ **그림 23** 연결 큐브

3.2 입체도형 도구

예를 들어, 그림24의 빨간색 원 안에 있는 연결 큐브 아래에는 연결된 연결 큐브가 없다.

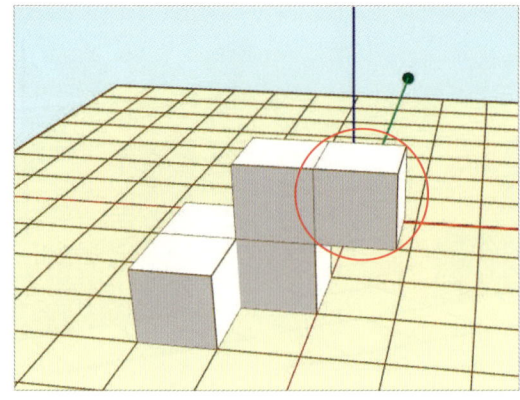

⬆ **그림 24** 빨간색 원 안에 있는 연결 큐브 아래에는 연결 큐브가 없다.

3.2.3 입체도형 도구 소개

입체도형 도구의 아래에서 세 번째 버튼에 마우스 포인터를 갖다 대면 그림25와 같이 8개의 도구를 사용할 수 있다. 이제부터 이를 입체도형 도구라 하고, 단축키는 굵은 글씨를 참조하면 된다.

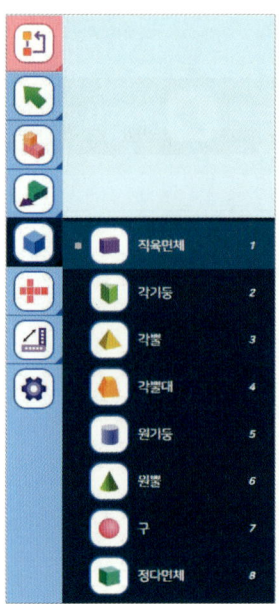

⬆ **그림 25** 입체도형 도구

1) 직육면체

직육면체는 기본적으로 가로 2칸, 세로 1칸, 높이 1칸으로 고정되어 있으며, 색상을 변경할 수 있다. 이 도형은 겹쳐서 배치할 수 있지만, 기본적으로 쌓는 기능은 제공되지 않는다.

**3.2
입체도형 도구**

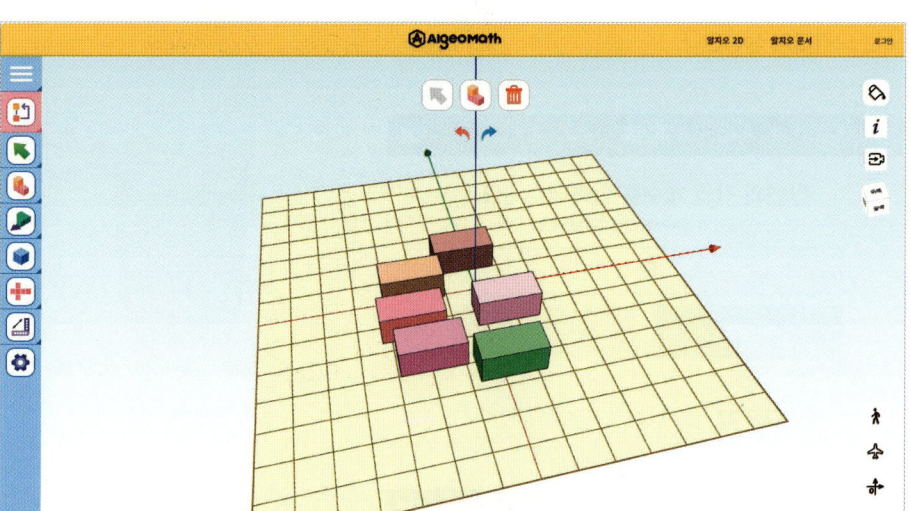

그림 26 직육면체 배치하기

직육면체를 위로 쌓으면서 생성할 수는 없지만, 생성된 직육면체를 상태창에서 위치좌표를 변경하거나 이동모드를 사용하여 위치를 상단으로 이동시킬 수 있다.

2) 각기둥 (단축키 1), 각뿔 (단축키 2)

각기둥은 두 밑면이 서로 합동인 다각형이고, 옆면이 모두 직사각형인 입체도형이고, 각뿔은 밑면이 다각형이고, 옆면이 모두 이등변삼각형인 입체도형이다. 이름은 밑면의 점의 개수에 따라 정해지고, 알지오매스에서는 밑면의 점의 개수를 3부터 10까지 입력할 수 있다.

3.2 입체도형 도구

예를 들어, 오각기둥과 오각뿔을 각각 생성해 보자.

각각의 도구가 선택되면 그림27 또는 그림29와 같은 창이 뜬다. 오각기둥과 오각뿔이므로 5를 입력하고 만들기와 공간 창 아무 곳이나 순서대로 클릭하면 그림28 또는 그림30과 같이 오각기둥 또는 오각뿔이 생성된다.

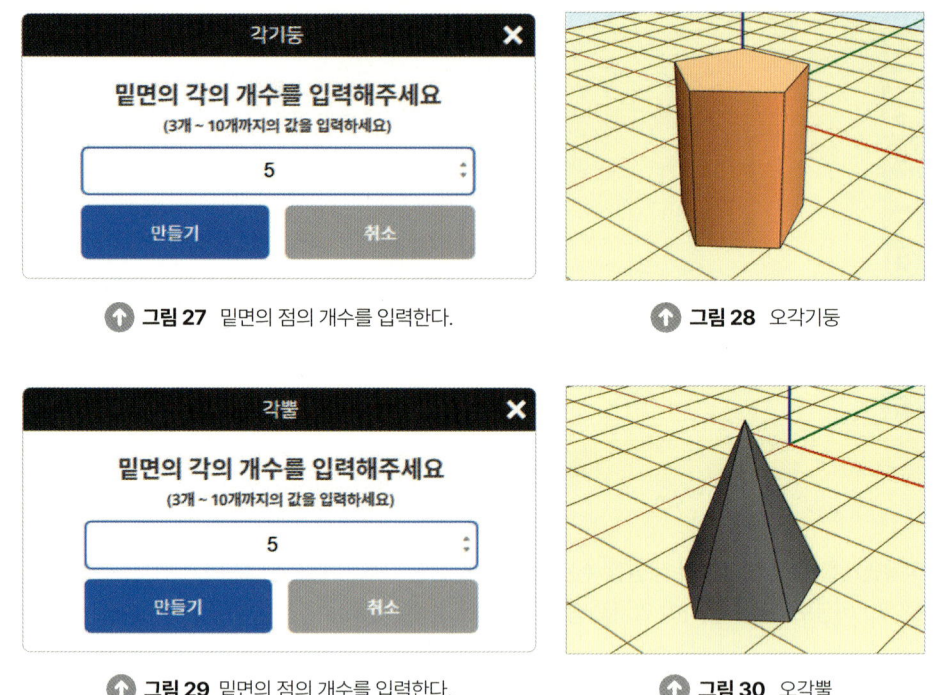

↑ **그림 27** 밑면의 점의 개수를 입력한다. ↑ **그림 28** 오각기둥

↑ **그림 29** 밑면의 점의 개수를 입력한다. ↑ **그림 30** 오각뿔

알지오매스에서는 실제 겨냥도에서 보이지 않는 선도 실선으로 나타나 있다. 이를 이용하여 선택 모드에서 생성된 입체도형을 회전, 이동, 크기 조정을 해 가며 성질을 알 수 있다.

3) 원기둥 **(단축키 3)**, 원뿔 **(단축키 4)**, 구 **(단축키 5)**
원기둥은 두 밑면이 서로 합동인 원이고, 옆면이 굽은 면인 입체도형, 원뿔은 밑면이 원이고, 뿔 모양인 입체도형, 구는 공 모양인 입체도형이다.
각각의 도구가 선택된 상태에서 공간 창 아무 곳이나 클릭하면 그림31부터 그림33과 같이 원기둥, 원뿔 또는 구가 생성된다.

3.2
입체도형 도구

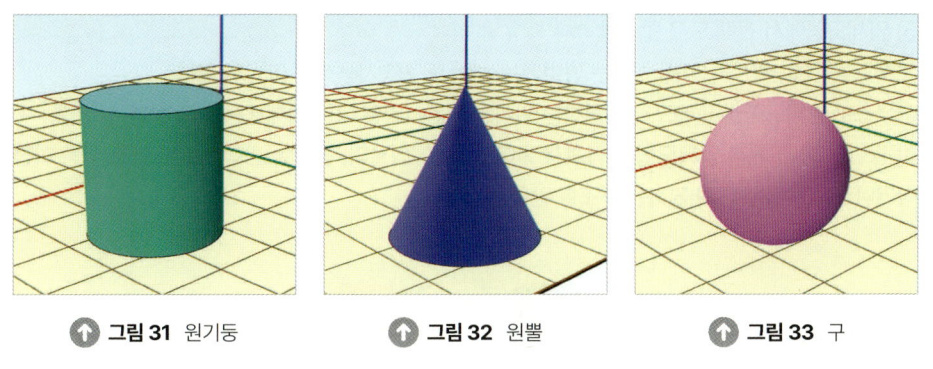

⬆ **그림 31** 원기둥　　⬆ **그림 32** 원뿔　　⬆ **그림 33** 구

4) 정다면체 **(단축키 6)**

정다면체는 모든 면이 정다각형인 입체도형으로, 그 종류는 정사면체, 정육면체, 정팔면체, 정십이면체, 정이십면체의 5가지뿐이다.

정다면체 도구가 선택되면 그림34와 같은 창이 생성된다.

⬆ **그림 34** 정다면체 생성 창

이 창에서 원하는 정다면체와 공간 창 아무 곳이나 순서대로 클릭하면 그림35와 같이 정다면체가 각각 생성된다.

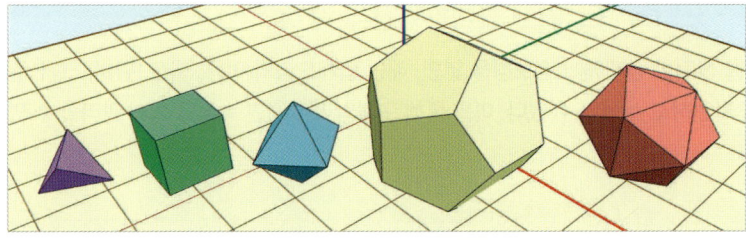

⬆ **그림 35** 생성된 모든 정다면체

225

3.2 입체도형 도구

5) 입체도형에서 선택 도구 활용법

입체도형들을 변형하고 이동시키는 방법에는 선택 도구를 사용하는 방법이 있다.

마우스로 입체도형을 드래그하여 원하는 위치로 이동시키면 다른 입체도형 위에 쌓을 수 있다.

이 방법을 통해 여러 입체도형을 겹쳐서 쌓아 올릴 수 있으며, 원하는 방향으로 도형을 이동·회전하거나 크기를 조절하여 원하는 구조를 만들 수 있다.

↑ **그림 36** 선택 모드

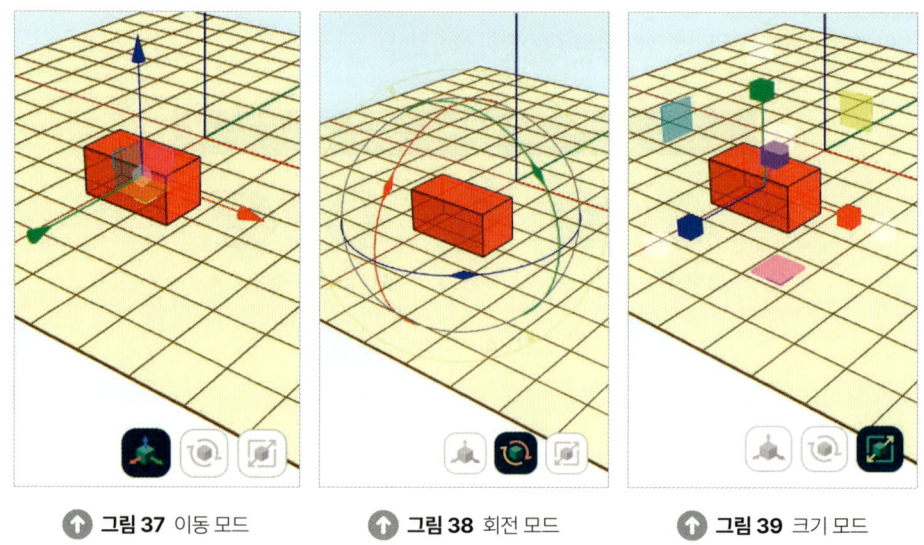

↑ **그림 37** 이동 모드 　　↑ **그림 38** 회전 모드 　　↑ **그림 39** 크기 모드

입체도형을 선택한 상태에서 정보창을 열면, 해당 입체도형의 이름, 색상, 위치, 크기, 길이, 높이, 두께 등을 확인하고 수정할 수 있다. 이를 통해 도형의 세부적인 속성을 쉽게 관리할 수 있다.

> 도형을 조작하다 보면 도형의 일부가 평면 아래로 내려가는 경우가 생길 수 있으므로, 마우스로 시점을 돌려가며 확인하는 것이 좋다.

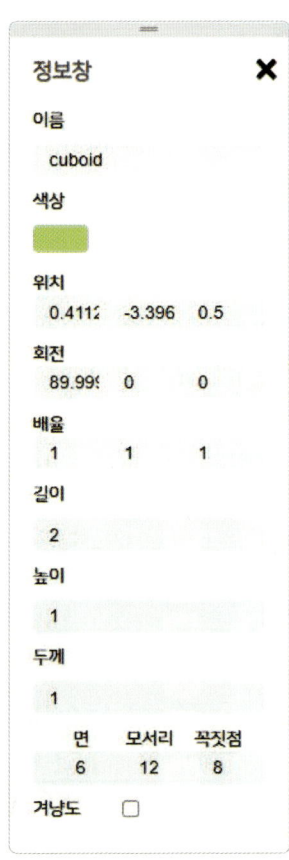

↑ **그림 40** 도형 선택 후 정보창

3.2
입체도형 도구

또한 겨냥도를 활용해 입체도형의 구조를 명확하게 파악할 수 있다. 정보창은 도형의 배치와 속성을 효율적으로 조정할 수 있는 중요한 도구로, 직육면체의 다양한 설정을 한눈에 확인하고 필요에 따라 수정할 수 있는 기능을 제공한다.

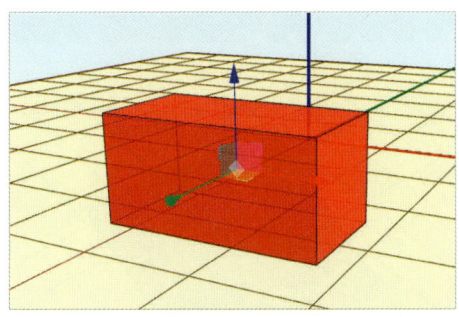

↑ **그림 41** 도형 겨냥도

3.2 입체도형 도구

3.2.4 전개도 도구 모음 소개

입체도형 도구의 아래에서 두 번째 버튼에 마우스 포인터를 갖다 대면 그림42와 같이 6개의 도구를 사용할 수 있다. 이제부터 이를 전개도 도구라 하고, 단축키는 굵은 글씨를 참조하면 된다.

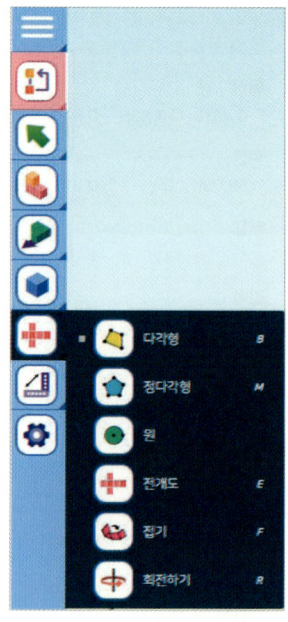

⬆ **그림 42** 전개도 도구

1) 다각형 **(단축키 B)**
다각형을 생성하는 방법은 2단원의 도형 만들기에서와 같으므로 설명을 생략한다.
예를 들어, 오각형을 생성해 보자.
다각형 도구가 선택된 상태에서 원하는 점을 공간 창에 찍는다. 이때, 처음 시작한 점을 맨 마지막에 다시 한번 클릭해야 하는 것 역시 2단원과 동일하며, 오각형을 생성하면 그림43과 같고 속성도 변경할 수 있다.

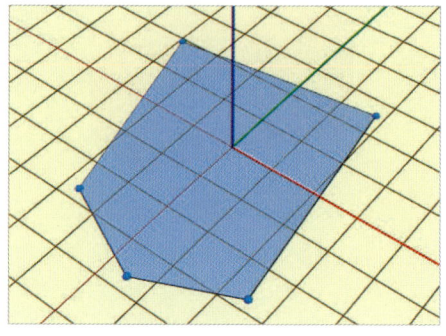

⬆ **그림 43** 오각형

2) 정다각형 **(단축키 M)**

그림42의 전개도 도구에서 정다각형을 클릭하면 그림44와 같이 정다각형 생성 창이 열린다. 정삼각형부터 정육각형까지 총 4종류의 정다각형을 생성할 수 있는데, 예시로 정육각형을 생성해 보자. 그림44의 정육각형 버튼을 클릭하면 창이 사라지고 공간 창의 시점이 위쪽 방향으로 전환되며 정육각형이 커서를 따라다닌다.

**3.2
입체도형 도구**

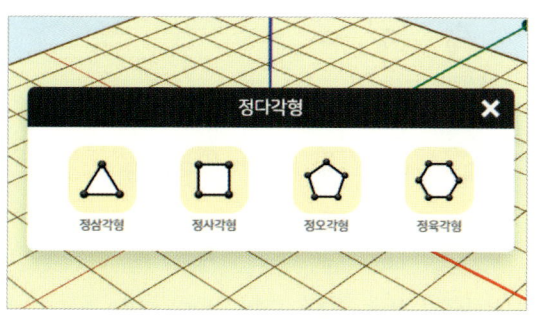

⬆ **그림 44** 생성할 정다각형을 선택한다.

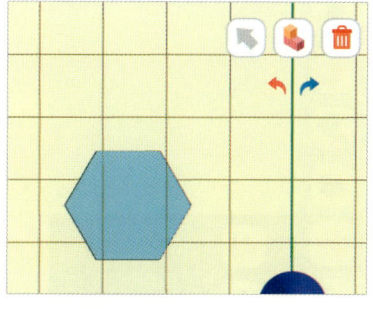

⬆ **그림 45** 정다각형의 위치를 잡는다.

이때, 공간 창에 원하는 위치를 잡고 마우스로 클릭하면 그림 46과 같이 정육각형이 생성된다.

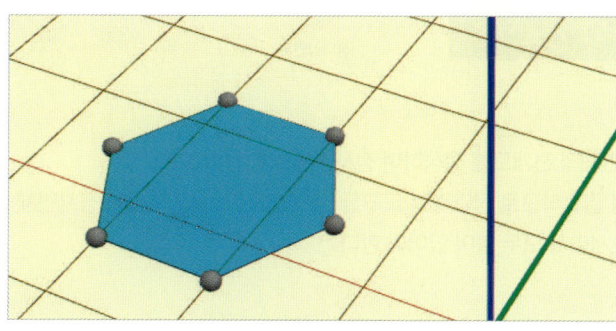

⬆ **그림 46** 정육각형

3.2
입체도형 도구

3) 전개도 **(단축키 E)**

전개도는 입체도형을 펼쳐서 평면에 나타낸 그림으로, 입체도형 중 구를 제외하면 전개도가 모두 존재한다. 이 중에서 원하는 정다면체의 전개도를 선택하면 된다.

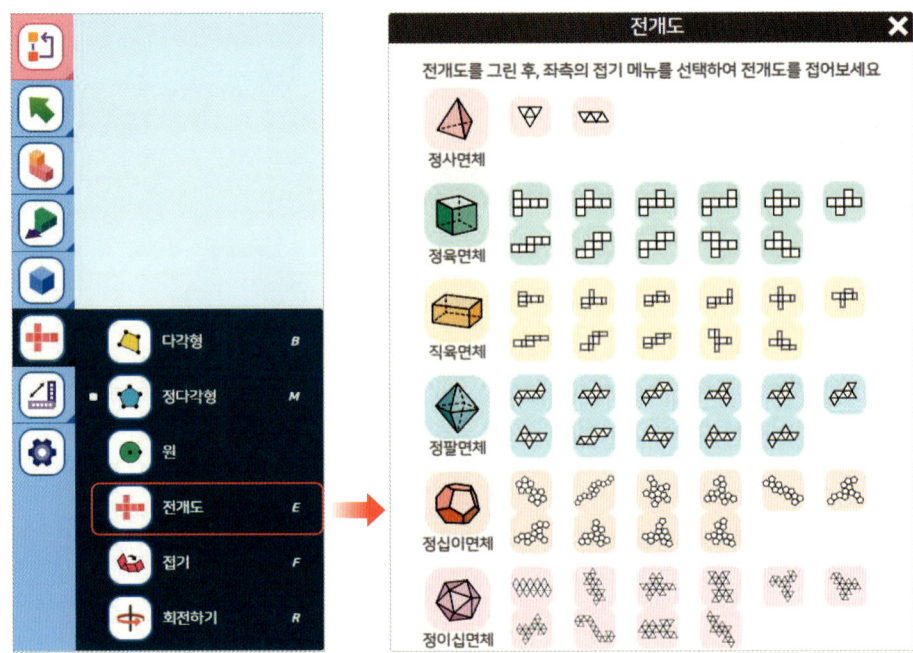

예를 들어, 정사면체의 전개도를 생성하여 정사면체를 만들어 보자.

우선 정다각형이 필요하므로 정다각형 도구를 선택하여 그림47과 같이 정사면체의 전개도를 만들어 보자. 이때, 모서리가 모두 붙어 있어야 한다.

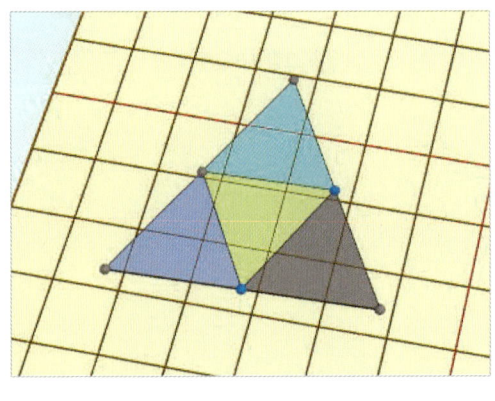

⬆ **그림 47** 정사면체의 전개도

4) 접기 **(단축키 F)**

전개도를 수동/자동으로 접고 펼치며 입체도형과 전개도를 탐구할 수 있다. 접기를 클릭하면 화면 상단에 접기 모드 아이콘이 생성된다. 아이콘을 클릭하여 자동 모드(A)와 수동 모드(M)를 선택할 수 있다.

3.2
입체도형 도구

자동 모드(A) : 한 면씩 자동으로 접어 올리거나 한 번에 모든 면을 접어 입체도형을 완성할 수 있다.
수동 모드(M) : 사용자가 원하는 면을 직접 드래그하여 접어볼 수 있다.

✔ **한 면 자동 접기**

자동 접기, 펴기 기능은 전개도 도구에서 제공하는 입체도형에서만 작동한다.
① 화면 상단에서 자동 모드(A)를 선택한다.
② 기준면을 선택한다.
③ 접고 싶은 면을 클릭하면, 기준면을 중심으로 해당하는 면이 자동으로 접한다.
④ 접힌 면을 다시 클릭하면 해당하는 면이 다시 펼쳐진다.

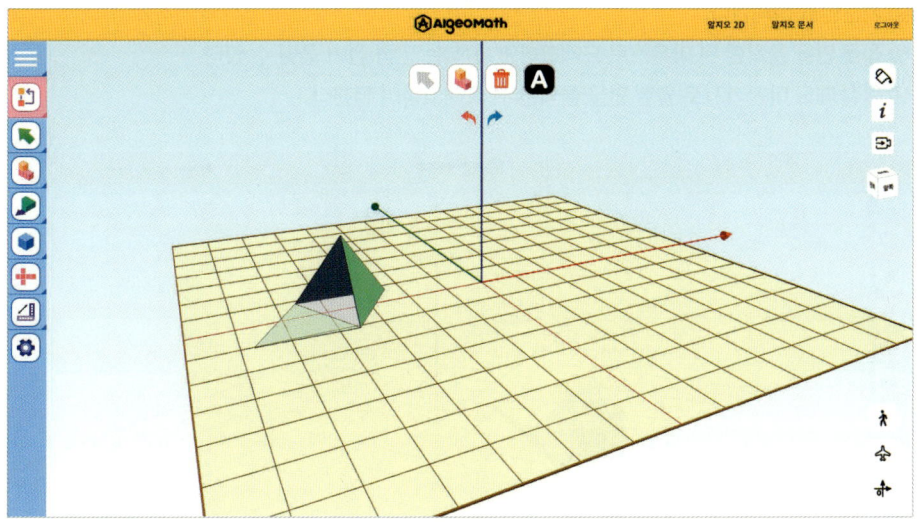

3.2 입체도형 도구

✓ **모든 면 자동 접기**

자동 접기, 펴기 기능은 전개도 도구에서 제공하는 입체도형에서만 작동한다.
① 화면 상단에서 자동 모드(A)를 선택한다.
② 기준면을 선택한다.
③ 기준면을 다시 한번 클릭하면, 기준면을 중심으로 접을 수 있는 모든 면이 동시에 접한다.
④ 완성된 입체도형을 다시 클릭하면 원래 전개도 상태로 다시 펼쳐진다.

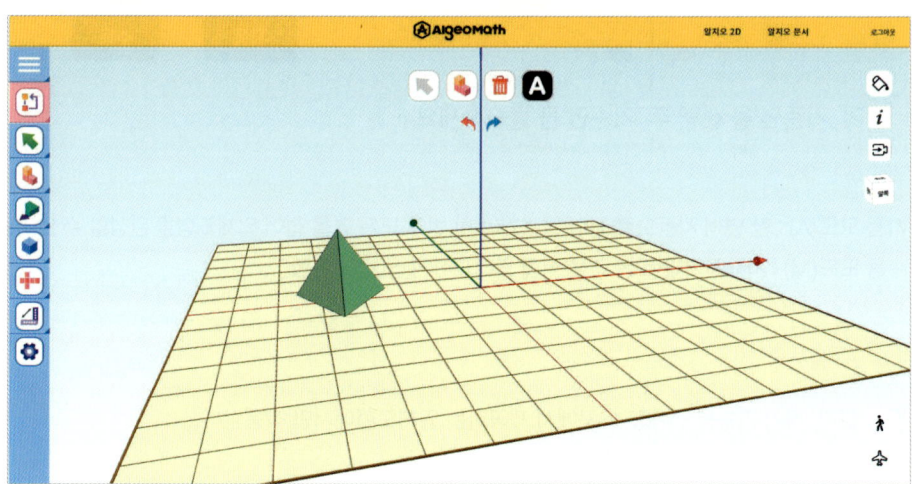

✓ **수동 접기**

① 화면 상단에서 수동 모드(M)를 선택한다.
② 기준면을 선택한다.
③ 접을 면을 클릭한 뒤 마우스로 드래그하면, 원하는 만큼 접어 올릴 수 있다.
④ 펼칠 때도 마찬가지로 펼칠 면을 클릭한 뒤 드래그하여 펼친다.

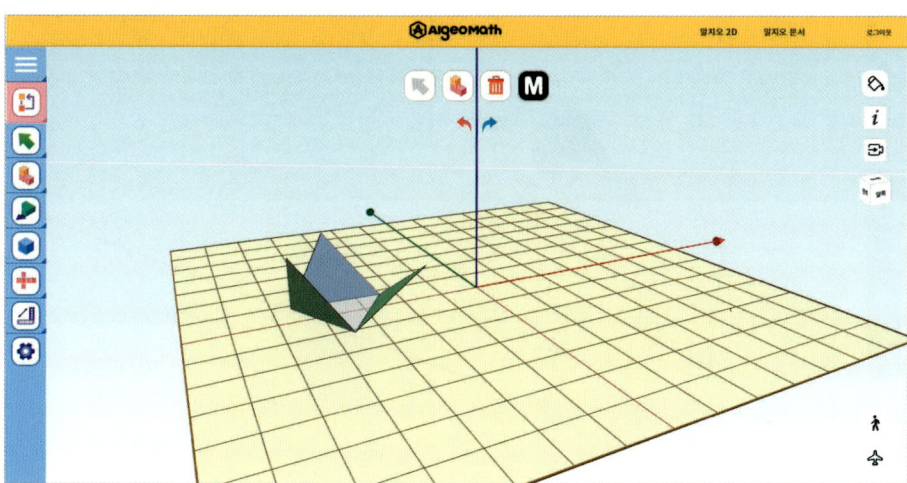

5) 회전하기 (단축키 R)

원하는 평면 도형을 그린 후, 회전하기 기능을 사용하여 해당 도형을 입체로 변환할 수 있다. 회전하기 기능을 사용하면 회전축을 선택하게 되며, 빨간색 축(x축) 또는 초록색 축(y축) 중 하나를 기준으로 회전할 수 있다. 회전축을 선택한 후, 기준이 되는 면을 하나 선택하면 평면 도형이 회전하며 입체도형이 완성된다.

예를 들어, 직사각형을 그린 후 그림48에서 빨간색 축(x축)을 기준으로 회전을 선택하면, 그림50과 같은 회전체가 생성된다. 이와 같이 회전하기 기능을 활용하여 다양한 입체도형을 손쉽게 만들 수 있으며, 선택한 축과 기준면에 따라 도형의 형태가 달라지므로, 원하는 입체도형을 생성하는 데 매우 유용하다.

3.2 입체도형 도구

↑ 그림 48 회전축 선택

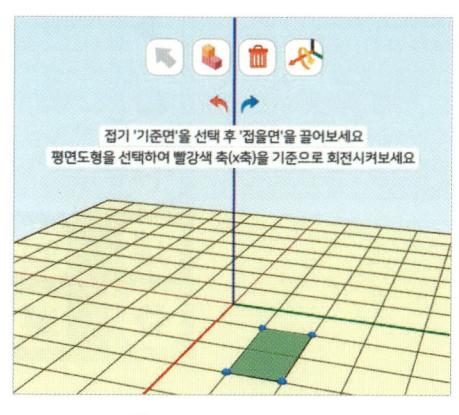

↑ 그림 49 기준면 선택

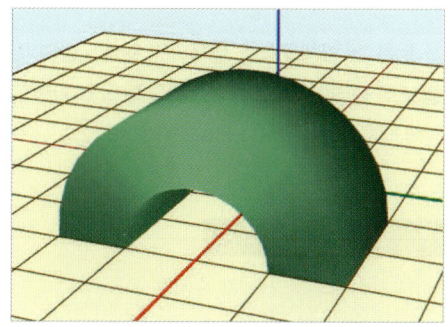

↑ 그림 50 회전체 완성 모습(1)

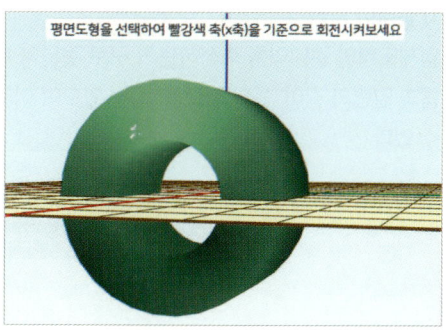

↑ 그림 51 회전체 완성 모습(2)

3.2 입체도형 도구

3.2.5 측정 도구

측정 도구를 이용하면 입체도형의 겉넓이와 부피를 확인할 수 있으며 계산식도 확인할 수 있다. 단, 회전체의 겉넓이와 부피는 확인할 수 없다.

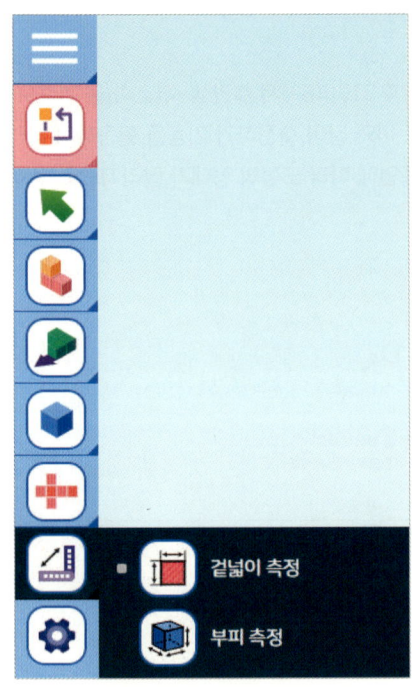

↑ 그림 52 전개도 도구

1) 겉넓이 측정

입체도형의 겉넓이를 측정하는 도구로 겉넓이 측정을 누른 후 입체도형을 선택하면 입체도형의 이름과 밑변의 길이, 높이 정보를 볼 수 있으며 이를 바탕으로 겉넓이 공식이 나오고 최종 답을 확인할 수 있다.

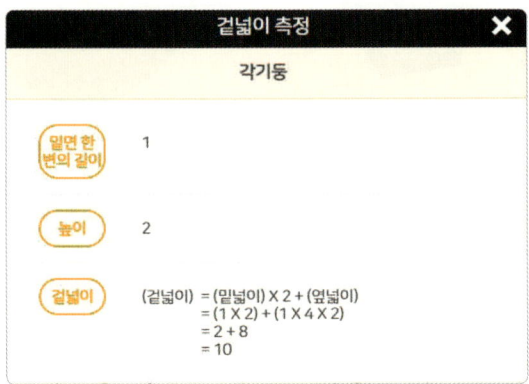

2) 부피 측정

입체도형의 부피를 측정하는 도구로 부피 측정을 누른 후 입체도형을 선택하면 겉넓이 측정과 동일하게 입체도형의 이름과 밑변의 길이, 높이 정보를 볼 수 있으며 이를 바탕으로 부피 공식이 나오며 최종 답을 확인할 수 있다.

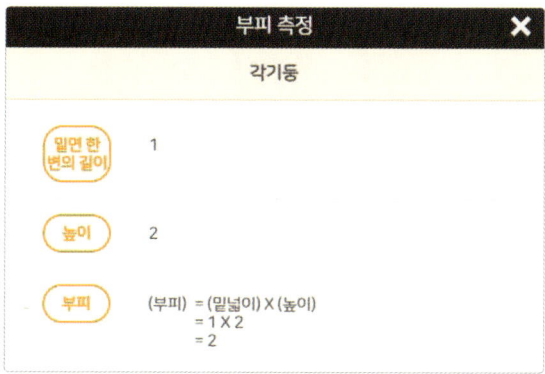

3.2
입체도형 도구

3.2.6 도구 설정 소개

입체도형 도구의 맨 아래에 있는 버튼을 클릭하면 공간 창에 그림53과 같은 창이 뜨고, 필요하지 않은 기능을 선택하면 그림54와 같이 일부만 활성화된다.

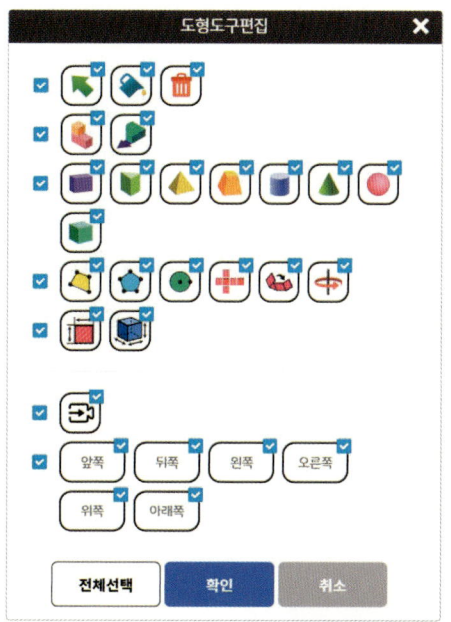

⬆ **그림 53** 도구가 모두 활성화된 도구 설정 창

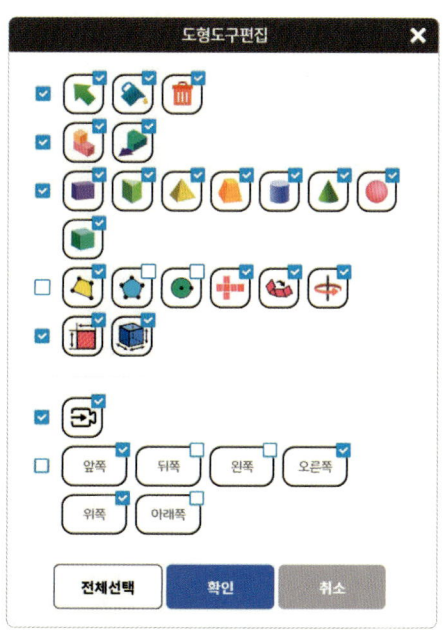

⬆ **그림 54** 도구가 일부만 활성화된 도구 설정 창

3.2 입체도형 도구

3.2.7 입체도형 만들기 예제

1) 쌓기나무를 쌓은 규칙

어떤 규칙에 따라 쌓기나무가 다음과 같이 쌓여 있을 때, 빈칸에 들어갈 모양을 생성해 보자.

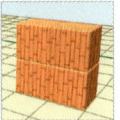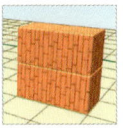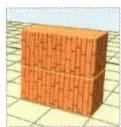

① 쌓기나무 도구가 선택된 상태에서 위와 같이 쌓으면 쌓기나무가 3개, 4개, 3개, 4개, ……로 쌓인 규칙이다.
② 빈칸에 들어갈 모양을 생성하면 그림55와 같다.

⬆ **그림 55** 빈칸에 들어갈 모양

2) 연결 큐브를 연결한 규칙

어떤 규칙에 따라 연결 큐브를 다음과 같이 연결하고 있을 때, 빈칸에 들어갈 모양을 생성해 보자.

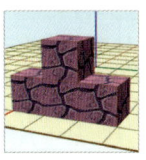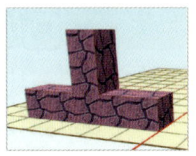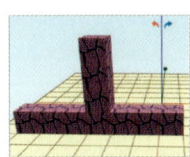

① 연결 큐브 도구가 선택된 상태에서 위와 같이 연결하면 연결 큐브가 1개, 4개, 7개, 10개, ……로 연결되어 있으며, 위, 왼쪽, 오른쪽으로 1개씩 연결되고 있다.
② 빈칸에 들어갈 모양을 생성하면 그림56과 같다.

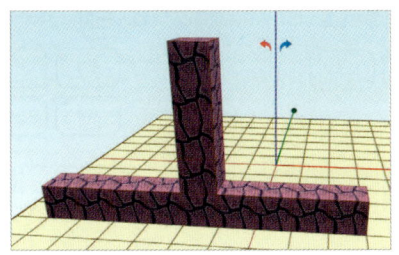

⬆ **그림 56** 빈칸에 들어갈 모양

3) 정육면체의 겨냥도
정육면체의 겨냥도에서 보이지 않는 면, 모서리, 꼭짓점의 개수를 각각 구해 보자.
① 정육면체는 정다면체이므로 정다면체 도구가 선택된 상태에서 정육면체를 생성하면 그림57과 같다.
② 보이지 않는 면은 3개, 모서리는 3개, 꼭짓점은 1개이다.

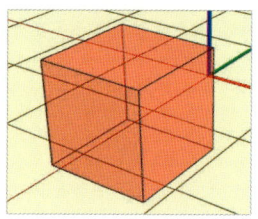

↑ **그림 57** 정육면체

4) 각기둥과 각뿔의 구성 요소
밑면의 모양이 육각형으로 같은 각기둥과 각뿔의 모서리 개수의 합을 구해 보자.
① 알맞은 입체도형은 각각 육각기둥과 육각뿔이다.
② 각기둥 도구와 각뿔 도구를 각각 선택하여 밑면의 점의 개수인 6을 입력하면 그림58, 그림59와 같이 육각기둥과 육각뿔이 각각 생성된다.
③ 육각기둥의 모서리는 18개, 육각뿔의 모서리는 12개이므로 구하는 합은 30개다.

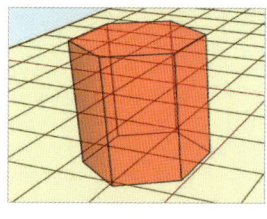 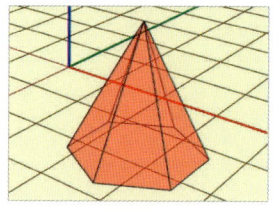

↑ **그림 58** 육각기둥   ↑ **그림 59** 육각뿔

5) 다면체의 구성 요소 사이의 성질 (오일러의 공식)
정팔면체의 꼭짓점의 개수를 v, 모서리의 개수를 e, 면의 개수를 f라고 할 때, v-e+f의 값을 구해 보자.
① 정다면체 도구가 선택된 상태에서 정팔면체를 생성하면 그림60과 같다.
② 꼭짓점은 6개, 모서리는 12개, 면은 8개이므로 v=6, e=12, f=8이다.
③ 따라서 v-e+f=2이다.

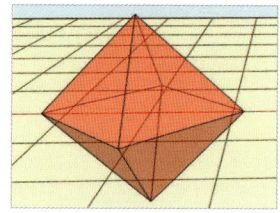

↑ **그림 60** 정팔면체

Chapter 04

모둠과 활용

4 문서와 모둠

4.1 알지오 문서

이 챕터에서 다룰 알지오 문서는 말 그대로 문서 만들기로, 알지오매스를 이용하여 생성한 도형 및 여러 콘텐츠를 수록한 문서를 생성할 수 있다. 알지오 문서는 알지오 2D, 알지오 3D를 이용하여 문서 형태로 수업자료와 평가자료 등을 제작하고 편집할 수 있는 문서 작성 도구이다. 알지오매스에서 만든 다양한 콘텐츠와 이미지, 영상 등을 문서 내에 업로드할 수 있으며, 간단한 문제 출제 기능을 활용하여 수학 탐구활동 및 수업에 활용할 수 있다.

⬆ **그림 1** 메인 화면에서 알지오 도구 선택

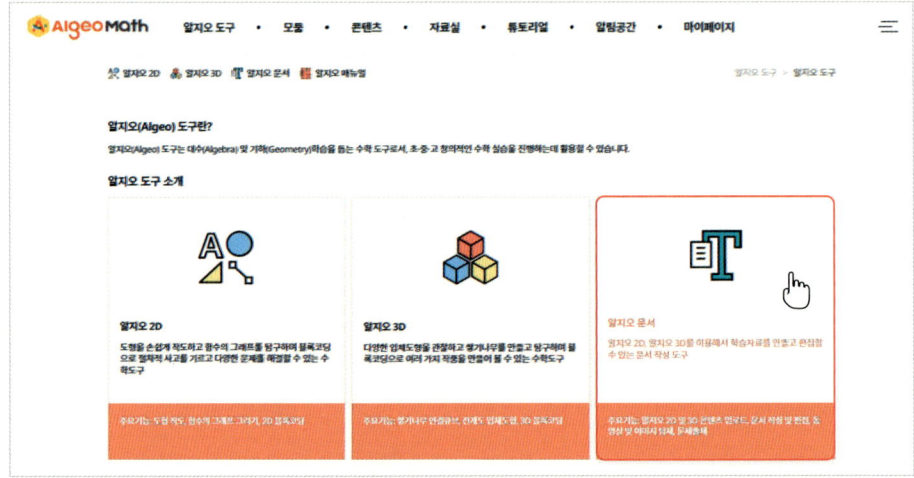

⬆ **그림 2** 알지오 문서 선택

4.1.1 헤더 영역

그림3에서 빨간색 표시된 영역을 각각 클릭하면 다음과 같이 실행된다.

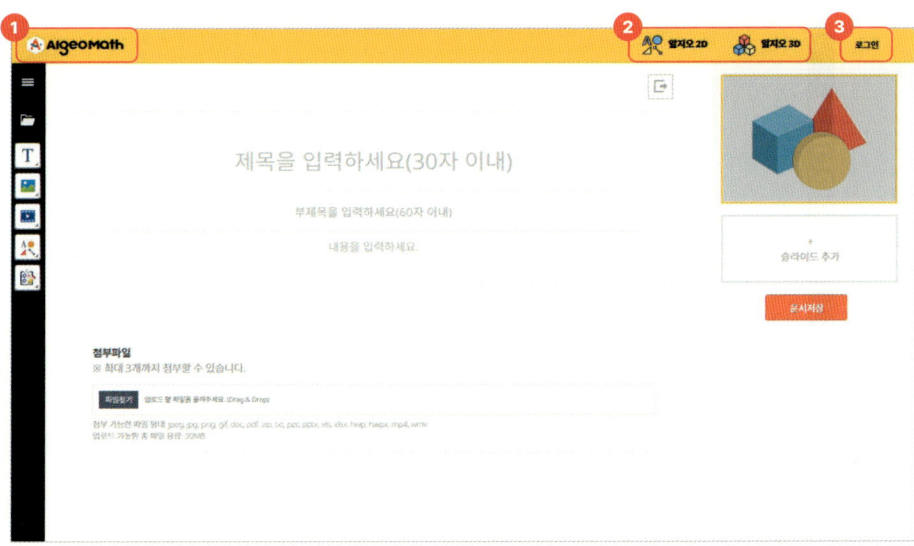

⬆ **그림 3** 헤더 영역

① **알지오매스 로고**   메인 페이지로 돌아간다.
② **알지오 2D, 알지오 3D** 알지오 2D 페이지 또는 알지오 3D 페이지로 이동한다.
③ **로그인/로그아웃**   로그인 또는 로그아웃을 할 수 있다.

4.1
알지오 문서

4.1 알지오 문서

4.1.2 툴바 영역

그림4에서 빨간색 표시된 영역을 **툴바 영역**이라고 한다.

⬆ **그림 4** 툴바 영역

1) 기본 메뉴

알지오 문서의 메뉴 도구는 다음과 같이 구성된다. 알지오 문서를 만들고, 저장하고, 저장된 문서를 불러오거나 인쇄할 수 있다.

⬆ **그림 5** 기본 메뉴

	새로 만들기	새 알지오 문서를 만들 수 있다.
	열기	내 문서에 저장된 알지오 문서를 불러올 수 있다. (로그인 또는 회원가입 필수)
	저장	알지오 문서를 내 문서에 저장할 수 있다. (알지오 문서를 만들 때만 활성화)
	인쇄	알지오 문서를 출력하거나, PDF 형식의 파일로 PC에 저장할 수 있다.

4.1 알지오 문서

(1) 새로 만들기

작성 중인 문서에서 새로 만들기 버튼을 누르면 저장할 수 있는 옵션이 나타나며, 작업 내용을 저장할지 또는 저장하지 않을지 선택할 수 있다.

(2) 열기

내 문서에 저장된 알지오 문서를 불러올 수 있다. (단, 로그인 필수)

↑ **그림 6** 문서 열기

(3) 저장

↑ **그림 7** 저장하기

4.1 알지오 문서

✓ **저장 옵션**

① 저장위치를 선택하여 내문서의 폴더에 저장할 수 있다.
② 공개 여부를 설정할 수 있다.
③ 댓글 채점 기능 사용 여부를 선택할 수 있다.
- 댓글 채점 기능 : 알지오 문서에 댓글을 남기고, 댓글에 대한 점수를 작성자에게 제공할 수 있다.

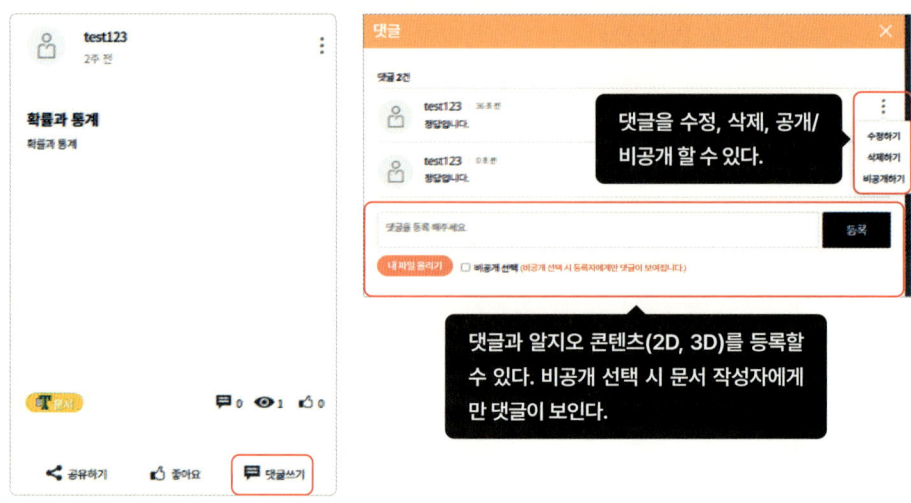

⬆ **그림 8** 댓글 등록 및 수정, 삭제, 공개 / 비공개

> 댓글 채점 기능을 적절하게 활용하면, 알지오 문서를 활용하여 수업 활동에 대해 형성평가를 하고, 비공개하기를 통해 학생 개별적으로 피드백을 할 수 있다.

④ 학교급, 학년에 따라 교육과정별로 콘텐츠를 분류 및 저장할 수 있다.
⑤ 태그와 문서에 관한 내용, 미리보기 이미지(썸네일)를 업로드할 수 있다.
⑥ 하단의 저장 버튼을 누르면 알지오 문서를 내문서에 저장할 수 있다.

(4) 인쇄

알지오 문서를 프린터로 출력하거나, PDF 파일로 저장할 수 있다.

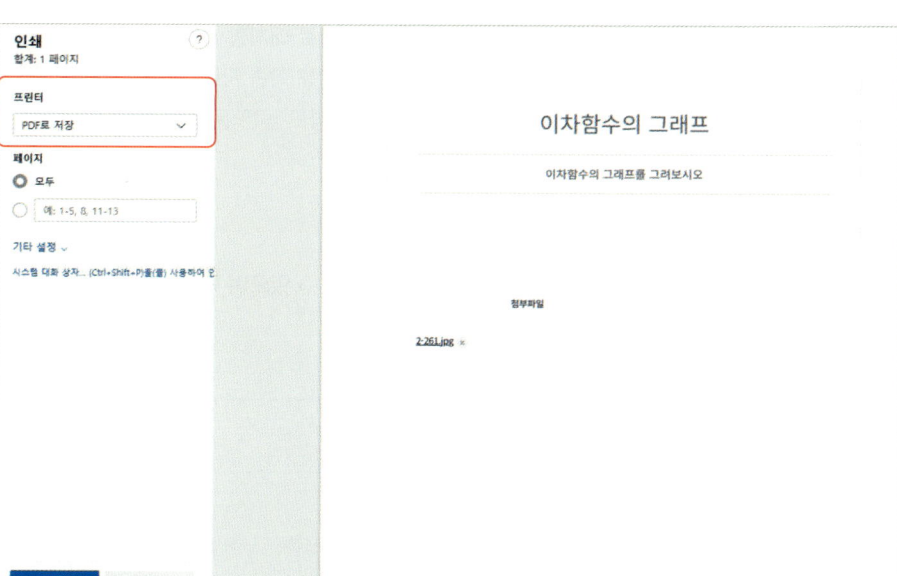

↑ **그림 9** 인쇄 및 pdf 저장

2) 내 문서

내문서는 최근에 작성한 알지오 문서들이 나타나며, 클릭하여 쉽게 불러올 수 있다.

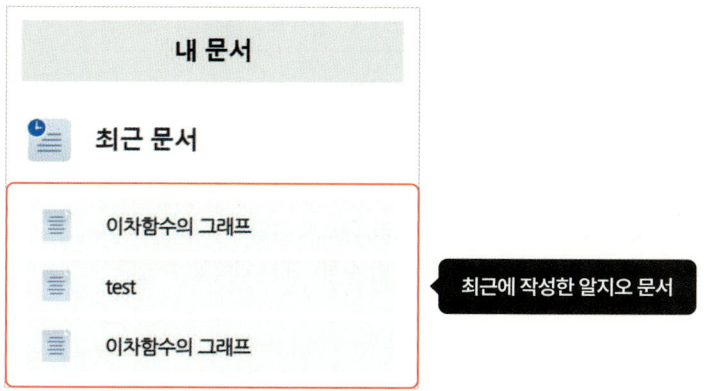

↑ **그림 10** 내 문서 불러오기

4.1 알지오 문서

3) 문서 편집 도구

알지오 문서 편집 도구는 텍스트, 이미지, 동영상, 그리고 알지오 콘텐츠 등을 활용하여 풍부하고 다양한 문서를 작성할 수 있는 기능을 제공한다. 이 도구는 문서 작성이나 편집 상태에서만 활성화되며, 사용자가 원하는 대로 단락을 구성하고 내용을 체계적으로 배치할 수 있도록 한다. 또한, 문제 만들기 기능을 통해 객관식 또는 주관식 문제를 문서에 포함해 학습 자료나 평가 문서를 손쉽게 작성할 수 있다. 다양한 미디어와 콘텐츠를 결합하여 더욱 완성도 높은 문서를 제작할 수 있는 도구다.

(1) 텍스트

텍스트와 이미지, 동영상을 조합하여 문서의 단락을 구성할 수 있으며 텍스트 작성 도구의 기능을 활용하여 문서를 원하는 형식으로 작성할 수 있다.

⬆ **그림 11** 텍스트 추가

⬆ **그림 12** 텍스트 설정

① 텍스트의 글꼴, 크기, 글자색상, 글자 배경 색상을 변경할 수 있다.
② 텍스트 굵기, 기울임 꼴, 밑줄, 취소선, 텍스트 정렬을 변경할 수 있다.
③ URL 링크, 이미지, 수식(KaTeX 문법 수식), 표를 입력할 수 있다.

4.1 알지오 문서

(2) 이미지

이미지와 텍스트, 동영상을 조합하여 문서의 단락을 구성할 수 있으며 이미지 모양을 클릭하면 기기에 저장된 이미지 파일을 업로드 할 수 있다.

🖼️	이미지	이미지로 단독 구성
🖼️🖼️	이미지 + 이미지	이미지로 2단 구성
🖼️ T	이미지 + 텍스트	이미지와 텍스트를 조합한 2단 구성
🖼️🎬	이미지 + 동영상	이미지와 텍스트를 조합한 2단 구성

⬆ **그림 13** 이미지 추가

⬆ **그림 14** 이미지 삭제

(3) 동영상

동영상과 텍스트, 이미지를 조합하여 문서의 단락을 구성할 수 있으며 동영상은 유튜브 동영상 URL 링크를 통한 방식으로만 업로드가 가능하다.

🎬	동영상	동영상으로 단독 구성
🎬🎬	동영상 + 동영상	동영상으로 2단 구성
🎬 T	동영상 + 텍스트	동영상과 텍스트를 조합한 2단 구성
🎬🖼️	동영상 + 이미지	동영상과 이미지를 조합한 2단 구성

⬆ **그림 15** 동영상 추가

4.1 알지오 문서

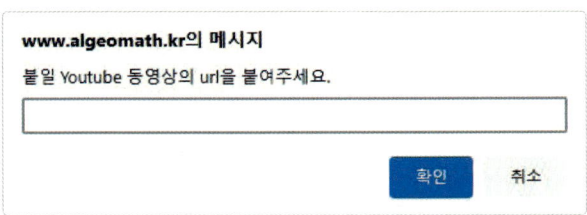

↑ **그림 16** 동영상 추가 url 입력

(4) 알지오매스 콘텐츠

알지오 2D와 알지오 3D에서 만든 콘텐츠들을 알지오 문서 내에 넣을 수 있다. 내 문서에 저장된 알지오 콘텐츠를 불러올 수 있으며 로그인 후 이용이 가능하다.

↑ **그림 17** 알지오매스 콘텐츠

 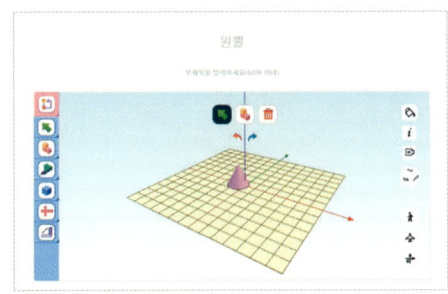

↑ **그림 18** 알지오매스 콘텐츠

(5) 문제 만들기

선택형(객관식), 서술형(주관식) 문제를 알지오 문서에 넣을 수 있다.

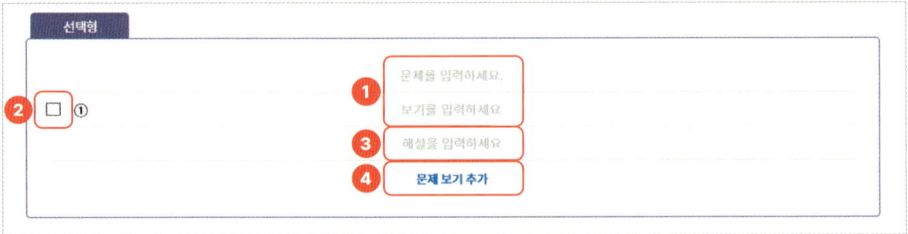

↑ **그림 19** 문제 만들기(선택형)

✔ 선택형 문제를 만드는 방법

① 문제와 보기를 입력한다.
② 정답인 보기에 체크힌다. (복수 답안 가능)
③ 문제 해설을 입력한다.
④ 보기를 추가하고 싶다면, '문제 보기 추가'를 클릭하여 추가한다. (최대 5개)

> 댓글 채점 기능과 연계하면 온라인 수업의 활동지로 적절하게 활용할 수 있다.

서술형(주관식) 문제를 알지오 문서에 넣을 수 있다.

↑ **그림 20** 문제 만들기(서술형)

✔ 서술형 문제를 만드는 방법

① 문제를 입력한다.
② 정답과 해설을 입력한다.

> 문제 만들기는 문서저장 후 보기 상태에서 확인할 수 있다.
> - 정답보기를 클릭하면 정답 또는 해설을 확인할 수 있다.
> - 선택형은 정답을 네모 칸에 체크하고, 서술형은 빈칸에 정답을 직접 작성한다.

4.1 알지오 문서

4.1
알지오 문서

그림 21 정답보기

4.1.3. 문서창

문서 창에서는 알지오 문서의 내용을 텍스트, 이미지, 동영상으로 단락을 구성하고, 내용작성 및 편집을 할 수 있다. 첨부파일을 업로드 하거나 뷰어 형태로 문서를 전체 화면으로 볼 수도 있다.

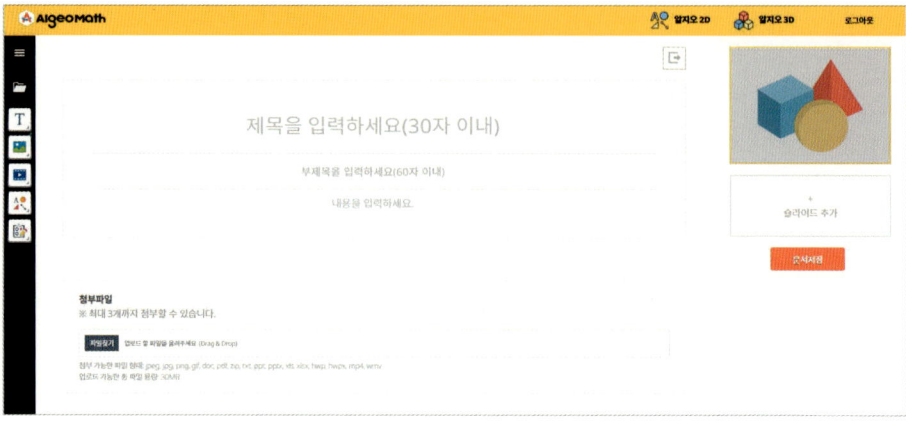

그림 22 문서창

1) 제목

30자 이내로 입력할 수 있다. 내문서에 저장되는 문서의 이름에 반영된다.

2) 부제목

60자 이내로 입력할 수 있다.

3) 내용

텍스트, 이미지, 동영상을 조합하여 구성할 수 있으며 페이지 하단에서 순서 변경이 가능하다.

⬆ **그림 23** 내용 구성 및 순서 변경

그림23처럼 내용부분에 구성한 내용 혹은 이미지/동영상/알지오 2D, 3D의 순서를 문서창의 하단에서 쉽게 변경할 수 있다.

4) 첨부파일

최대 3개 파일, 30MB 용량까지 첨부할 수 있다.

4.1 알지오 문서

5) 슬라이드 추가

오른쪽 슬라이드 추가 버튼을 눌러 슬라이드를 새로 추가할 수 있다.

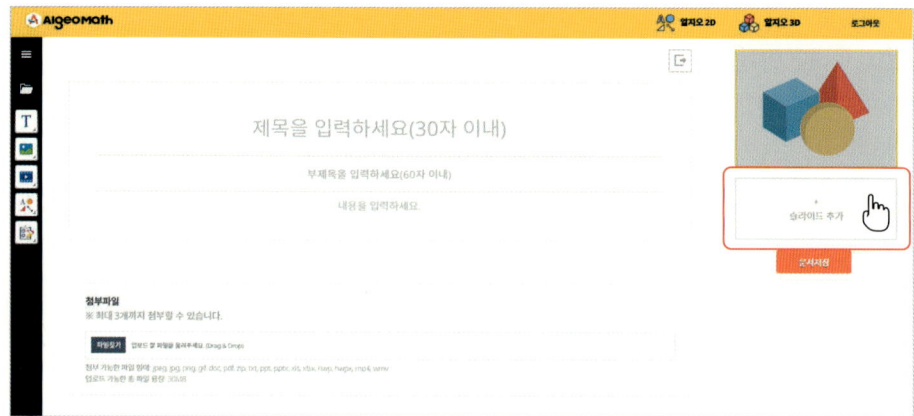

⬆ 그림 24 슬라이드 추가

6) 문서저장

오른쪽 문서저장 버튼을 통해 내 문서의 폴더에 저장할 수 있다. (로그인 필수)

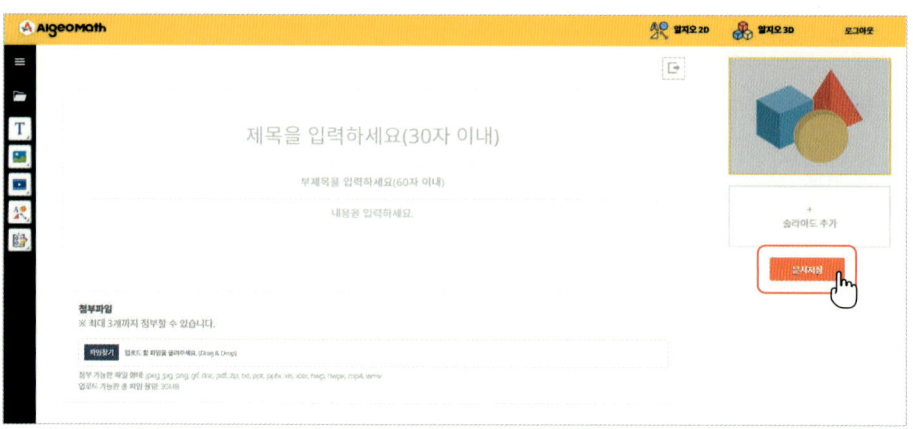

⬆ 그림 25 문서저장

알지오 모둠은 알지오매스에서 만든 다양한 콘텐츠들을 모둠 안에서 모둠원들과 함께 공유할 수 있는 공간이다. 학생, 교사, 일반인 모두 모둠 개설이 자유로우므로 수학을 좋아하는 사람이라면 누구든지 알지오매스와 함께 소통하고 수학을 학습할 수 있는 공간이다. 수학 수업이나 연수 등에 활용될 수 있다.

알지오매스 메인 화면에서 '모둠'을 클릭하면 알지오 모둠 화면으로 이동한다.

4.2
알지오 모둠

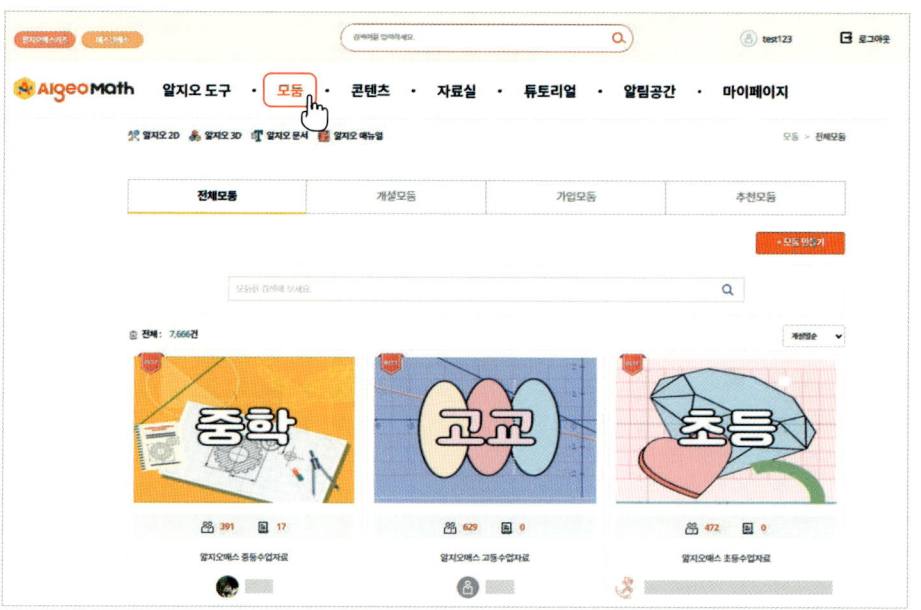

그림 26 알지오 모둠

4.2 알지오 모둠

4.2.1 모둠 찾기

1) 전체 모둠

현재 개설된 모든 알지오 모둠을 BEST 모둠, 최근에 만들어진 모둠 순으로 보여준다.
또한, 모둠은 개설일, 회원 수, 자료 수, 인기 수로 정렬 가능하다.

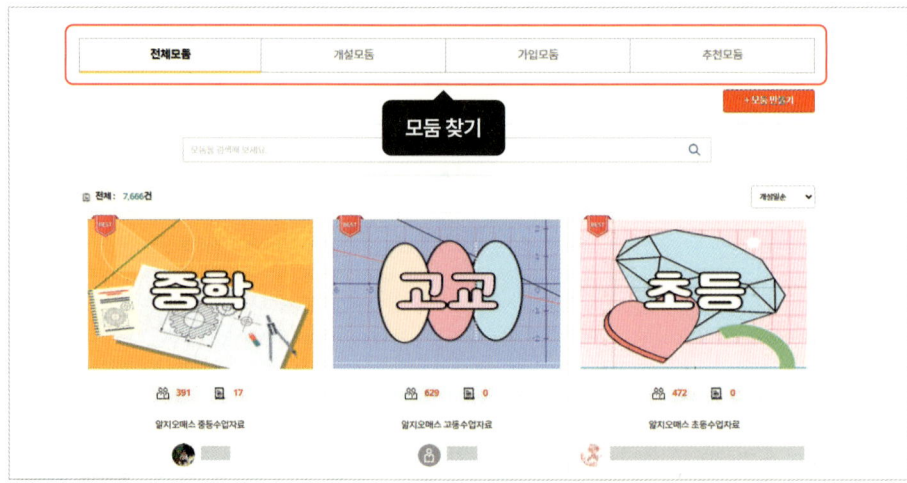

2) 개설 모둠

내가 개설한 알지오 모둠을 보여준다.

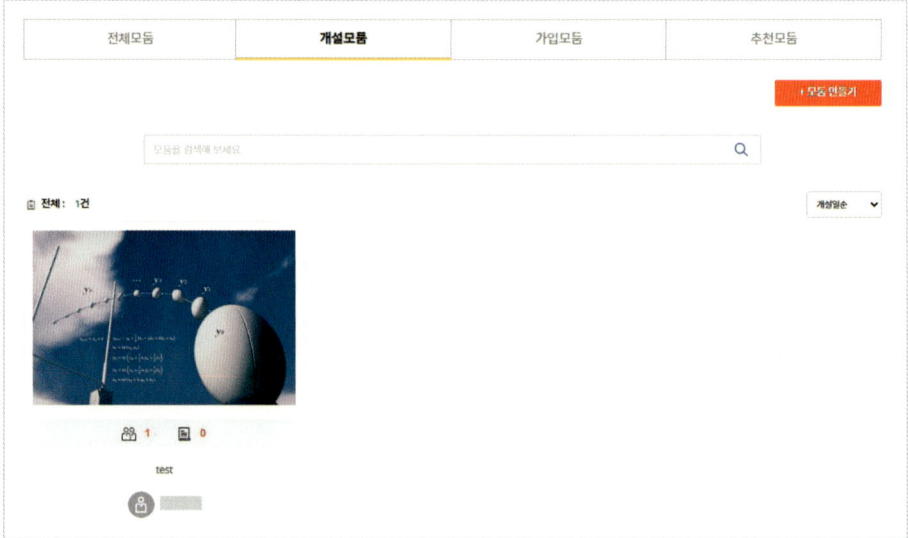

3) 가입 모둠
내가 가입한 알지오 모둠을 보여준다.

4) 추천 모둠
알지오매스에서 추천하는 알지오 모둠을 보여준다.

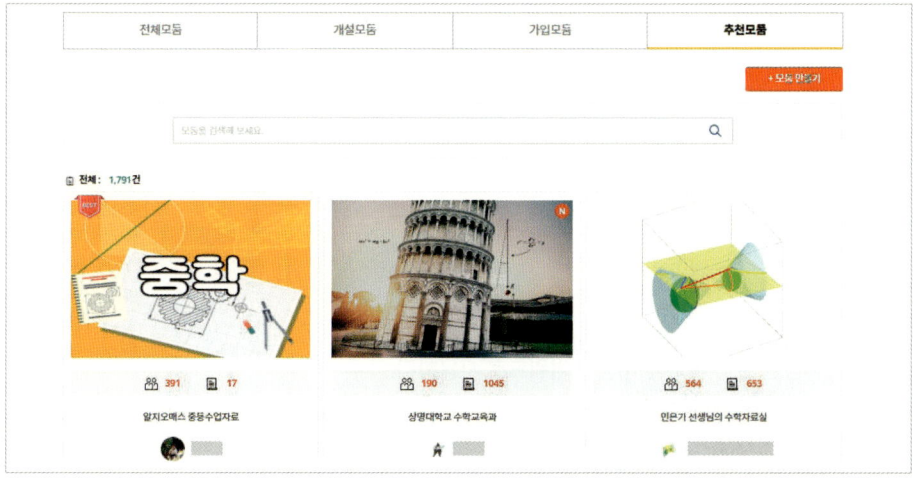

5) 모둠 키워드 검색
알지오 모둠을 모둠 명 키워드로 검색할 수 있다.

4.2
알지오 모둠

4.2 알지오 모둠

4.2.2 모둠 만들기

모둠 만들기는 학생 또는 교사가 새로운 모둠을 생성하는 과정이다. 교사는 필요한 모둠 수를 설정하고, 모둠의 이름과 구성을 지정하여 학생들이 참여할 수 있는 모둠을 개설한다. 이를 통해 교사는 학습 목표에 맞춘 다양한 모둠 활동을 계획하고, 학생들의 협력 학습을 촉진할 수 있다.

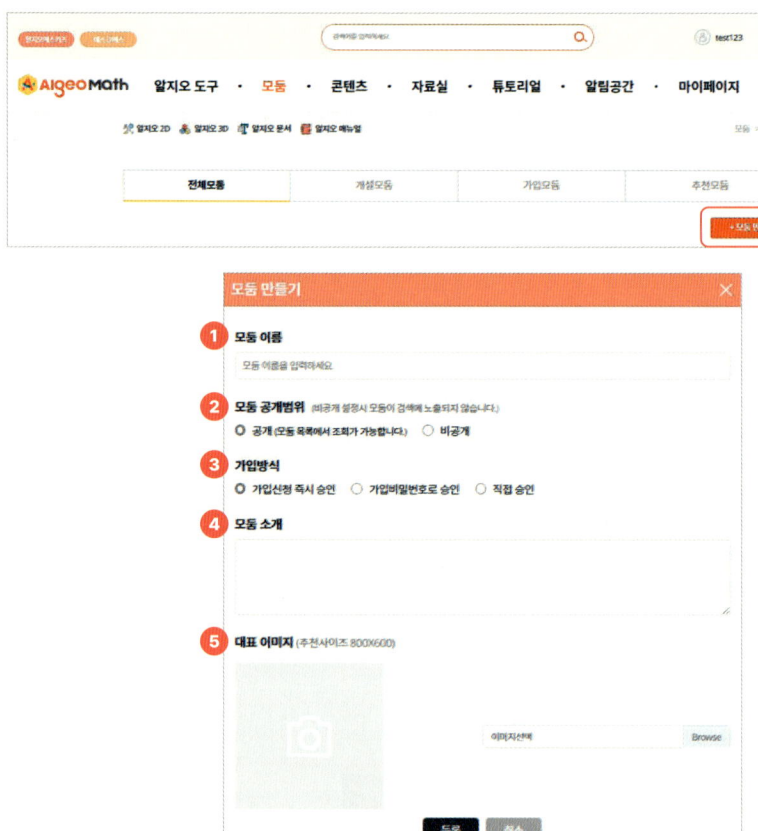

① 모둠 이름을 입력한다.
  - 모둠 이름은 모둠 목록에서 검색 키워드로 사용한다.
② 모둠 공개 범위를 설정한다.
  - 모둠 목록 검색에 대한 공개/비공개 여부를 설정할 수 있다.
③ 가입 방식을 설정한다.
  - 가입신청 즉시 승인 : 별도 절차 없이 가입
  - 가입 비밀번호로 승인 : 모둠 운영자가 별도로 정한 비밀번호를 입력하여 가입
  - 직접 승인 : 모둠 운영자가 직접 가입 승인
④ 모둠에 대한 간단한 소개 글을 작성할 수 있다.
⑤ 모둠 목록에 나타나는 대표 이미지를 설정할 수 있다.
  - 이미지 크기는 가로 800px * 세로 600px이다.
  - 이미지를 등록하지 않으면 자동으로 샘플 이미지 중에서 랜덤 설정한다.

4.2
알지오 모둠

4.2.3 모둠 가입하기

모둠 가입하기는 학생이 자신이 속하고자 하는 모둠을 선택하여 가입하는 절차이다. 학생은 교사가 개설한 모둠 목록에서 원하는 모둠을 선택해 신청할 수 있으며, 교사의 승인을 통해 최종적으로 모둠에 소속된다. 이 기능을 통해 학생들은 협업을 위한 모둠 활동에 참여할 수 있으며, 교사는 학생들의 참여 현황을 효율적으로 관리할 수 있다.

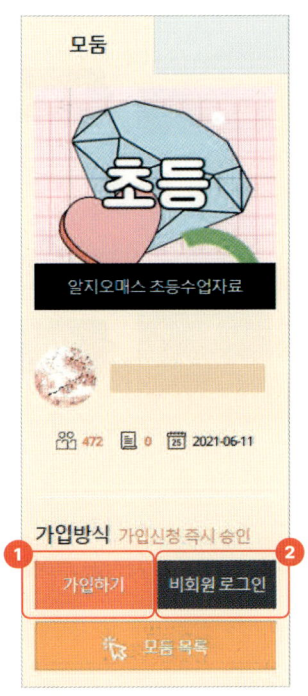

① 가입하기

가입하기 버튼을 통해 가입신청이 가능하며 가입이 완료되면 아래와 같은 화면이 뜬다. 다만 모둠 만들기에서 설정한 가입 방식에 따라 즉시 가입이 되거나, 가입 비밀번호를 통해서 가입할 수 있고, 관리자의 직접 승인을 받아야 가입이 될 수 있다.

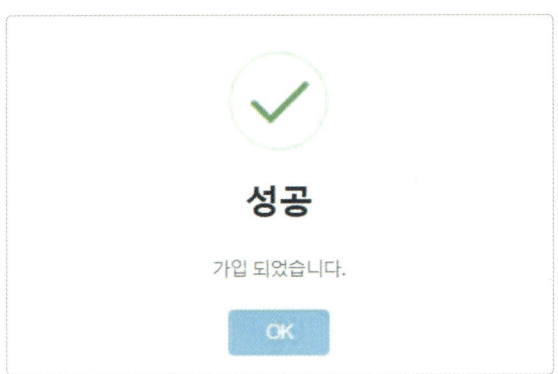

257

4.2 알지오 모둠

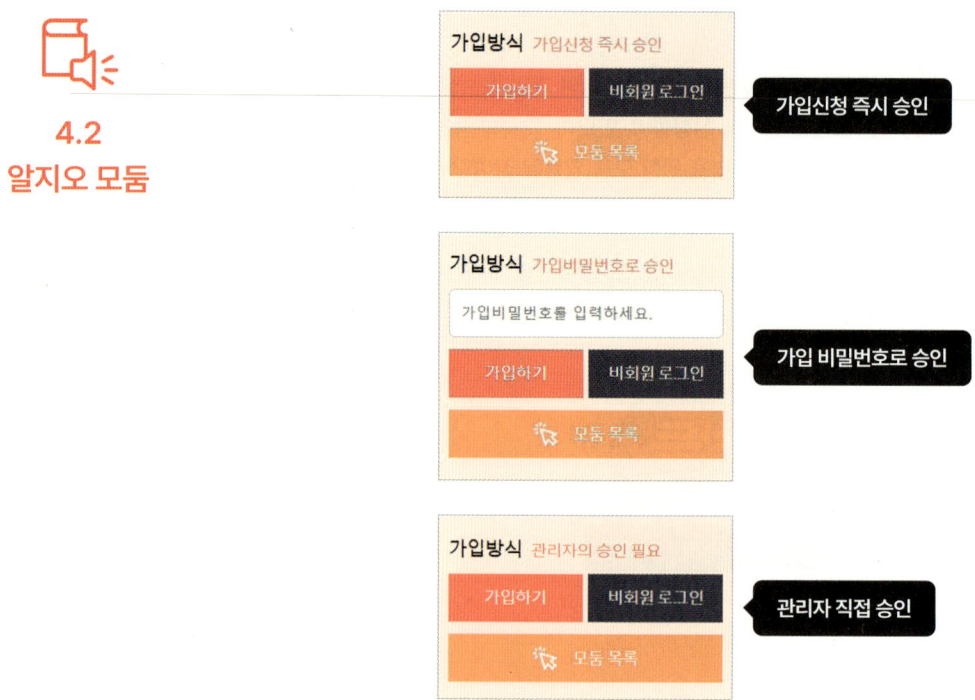

② 비회원 로그인
알지오매스에 회원가입을 하지 않아도 관리자가 사전에 부여한 코드를 통해 비회원 로그인으로 모둠 활동을 할 수 있다.

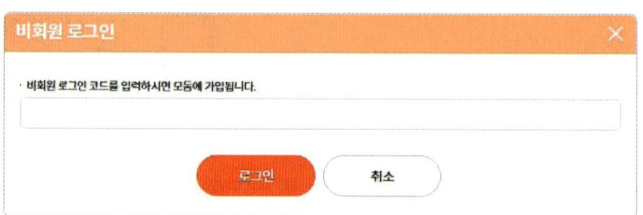

코드는 관리자가 [모둠 관리-비회원관리]에서 설정할 수 있다.

4.2.4 모둠 운영하기

모둠 운영하기는 학습 활동에서 효과적인 팀워크를 끌어내기 위한 기능으로, 교사가 학생들을 여러 모둠으로 나누어 협력적인 학습 환경을 조성할 수 있다. 이 기능을 통해 교사는 모둠별로 개별 과제를 배정하고, 모둠 구성원 간의 역할 분담과 상호 피드백을 관리하며, 모둠 활동의 진행 상황을 실시간으로 모니터링할 수 있다. 이를 통해 학생들은 공동의 목표를 향해 협력하며 학습 효율성을 극대화할 수 있다.

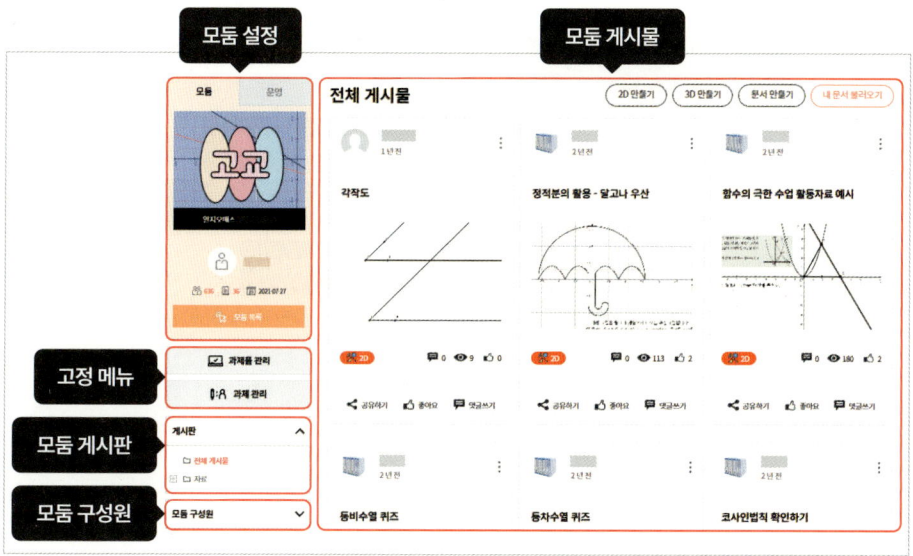

1) 모둠 설정

모둠 설정은 교사가 모둠 활동을 효과적으로 운영하기 위해 다양한 옵션을 설정하는 기능이다. 이 기능을 통해 교사는 모둠의 이름을 변경하거나 삭제할 수 있으며, 모둠원 추가, 모둠 리더 지정, 모둠원 간의 역할 배분 등 다양한 관리 작업을 수행할 수 있다. 또한, 필요에 따라 모둠을 잠그거나 공개 설정을 조정하여 참여 조건을 관리할 수 있다. 이를 통해 교사는 모둠 활동을 체계적이고 효율적으로 운영할 수 있다.

4.2 알지오 모둠

(1) 모둠 탭 : 현재 모둠에 대한 정보를 나타낸다.

(2) 운영자 탭(모둠 관리) : 모둠의 운영자 메뉴로 모둠을 관리할 수 있다.

① 모둠 설정 : [모둠 만들기] 설정 사항을 수정할 수 있다.

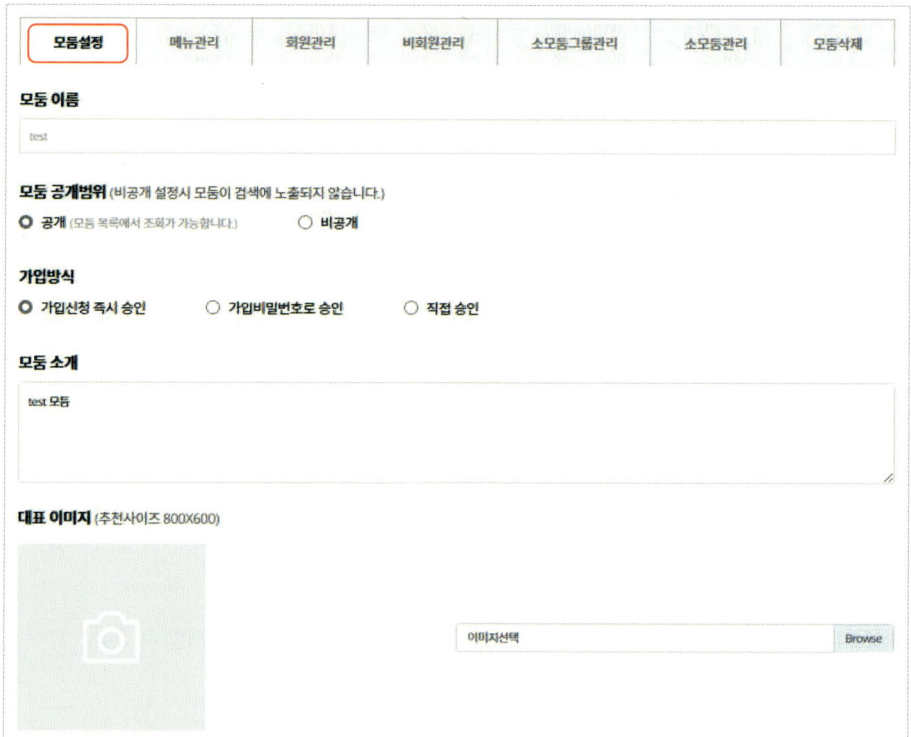

4.2
알지오 모둠

② 메뉴 관리 : 게시판 메뉴를 추가하거나 권한을 설정할 수 있다.

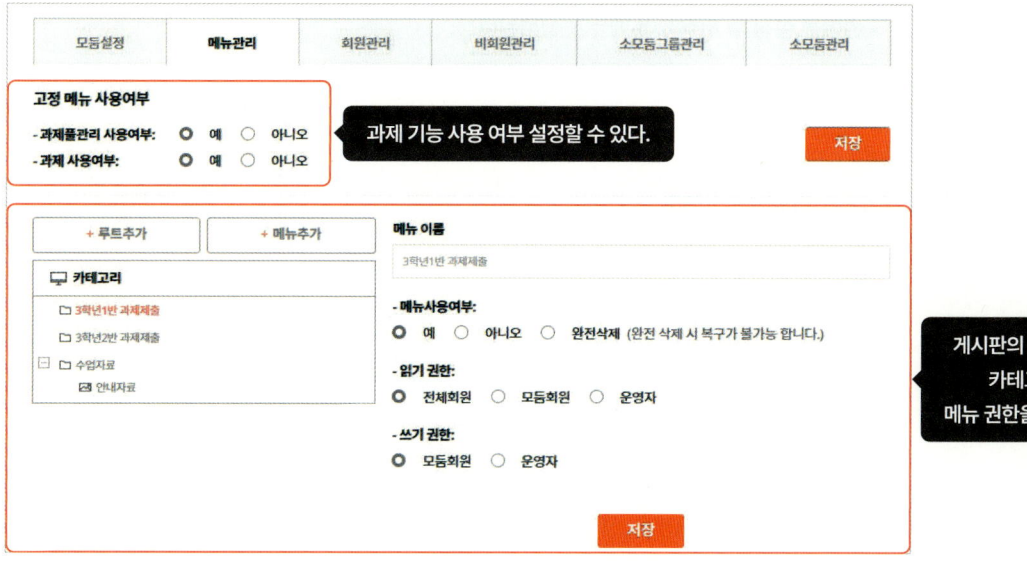

4.2 알지오 모둠

- 고정메뉴 사용 여부 : 과제 풀 관리 사용 여부와 과제 기능의 사용 여부를 설정할 수 있다.
- 과제 풀 : 알지오매스 콘텐츠를 사용한 과제를 등록, 관리할 수 있다.
- 과제 기능 : 모둠원에게 과제 풀에 등록된 과제를 부여, 관리할 수 있다.

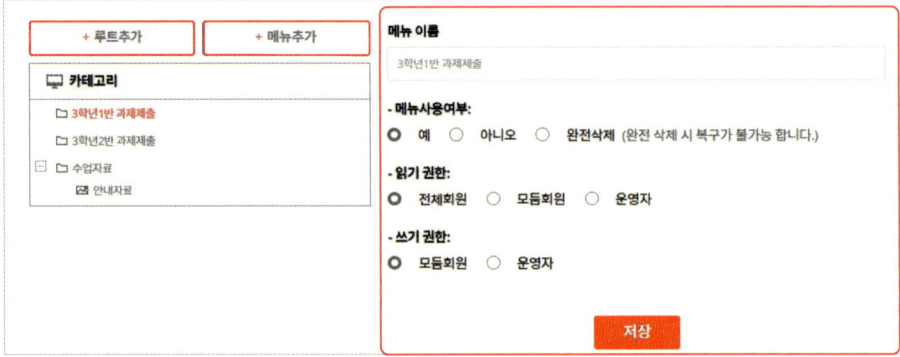

- 루트 추가 : 게시판의 최상위 메뉴를 추가할 수 있다.
- 메뉴 추가 : 선택한 메뉴의 하위 메뉴를 추가할 수 있다.
- 메뉴 사용 여부 : 메뉴를 사용하지 않는 경우 일시적으로 숨기거나 삭제할 수 있다.
- 읽기 권한 : 각 메뉴에 대한 읽기 권한을 지정할 수 있다.
- 쓰기 권한 : 각 메뉴에 대한 게시물 작성 권한을 지정할 수 있다.

[루트 추가], [메뉴 추가] 메뉴는 오른쪽의 메뉴 이름, 메뉴 사용 여부, 읽기 권한, 쓰기 권한을 설정 후 저장해야 메뉴가 생성된다.

메뉴 배치는 마우스로 드래그하여 순서를 변경할 수 있다.

③ 회원 관리
모둠원의 가입 승인/강제 퇴장 등을 관리할 수 있다.

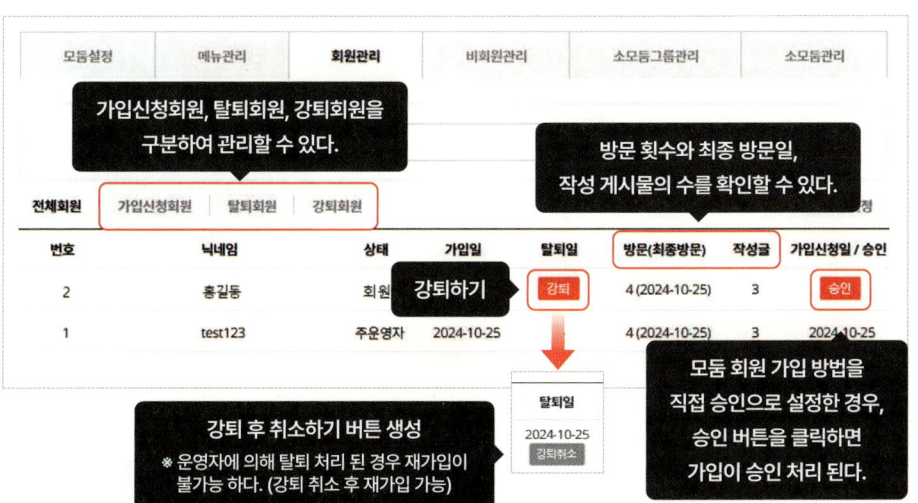

④ 비회원관리
알지오매스에 가입하지 않은 비회원에 대한 모둠 가입을 관리할 수 있다.

13세 미만 등 회원가입에 어려움을 겪는 경우, 비회원 코드를 생성하여 알지오매스에 가입하지 않고도 알지오 모둠 활동에 참여할 수 있다.

4.2 알지오 모둠

4.2 알지오 모둠

[비회원 코드생성], [비회원 코드 엑셀 업로드] 메뉴를 이용하여 비회원의 닉네임과 코드를 설정해두면, 알지오매스에 회원가입을 하지 않고도 모둠에서 그 코드를 입력하여 로그인 및 모둠 활동을 할 수 있다.

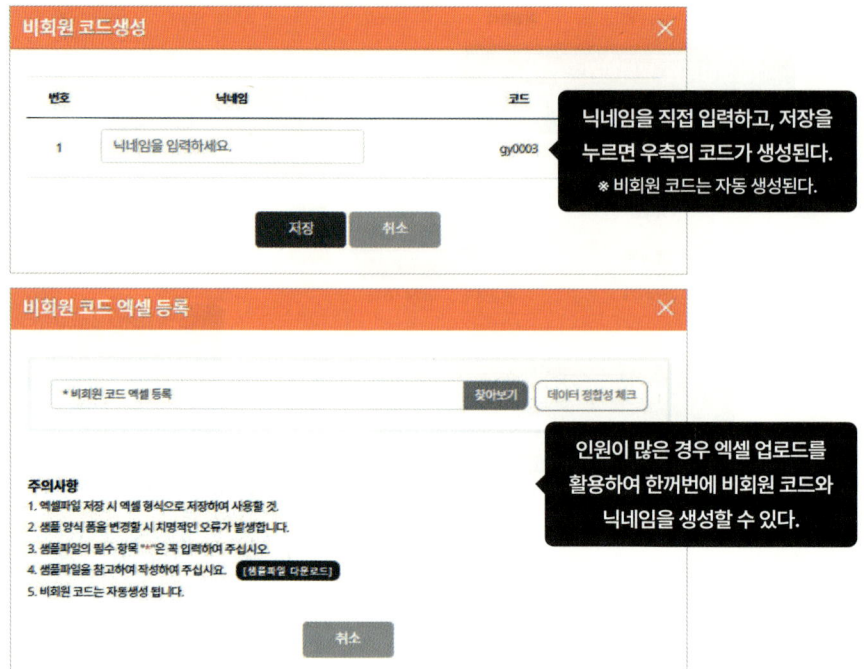

⑤ 소모둠 그룹관리
알지오 모둠 내에 소모둠 그룹을 추가하거나 삭제하고 관리할 수 있다.

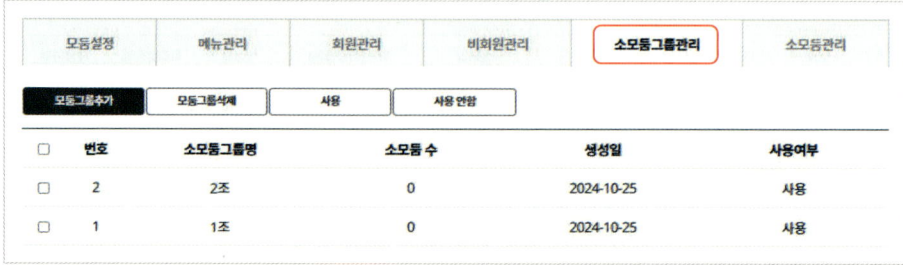

소모둠 그룹명을 입력하고 저장할 수 있으며 사용 여부를 설정할 수 있다.

⑥ 소모둠 관리

소모둠별로 소속 인원을 지정할 수 있으며, 운영자는 하나의 모둠에서 여러 반을 관리할 수 있다. 이 기능은 과제 출제 시 대상 선택을 쉽게 하여 관리의 효율성을 높인다.

4.2
알지오 모둠

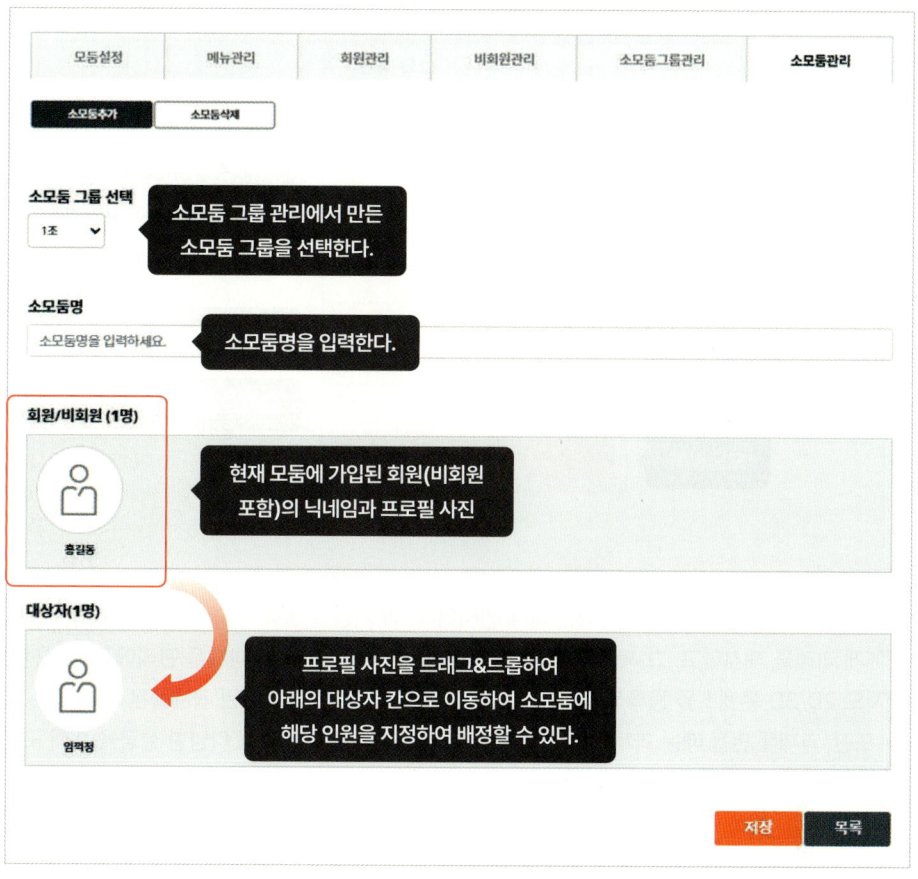

⑦ 모둠 삭제

삭제 사유를 간단히 작성하고 삭제 버튼을 누르면 모둠이 삭제된다. 단, 모둠 삭제 시 복구가 어렵다.

4.2 알지오 모둠

(3) 나의 활동 탭(모둠 회원)

프로필 사진과 닉네임, 모둠 가입일, 방문 횟수, 작성한 게시글 수를 확인할 수 있으며, 탈퇴 버튼을 통해 모둠에서 탈퇴할 수도 있다. 이러한 정보를 통해 사용자는 모둠 내에서의 활동 기록을 관리하고, 필요시 모둠에서 빠져나갈 수 있는 기능을 활용할 수 있다.

2) 과제 메뉴

모둠 운영에서 중요한 기능 중 하나는 과제 관리이다. 이 기능을 통해 교사나 학생 운영자는 모둠원에게 과제를 제시하고, 그 제출 여부를 체계적으로 관리할 수 있다. 과제풀 관리에서는 사전에 알지오 2D/3D 콘텐츠를 등록하여 과제로 활용할 수 있으며, 이미 등록된 과제풀은 삭제할 수 없다. 또한, 과제를 만들 때는 과제명, 설명, 콘텐츠 선택, 과제 대상 지정 등 다양한 설정을 통해 모둠원에게 맞춤형 과제를 제공할 수 있다.

(1) 과제풀 관리

좌측의 고정메뉴에 있는 '과제풀 관리'를 클릭하여, 내 문서에 저장된 알지오 2D/3D 콘텐츠를 과제로 등록할 수 있다.

(2) 과제 관리
모둠원에게 과제를 제시하고 제출 여부를 관리할 수 있으며 과제 풀에 등록된 알지오 콘텐츠를 모둠원에게 과제로 제시하고 관리할 수 있다.

4.2
알지오 모둠

(3) 과제 만들기
과제를 만드는 과정에서는 다섯 가지 주요 단계를 거친다. 먼저 과제명을 입력하고, 이어서 과제에 대한 세부 설명을 작성한다. 다음으로, 사전에 등록한 알지오 콘텐츠 중 하나를 선택해 과제로 제시한다. 예시 제공 여부를 설정하면, 과제 대상자가 예시를 활용해 과제를 작성할 수 있다. 마지막으로, 모둠원 중 과제를 수행할 인원을 지정할 수 있다.

4.2 알지오 모둠

소모둠 그룹 기능과 연계하여 활용하면 개별 과제를 제시할 수 있다.

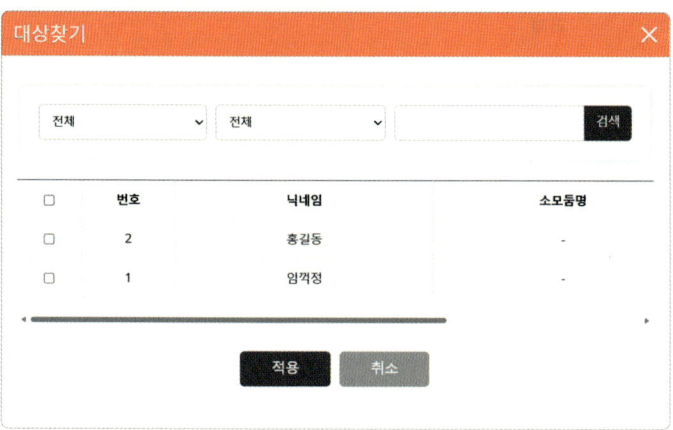

3) 게시판

게시판의 메뉴를 지정하여 게시물을 불러오거나 업로드할 수 있다. 이 기능은 모둠 활동의 효율성을 크게 높여준다. 사용자는 게시판을 통해 다양한 자료를 공유하고, 체계적으로 관리할 수 있어 커뮤니케이션이 원활해진다. 또한, 게시물의 업로드와 관리를 통해 모둠원 간의 협업이 더욱 촉진되며, 교육적 목적이나 프로젝트 진행 시 중요한 자료들에 손쉽게 접근하고 활용할 수 있다.

4.2 알지오 모둠

4) 모둠 구성원
모둠 구성원 기능은 모둠에 속한 모든 멤버를 확인하고, 이들 중 특정 멤버를 친구로 추가할 수 있다. 이 기능을 통해 팀원 간의 소통이 원활해지며, 모둠 내에서 협력할 수 있는 환경을 조성할 수 있다.

5) 모둠 게시물
모둠 게시물 기능을 사용하면 모둠 게시판에 알지오 2D, 3D, 문서를 업로드하고, 이를 통해 모둠원들과 다양한 상호작용을 할 수 있다. 게시물은 미리보기 형태로 제공되며, 댓글, 좋아요, 공유 등의 기능이 지원된다. 또한, 댓글에는 파일을 첨부할 수 있고, 비공개 댓글 기능을 활용해 피드백을 제공하거나 평가 활동에 활용할 수 있다. 이에 따라 모둠 내 정보 공유와 협업이 더욱 강화된다.

(1) 게시물 업로드 하기
게시물을 업로드하려면 먼저 게시판을 선택해야 한다. 선택한 게시판에서 "2D 만들기", "3D 만들기", 또는 "문서 만들기" 버튼을 사용해 알지오매스 콘텐츠를 작성하고 저장하면 해당 게시판에 업로드된다. 또한, "내 문서 불러오기" 버튼을 이용하면, 미리 저장된 알지오매스 콘텐츠를 게시판에 업로드할 수도 있다.

4.2 알지오 모둠

(2) 게시물 미리보기

게시물 미리보기 기능은 업로드된 게시물의 주요 정보를 한눈에 확인할 수 있도록 도와준다. 작성자의 프로필 사진과 닉네임, 업로드 시점이 표시되며, 게시물의 이름, 유형, 미리보기 이미지, 해시태그, 댓글 수, 조회 수, 좋아요 수 등을 제공한다. 이 기능의 장점은 게시물의 상태와 인기를 빠르게 파악할 수 있다는 점이며, 게시물을 쉽게 공유하거나 상호작용할 수 있어 모둠 내 소통이 활발해진다.

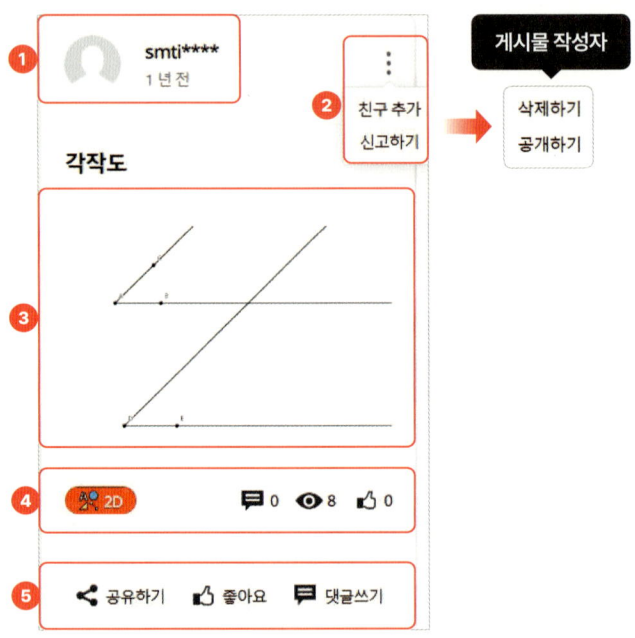

① 작성자의 프로필 사진과 닉네임 업로드 시점이 표현된다.
② 게시물 작성자는 게시물을 삭제하거나 공개 여부를 수정할 수 있다. 작성자가 아닌 경우 게시물 작성자를 친구 추가할 수 있고, 신고할 수 있다. (부적절한 이미지 사용 등)
③ 게시물의 이름과 게시물 미리보기 사진이 표시된다.
④ 게시물의 유형(알지오 2D, 알지오 3D, 알지오 문서)과 해시태그, 댓글 수, 조회 수, 좋아요 수가 표시된다.
⑤ 공유하기, 좋아요 누르기, 댓글 쓰기를 할 수 있다.

4.2
알지오 모둠

(3) 게시물 공유하기

게시물 공유 기능을 통해 게시물을 SNS와 URL 링크로 쉽게 공유할 수 있다. 모둠 내의 정보나 자료를 외부와 신속하게 공유할 수 있게 하며, 이를 통해 더 많은 피드백을 받을 수 있는 기회를 제공한다. 또한, 다양한 플랫폼에서 자료를 활용할 수 있어 모둠 활동의 범위를 넓히고 협업의 기회를 확대하는 데 도움을 준다. 이로써 학습이나 프로젝트의 효율성을 크게 향상할 수 있다.

(4) 댓글 남기기

댓글 남기기 기능을 통해 게시물에 대한 의견을 남기고, 파일을 첨부할 수 있다. 첨부할 수 있는 파일은 내 문서에 저장된 알지오매스 수학 콘텐츠로 제한된다. 댓글을 비공개로 설정하면 게시물 작성자만 해당 댓글을 볼 수 있다. 또한, 알지오 문서의 댓글 채점 기능과 비공개 기능을 활용하여 수업 활동에 대한 형성평가 및 개별 피드백을 제공하는 데 효과적으로 활용할 수 있다. 이로써 학습의 질을 높이고, 맞춤형 피드백을 제공할 수 있다.

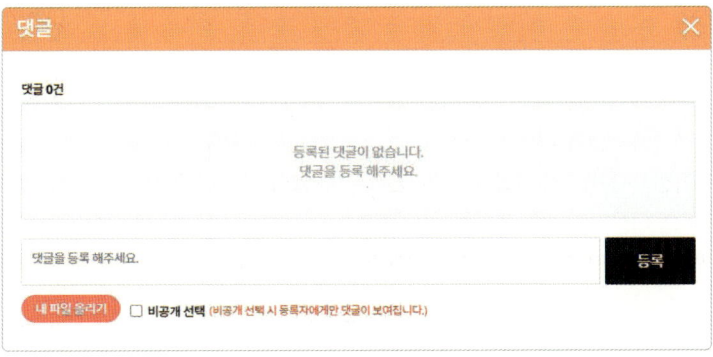

맺음말

지금까지 알지오매스를 이용한 여러 가지 핵심 기능을 다루어 보았다. 알지오매스 사이트에 이미 업로드 되어 있는 도형 예제를 비롯해서 실제 2022 개정과정에서 다루고 있는 도형들을 이 교재를 통하여 학습해 보면 알지오매스에 대한 이해가 더 쉬워질 것이다. 이 교재를 사용할 때 학년을 나누어 학습시키면 더욱 효율적으로 학생들이 학습할 수 있을 것이다.

부디 알지오매스를 사용하여 학생들이 도형 관련 콘텐츠에 조금 더 친숙해지고 나아가 그래프를 쉽게 눈에 익히기를 바라며, 조금 더 수학과 친해졌으면 하는 바람이다.

김광진의 알지오매스 첫 걸음

도형과 함수 그래프 핵심 기초편

초판 발행 : 2025.1.3

지은이   김광진

이 책의 저작권은 **㈜셈웨어** 에 있으며,
저작권법에 의해 보호를 받는 저작물이므로 무단 복제 및 무단 전재를 금함.

㈜셈웨어

주소 서울특별시 금천구 가산디지털2로 101, B동 408호 ㈜셈웨어
전화 02-875-8838 | **팩스** 02-6455-8723 | **이메일** cemware@cemware.com

알지오매스 홈페이지 www.algeomath.kr
알지오매스 공식 카페 cafe.naver.com/algeomath